“十二五”职业教育国家规划教材
经全国职业教育教材审定委员会审定

C 语言程序设计实例教程（第二版）

主　编　周　静　郑　卉
副主编　陈俊伟　肖　雪　母泽平　甘沅鑫　卢建云
参　编　黄　睿　付　雯　余　平

中国人民大学出版社
· 北京 ·

第二版前言

《C语言程序设计实例教程（第二版）》在第一版的基础上融入了近年来C语言程序的新发展、新应用及众多编者多年的教学经验，改进了部分内容的叙述方式，更改了部分拓展实例，更新的实例更贴近生活，趣味性更浓，更加注重激发学生对程序设计的兴趣，体现了当今高等职业教育应用型人才的培养要求。

教材的特点

本教材以贴近生活的应用实例为核心，采用情景教学的任务模式，在给出的任务中"提出问题"，引出需掌握的各项知识要点，然后结合相关案例进一步对相关知识点进行讲解及演练分析，旨在让学生能理解这类知识点的具体应用，提高学生对问题的分析和解决能力。在教材内容的组织和讲解方面，力求做到符合教学规律和认知特点，在突出主要概念的同时，更加贴近实际应用，增强了学生对所学知识系统性、规律性的认识。为提高学生的学习效果，增强学生自主解决问题的能力，在精选了丰富的例题和习题的同时，增加了趣味例题，开拓了学生的视野，激发了学生的学习兴趣。在每个项目之后配有拓展练习和综合实训，有助于学生对相关章节内容的理解和掌握。在例题解析上力求方法多样和步骤完整，使学生对所学知识有一个细致全面的了解。在精讲程序设计相关知识点的同时，兼顾学生解题能力的提高，解决了学生"上课听得懂，下课解题难"的问题，使程序设计教学能够适应高职教育体系和内容的改革。

本教材教学重点是培养读者分析问题与解决问题的能力。其项目任务以及例题的选择比较典型，强调了对问题的分析过程，其目的在于通过对这些典型问题的分析，培养读者举一反三、解决复杂问题的能力。

教材的主要内容

全书共分四个项目，我们将这四个项目作为载体，划分出 13 个任务，每个项目都有2～5个任务驱动，我们围绕完成任务设计必要的知识与理论的讲解，让学习与应用融为一体。通过前两个简单项目的学习，逐步深入到后面复杂的项目，使读者能够循序渐进地掌握 C 语言程序设计的基本知识和技能。

项目 1：银行存款输入与利息输出

任务 1：银行存款的原样输出：主要是对 C 语言发展和特点的讲解；

任务 2：利息的计算：主要是对 C 语言数据类型及运算符的讲解；

任务 3：银行存款的输入与利息的输出：主要是对 C 语言格式化输入输出的讲解。

项目 2：超市商品结算业务

任务 1：商品价格求和显示：主要是对 C 语言语句及顺序结构的讲解；

任务 2：商品打折业务处理：主要是对 C 语言选择结构语句 if 和 switch 的讲解；

任务 3：顾客超市收银结算：主要是对 C 语言三种循环结构语句的讲解。

项目 3：学生成绩管理

任务 1：学生成绩的存储：主要是对 C 语言数组的讲解；

任务 2：学生等级成绩存储：主要是对 C 语言字符串的讲解；

任务 3：学生成绩统计，求平均分和总分：主要是对 C 语言函数的讲解；

任务 4：数组作为函数的参数：主要是对 C 语言函数参数传递的讲解；

任务 5：指针型参数应用于函数：主要是对 C 语言指针的讲解。

项目 4：实用小型通讯录管理

任务 1：自定义数据类型的设计与访问：主要是对 C 语言预处理和自定义类型的讲解；

任务 2：数据文件的存取：主要是对 C 语言数据与文本文件读与写的讲解。

本教材以《C 语言程序设计》大纲为基础，参考了《全国计算机等级考试（二级）C 语言程序设计考试大纲》和《软件职业资格考试程序员考试大纲》中有关 C 语言的要求。书中所有程序实例均在 VC＋＋6.0 环境下调试通过。但读者也可选择其他符合 ANSI 标准的 C 语言系统编程环境作为学习工具，比如 Turbo 2.0。

本教材项目 1 由周静、肖雪、甘沅鑫编写，项目 2 由周静、付雯、余平、卢建云、母泽平、黄睿编写，项目 3 由郑卉、陈俊伟编写，项目 4 由周静、陈俊伟、母泽平、卢建云编写。

本书可按 80 学时（含实验）安排教学，根据教学需要可增删部分内容。本书可作为高职学校，以及大学本、专科计算机、软件技术等有关专业的程序设计语言基础类课程的教材或教学参考书。

学时分配建议表

课程内容		学时数			
		讲 授	实 验	机 动	合 计
项目 1	任务 1：银行存款的原样输出	2	1		3
	任务 2：利息的计算	4	4	2	10
	任务 3：银行存款的输入与利息的输出	3	2		5
项目 2	任务 1：商品价格求和显示	1	1		2
	任务 2：商品打折业务处理	4	4		8
	任务 3：顾客超市收银结算	3	3	2	8
项目 3	任务 1：学生成绩的存储	3	2		5
	任务 2：学生等级成绩存储	3	2		5
	任务 3：学生成绩统计，求平均分和总分	3	2		5
	任务 4：数组作为函数的参数	2	2		4
	任务 5：指针型参数应用于函数	4	4	2	10
项目 4	任务 1：自定义数据类型的设计与访问	4	4	2	10
	任务 2：数据文件的存取	3	2		5
合 计		39	33	8	80

在本教材编写过程中，参考借鉴了其他 C 语言教材中的一些实例程序，在这里向这些教材的编写者表示感谢，还要感谢重庆电子工程职业学院软件学院的各位领导和老师给予的诸多支持和帮助。

本教材编写中如有不足之处，恳请各位专家、老师和广大读者批评指正。

目　录

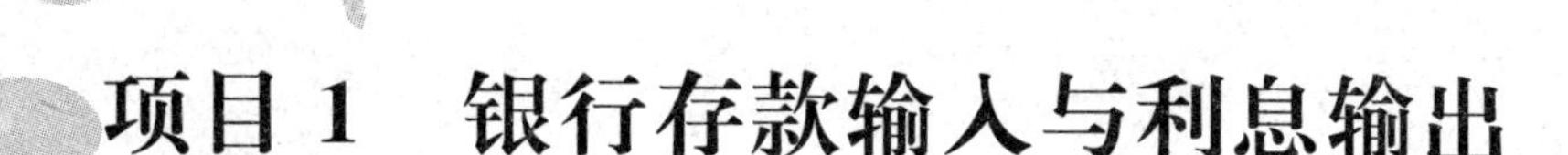

项目1 银行存款输入与利息输出

——C语言概述

能力与知识目标

1. 了解C语言的特点。
2. 能编写简单的输入/输出语句，对数据进行输入/输出控制。
3. 能合理使用C语言中的运算符对基本类型的数据进行运算。
4. 掌握C语言标识符的命名规则。
5. 掌握C语言基本数据类型及其表示形式。
6. 掌握C语言运算符的运算规则及其优先级关系。
7. 掌握C语言基本数据类型间的转换规则。
8. 掌握C语言数据的输入与输出。

项目任务

本项目能完成银行利息计算管理的最基本功能，要求实现从键盘输入银行存款金额与年限，根据已知年利率计算对应的利息金额，并输出该利息金额。

例如，从键盘输入存款为10 000元，年限为2年，已知年利率为3%，则输出：10 000元存款2年利息为：600元。

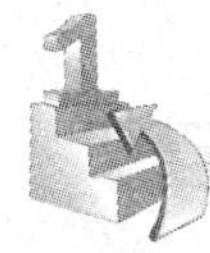

项目分析

要完成从键盘输入存款金额，并能输出对应的利息金额。该项目可以分为三个步骤：输入存款与年限，计算利息并输出。因此，我们可以把该项目分解成三个任务：存款与年限输入、利息金额计算、利息金额输出。

根据知识的学习规律，我们将三个任务按下列顺序进行讲解：利息金额输出、利息金额计算、存款与年限输入。最后再按照输入、计算、输出的形式综合应用。

任务1 银行存款的原样输出

1.1.1 问题情景及其实现

有一位用户张三到××××银行，存储5 000元人民币，请输出该用户的存款金额。具体实现代码如下：

```
#include<stdio.h>
void main( )
{
printf("张三存款5 000元!\n");
}
```

程序运行结果如下：

张三存款5 000元!

说明：在开发一个简单的计算机程序前，我们首先需要选择一种计算机语言，上述程序我的选择是C语言。那么我们为什么选择C语言？C语言的特点是什么？它的开发工具以及运行环境怎样？……带着这些问题，我们来认识一下C语言的发展历史、特点、开发工具及其运行环境，从而了解一个简单的C语言程序的设计开发过程。

1.1.2 相关知识：C语言的发展历史、语言特点、开发原理、运行环境与开发工具

1. C语言的发展历史

C语言是UNIX系统的主力语言，它与UNIX系统有着密切的关系。它的发明者是丹尼斯·里奇（D. M. Ritchie），他开发C语言的主要目的是为了更好地描述UNIX操作系统。

UNIX系统是美国贝尔实验室的肯·汤普逊（K. Thompson）和里奇从1969年开始，用了不到两年的时间研制成功的。该系统最早是用汇编语言编写的。由于汇编语言编写的程序不可移植，其描述问题的效率大大低于高级语言，而且可读性差，所以汤普逊于1970年开发出一种高级程序设计B语言，并用B语言编写了UNIX操作系统绝大多数的实用程序。B语言的主要思想来源于M. Ritchie提出的BCPL语言。由于B语言是面向字存取，而且具有功能过于简单、数据无类型、运行速度较慢等弱点，因此它未能广泛流行。1972年里奇在B语言的基础上开发出了C语言。C语言既克服了B语言的弱点，又保持了它的精练、接近硬件的优点，同时又扩充了很多适于系统设计和应用开发的功能。1973年汤普逊和里奇把UNIX系统用C语言重写了一遍。随着UNIX系统的免费推出，C语言的一系列优点引起了人们的广泛关注。1977年“可移植的C语言编译程序”的推出，大大提高了C语言独立于UNIX系统而运行的能力，同时C语言也逐步为大家所认识，并得到了推广使用。

目前，几乎在各种硬件平台上，在形形色色的软件环境下，C语言都是程序设计人员解决各类问题的最主要的编程语言。

图1—1给出了几种主要语言的派生关系。

ALGOL 60
由一个国际委员会设计，1960年
↓
CPL
(Combined Programming Language)
剑桥大学，1963年
↓
BCPL
(Basic Combined Programming Language)
M.Ritchie, 剑桥大学，1967年
↓
B
K.Thompson, 贝尔实验室，1970年
↓
C
D.M.Ritchie, 贝尔实验室，1972

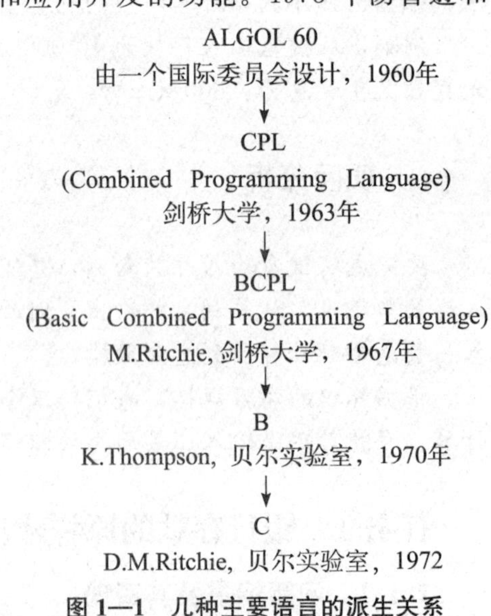

图1—1 几种主要语言的派生关系

1978年，里奇和克尼汉（B. W. Kernighan）合著了《C程序设计语言》（*C Programming Language*）一书，该书中讲述的C语言语法成为后来广泛使用的C语言版本的基础，一般把它称为经

典C语言。

随着C语言在各种计算机上迅速推广，出现了许多不同的C语言版本。这些版本由于没有统一的标准，必然存在若干差异，这种情况给程序在不同平台间的移植带来极大障碍。为此，ANSI（American National Standards Institute）于1983年设立委员会，专门制定C语言标准，这个标准称为ANSI C。

从C语言的发展历史可以看出，C语言是一种既具有一般高级语言特性（ALGOL60带来的高级语言特性），又具有低级语言特性（BCPL带来的接近硬件的低级语言特性）的程序设计语言。C语言从一开始就是用于编写大型、复杂系统软件的，当然，C语言也可以用来编写一般的应用程序。可以说，C语言是程序员的语言！

2.C语言的特点

一种语言之所以能发展，并具有生命力，总是有其不同于（或优于）其他语言的特点。C语言的主要特点如下。

（1）语言简洁，表达能力强，使用方便、灵活。C语言一共只有32个关键字，9种控制语句，程序书写自由，主要用小写字母表示。它把高级语言的基本结构和语句与低级语言的实用性结合起来。C语言可以像汇编语言一样对位、字节和地址进行操作，而这三者是计算机最基本的工作单元。

（2）数据类型丰富。C语言的数据类型有整型、实型、字符型、数组类型、指针类型、结构体类型、共用体类型等。能用来实现各种复杂的数据类型的运算，并引入了指针概念，使程序效率更高。另外，C语言具有强大的图形功能，支持多种显示器和驱动器，且计算功能、逻辑判断功能强大。

（3）运算符丰富。C语言的运算符包含的范围很广泛，共有34个运算符。C语言把括号、赋值、强制类型转换等都作为运算符处理，运算类型丰富，表达式类型多样，灵活使用各种运算符可以有效实现在其他高级语言中难以实现的运算。

（4）生成的代码质量高。一般只比汇编程序生成的目标代码效率低10%～20%。

（5）具有良好的可移植性。C语言有一个突出的优点就是适合于多种操作系统，如DOS、UNIX，也适用于多种机型。

（6）具有结构化的语言特性。结构式语言的显著特点是代码及数据的分隔化，即程序的各个部分除了必要的信息交流外彼此独立。这种结构化方式可使程序层次清晰，便于使用、维护以及调试。C语言是以函数形式提供给用户的，这些函数可方便地调用，并有多种循环、条件语句来控制程序流向，从而使程序完全结构化。

总之，C语言有许多独特的优于其他高级语言的特点。在对操作系统和系统应用程序以及需要对硬件进行操作的场合，C语言明显优于其他高级语言。其他高级语言的设计目标是通过严格的语法定义和检查保证程序的正确性，而C语言则是强调灵活性，使设计人员有较大的自由度，以适应宽广的应用面。

3.C语言程序的开发原理

我们看到了前面任务中用C语言编写的程序。为了使计算机能按照人们的意志进行工作，必须根据问题的要求，编写出相应的程序。程序是计算机能识别和执行的一组指令。每一条指令使计算机执行特定的操作。程序可以用高级语言编写，用高级语言编写的程序称为“源程序”。

从根本上说，计算机只能识别和执行由 0 和 1 组成的二进制的指令，而不能识别和执行由高级语言编写的指令。为了能使计算机能执行高级语言所编写的源程序，必须先用一种称为“编译程序”的软件，把源程序翻译成二进制形式的目标程序，然后将该目标程序与系统的库函数和其他目标程序连接起来，最后形成可执行的目标程序。

编写好一个 C 语言源程序该如何执行呢？在纸上编辑好的源程序的执行要经过以下几个步骤：上机录入源程序（编辑）→对源程序进行编译（编译）→与库函数连接（连接）→运行可执行目标程序（运行），如图 1—2 所示。

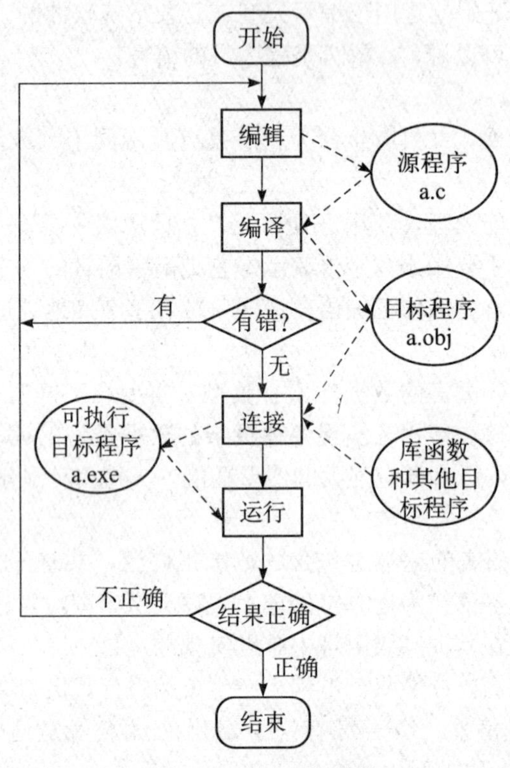

图 1—2　程序开发步骤

例如，编辑后得到源程序文件 a. c，然后进行编译，得到目标程序文件 a. obj，再将目标程序文件 a. obj 与系统提供的库函数等连接，得到可执行的目标程序文件 a. exe，最后运行 a. exe 文件得到运行结果。

在了解 C 语言的初步知识后，可在计算机上运行一下 C 语言源程序，以建立对于 C 语言程序的初步认识和掌握其执行过程。

4. C 语言的运行环境

C 语言的编译程序很多，大多数 C 语言教程使用的是 TC 版的编译程序，少数采用 VC6. 0 作为编译程序。VC6. 0 这个编译程序是 C++语言程序默认的编译器，因为 C++语言是在 C 语言基础上产生的，所以这类编译程序也兼容了对 C 语言的编译和运行。本教程采用 VC6. 0 编译程序作为 C 语言程序的运行环境，主要因为它拥有方便、直观、快捷的编辑器，功能强大的调试器，功能更完善的编译器，以及丰富的库函数。它向用户提供了一个集成环境，把程序的编辑、编译、连接和运行等操作全部集中在一个界面上进行，使用十分方便。

5. C 语言开发工具的使用

使用 VC6.0，必须先将 VC6.0 编译程序装入计算机磁盘的某一目录下，例如放在 C:\ Program Files \ Microsoft Visual Studio 下。以下以 VC6.0 版本为例进行设置。

(1) 启动 VC6.0 编译程序。

单击“开始→程序→Microsoft Visual Studio 6.0→Microsoft Visual C++ 6.0”，打开 VC6.0 编译程序，屏幕上将出现 VC6.0 集成环境，如图 1—3 所示。

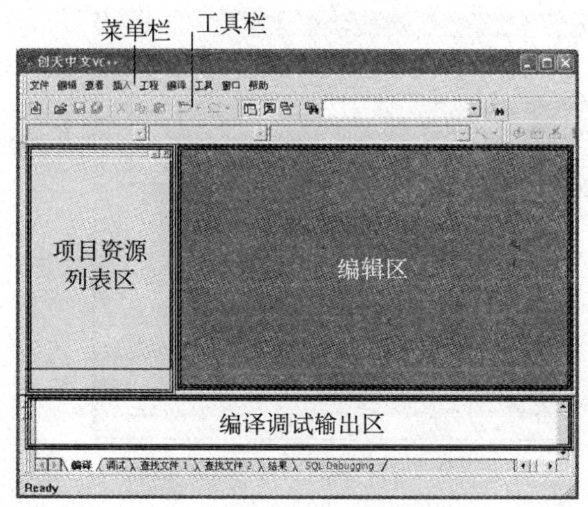

图 1—3　VC6.0 的主界面

从图 1—3 中可以看到，集成环境主要分为菜单栏、工具栏、项目资源列表区、编辑区和编译调试输出区等。

(2) 创建项目。

在 VC6.0 中，用工作空间（Workspace）来管理项目（Project），一个工作空间可以包含一到多个相互关联的项目，一个 C 语言项目是多个相互关联的 C 语言源文件以及其他资源的集合。通常一个项目的代码放在一个目录下。在 VC6.0 的主界面中选择“文件→新建菜单”命令，进入创建新项目的向导，首先要确定项目的类型、名称和位置等信息，如图 1—4 所示。

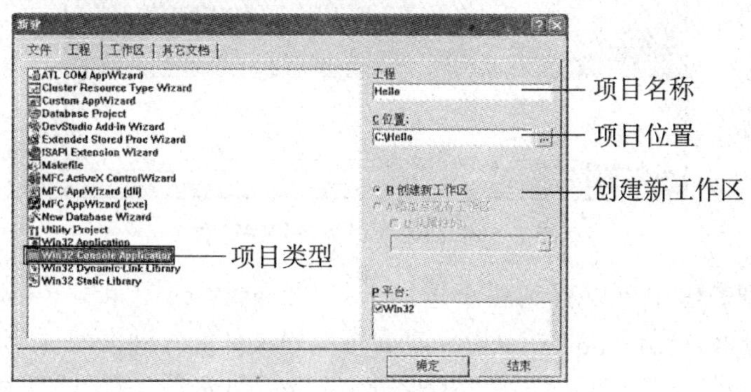

图 1—4　设置项目信息

在工程选项卡中，选中项目类型为“Win32 Console Applicate”。

在工程文本框中输入项目的名称。

在位置文本框中输入项目的位置。

VC6.0 会在位置指定的目录内创建一个与项目名相同的子目录，本项目的所有代码默认都放在该目录内。

选中“创建新工作区”单选按钮，表示要创建新的工作空间。单击“确定”按钮，弹出图 1—5 所示的向导对话框，用来确定框架代码的生成。

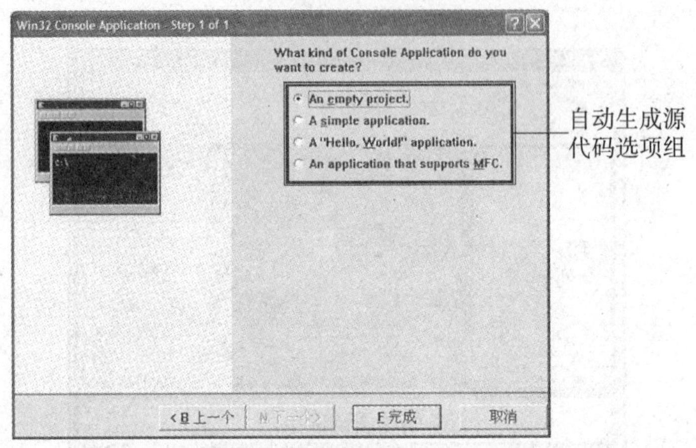

图 1—5　确定项目的框架代码

在图 1—5 中，自动生成源代码选项组中的每个选项都可以控制 VC6.0 自动生成一些不同框架性的源代码。读者可以自行选择不同的选项，观察最后生成的代码有何不同。现在选中“An empty project”单选按钮，单击“完成”按钮。项目目录和空项目创建完毕，结果如图 1—6 所示。

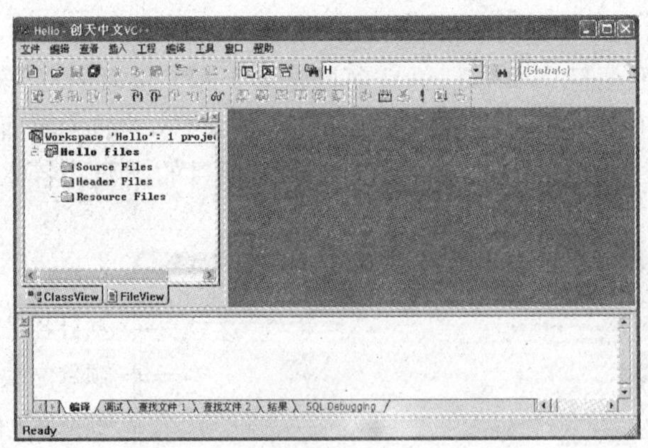

图 1—6　创建项目目录和空项目

在项目资源列表区中可以看到两个选项卡：“ClassView”和“FileView”，这里选择“FileView”，就可以看到新建的“Hello”项目下编辑文件的三种类型“Source Files”（源程序文件）、“Header Files”（头文件）、“Resource Files”（资源文件），现在因为是一个空项目，可以在该项目中新建一个 C 语言源程序文件。

（3）C 语言源程序文件的创建。

建立了项目，要编辑 C 语言程序，就需要建立 C 语言源程序文件，选取“文件”菜单，“新建”命令，则系统会弹出新建对话框，如图 1—7 所示。

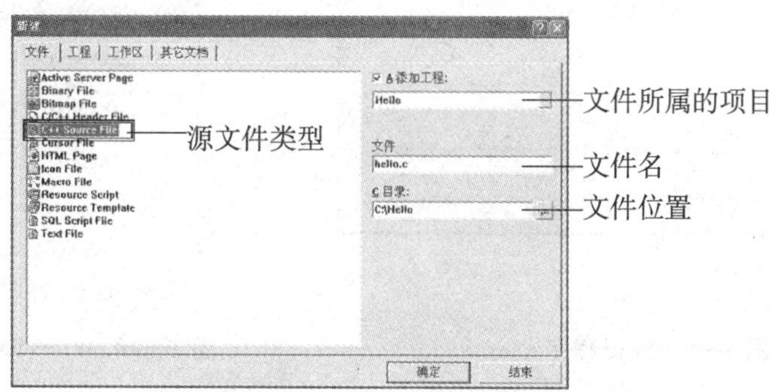

图 1—7　新建对话框：创建 C 语言源程序文件信息设置

在文件选项卡下，选择新建文件类型“C++ Source File”，并在文件下的文本框中输入 hello. c 文件名，单击“确定”（这里需要输入 C 语言源程序的扩展名 . c，因为 VC6. 0 默认是 C++语言的编译程序，其默认扩展名为 . cpp）。系统自动进入编辑状态，如图 1—8 所示。至此可以向程序中添加自己的代码。

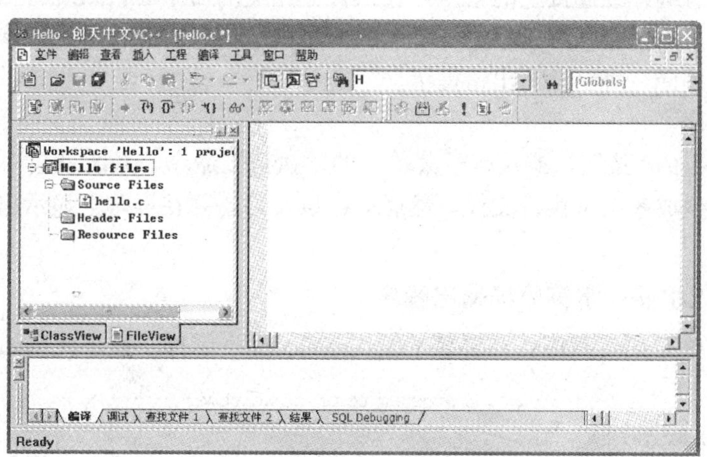

图 1—8　创建 C 语言源程序文件

（4）编辑源代码。

将 1. 1. 3 知识扩展中的“字符原样输出程序”的代码输入到编辑区中，如图 1—9 所示。

打开图 1—9 中的 ClassView 选项卡，显示项目中所有的函数列表。双击某一函数名，VC6. 0 将在编辑区把该函数所在的源文件打开，并显示在最上面，成为活动源文件，同时光标定位到该函数，以便修改。

打开图 1—9 中的 FileView 选项卡，将显示工作空间、工作空间中所包含的所有项目以及每个项目中包含的源程序文件和头文件的列表，如图 1—10 所示。双击某一个文件，VC6. 0 将在编辑区打开该文件，并显示在最上面，成为活动文件，同时光标定位到该文件上次访问过的位置。

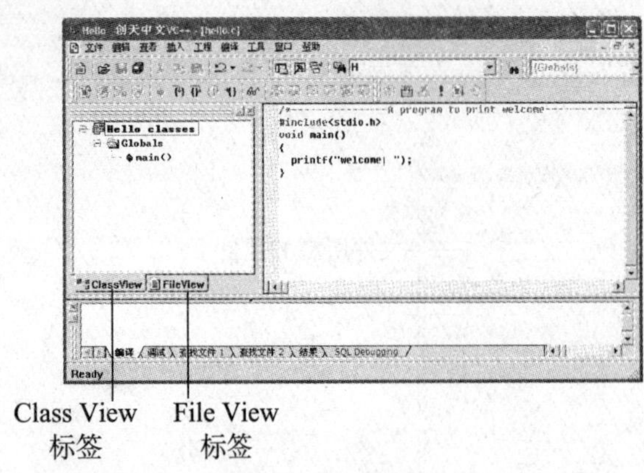

图 1—9　编辑程序

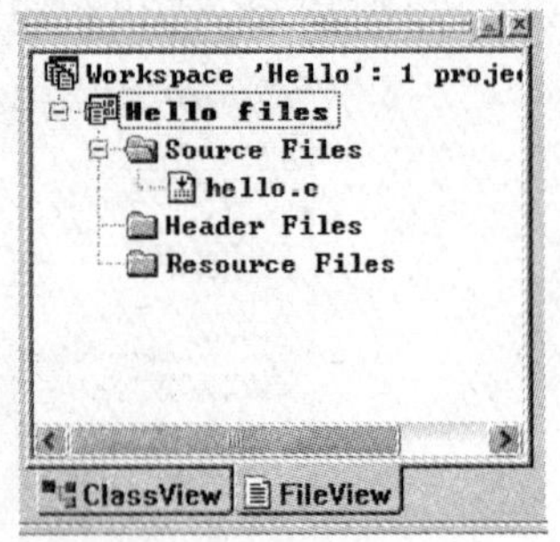

图 1—10　FileView 选项卡内容

（5）编译连接源程序。

点击工具栏上的按钮，或选取主菜单中的“编译”选项，然后运行其子菜单上的“编译”命令，系统就会对当前的源程序进行编译，生成一个目标程序文件，扩展名为 . obj。我们可以接着点击工具栏上的按钮，或执行子菜单上的“构件”命令，系统会将目标程序文件和库文件连接生成一个可执行文件，扩展名为 . exe。

如果源程序有编译或连接上的错误，在执行完相应的命令后，系统将在屏幕下方的编译调试输出区显示出错信息，可以根据屏幕上的出错提示信息对源程序进行修改，对修改后的源程序重新进行编译，直至没有出错提示。

（6）执行程序。

点击工具栏上的 ! 按钮，或执行子菜单上的“执行”命令，系统就会对当前的源程序进行编译、连接，生成一个可执行文件，然后运行该文件，并在屏幕上显示出该源程序文件的运行结果。

1.1.3　知识扩展：字符原样输出程序

编写一个简单 C 语言程序，在屏幕上输出 welcome! 字样。程序代码如下：

```
1    /* - - - - - - - - - - - - - A program to print welcome - - - - - - - - - - - - - */
2    #include<stdio.h>
3    void main( )
4    {
5      printf("welcome! ");
6    }
```

程序运行结果如下：

```
welcome!
```

这是一个最简单的 C 语言程序。尽管简单，但是已经充分说明了 C 语言程序的基本组成。该程序包括了三部分：注释、预处理命令及函数定义。

(1) 程序的第 1 行是注释行。在 C 语言中，注释行使用以“/ *”开头、以“ * /”结束的任意字符串，可以是英文、汉字或汉语拼音等。

注释行的目的是增加程序的可读性。它是编程人员对整个程序或者某些特定的程序结构或语句，以及某些重要的数据所做的说明，如程序或语句的功能、采用的算法、所定义数据的含义等，这样，既方便其他人员对编程人员所写的程序进行阅读、分析，也方便编程人员以后对该程序进行修改。注释行可以出现在程序的任何位置，用于说明程序的功能和目的，编译系统会跳过注释行，不对其进行翻译。所以，一个好的程序员应养成“写程序时加注释”的良好习惯，并提倡尽量多用。

注意：

(1) /＊和＊/要成对出现，并且在字符“/”和“＊”之间不能插入空格；

(2) 注释不能嵌套，也就是说，不能在注释之中又加注释。

例如：/＊……/＊……＊/……＊/这种形式是不允许的。

(3) 在VC6.0编译程序下，还存在着另一种注释方法：双斜线（//）行注释。即以双斜线开始作为注释，到本行结束。例如：

```
//----------------A program to print welcome------------------
```

因为在此主要是讲C语言程序，所以本书所有实例的注释均使用/＊……＊/形式。

(2) 以＃开始的语句属于预处理命令。这些命令是在编译系统翻译代码之前需要由预处理程序处理的语句。本例中第2行的＃include＜stdio.h＞语句是请求预处理程序将文件stdio.h包含到当前的程序中来，作为程序的一部分。文件stdio.h定义了一些函数或符号的执行规则。该程序中的printf函数的执行规则就是在stdio.h文件中进行定义的。

(3) 本例中的第3行void main（）是函数头，每一个C语言程序都必须包含一个主函数main（），也只能包含一个主函数，其前面的void代表函数返回值的类型为空。第4～6行用{}括起来的部分是一个程序模块。C语言程序的执行从主函数中第一个语句开始，到主函数的最后一个语句结束。

(4) 分号“;”是C语言的执行语句和说明语句的结束符。

(5) C语言语句的书写格式自由，没有行的概念。一行可以写多条语句，但是好的程序员应该养成一个好的书写习惯，这样可使程序清晰、易读。例如，第5行printf（“welcome!”）；语句在main函数内部，书写时不要与main函数所在行左对齐，应采用向右移动几格的缩进方式。

(6) printf是一个函数调用语句，在它的后面紧跟有一对圆括号，表示它是一个函数。它是C语言提供的标准的输出库函数，这里是对printf函数的调用。这里的printf函数只有一个参数，即用一对双引号括起来的字符串，它的功能是将这个字符串“welcome!”输出到标准的输出设备显示器上。

任务2　利息的计算

1.2.1　问题情景及其实现

假设××××银行1年定期存款的利率为3%，并已知存款期为3年，存款本金为5 000元，请计算3年后可以得到的利息是多少。具体实现代码如下：

```
#include<stdio.h>
#include<math.h>
void main( )
{
double Irate = 0.03;                    /* Irate代表利率 */
double Dmoney = 5 000,Dinterest;        /* Dmoney代表存款金额,Dinterest代表利息额 */
int term = 3;                           /* term代表存款年限 */
Dinterest = Dmoney * pow((1 + Irate),term) - Dmoney;
printf("存款金额为%.1lf的%d年存款利息是:%.2lf元\n",Dmoney,term,Dinterest);
}
```

程序运行结果如下：

```
存款金额为5 000.0的3年存款利息是:463.64元
```

下面我们来分析一下这个C语言程序。

首先需要考虑存款、年限和要计算的利息该怎样标识？又怎样存放它们的值？应该留多大的空间来存放它们的值？数据3和0.03与Irate、Dmoney、term有什么不同？它们在编写程序时该怎样应用？这些数据计算机怎么处理？对整数3和小数0.03，计算机存放时是否有区别？随着这些问题的提出，我们需要了解用计算机解决实际问题时，程序处理的对象是数据。数据是组成程序的必要组成部分，根据数据的值在程序运行中变化与否，将数据划分为常量和变量。

C语言提供了丰富的数据类型和多种运算符。数据类型规定了该类型的数据在内存中的编码方式和长度、数据的取值范围、施加在该类型数据上的运算及运算结果的范围。

接下来，我们来认识一下C语言的符号系统、常量与变量、基本数据类型、运算符、基本类型数据的转换。

1.2.2 相关知识：C语言的符号系统、常量与变量、基本数据类型、运算符、基本类型数据的转换

1. C语言的符号系统

计算机程序设计语言都有一套自己的符号系统，由这些符号组成语句的基本单位，再按照自身的语法规则组织成语句。C语言源程序也是由符号按照一定的语法规则构成的。下面概要介绍C语言的符号系统。

（1）基本字符集。

C语言使用的基本字符集如下：

1）大写字母：A B C … X Y Z

2）小写字母：a b c … x y z

3）数字：0 1 2 3 4 5 6 7 8 9

4）特殊符号：+ - * / > < ( ) [ ] { } _ = ! # %. , ; : ' " | & ? $ ∧ \ ~

5）空白符：空格符、换行符、制表符

（2）标识符。

标识符用来标识某种对象的名字，这些对象可以是程序中的变量、符号常量、数组、函数和数据类型等。

标识符的构成成分：字母、数字和下划线。

构成规则：以字母或下划线开头的序列。

对象的命名最好能直观表达该对象的意义，这样能很自然地引起联想，便于阅读和理解。比如表示求和可取名 sum，表示面积可以用 area 等。在 C 语言中，大小写字母表示不同的意义，这样 sum 和 SUM 就是两个不同的名字，甚至 sum 和 Sum 也不相同。

C 语言中标识符分为系统定义标识符和用户定义标识符两种。

1）系统定义标识符。

系统定义标识符是指具有固定名字和特定含义的标识符，如 int、float、break 等。系统定义标识符又可以进一步分为关键字和预定义标识符两种类型。

◆ 关键字。关键字是 C 语言系统使用的具有特定含义的标识符，它们都是一些英文单词或缩写，也称为特定字或保留字，不能作为预定义标识符和用户定义标识符使用。

C 语言定义了 32 个关键字，如表 1—1 所示。

表 1—1　　　　**C 语言关键字**

auto	break	case	char	const	continue	default	do	double	else	enum
extern	float	for	goto	if	int	long	register	return	short	signed
sizeof	static	struct	switch	typedef	union	unsigned	void	volatile	while	

这些关键字不需要死记，当学习过它们如何使用后，自然就会熟悉起来。而在以后的学习中要注意它们都用在什么地方，起什么作用，如何使用它们来编写程序。

◆ 预定义标识符。预定义标识符也是具有特定含义的标识符，包括系统标准库函数名和编译预处理命令等，如 printf、scanf、define 和 include 等都是预定义标识符。

预定义标识符不属于 C 语言的关键字，允许用户对它们重新定义。重新定义以后会改变它们原来的含义。

虽然预定义标识符不是 C 语言的关键字，但是习惯上将它们看作保留字，一般不作为用户定义标识符使用，以免造成理解上的混乱。

2）用户定义标识符。

用户定义标识符用于对用户使用的变量、数组和函数等操作对象进行命名。例如，将两个变量命名为 a 和 b，将一个数组命名为 student，将一个函数命名为 max 等。

2. 常量与变量

对于基本数据类型量，按其取值是否可改变又分为常量和变量两种。在程序执行过程中，其值不发生改变的量称为常量，其值可以发生改变的量称为变量。它们可与数据类型结合起来分为整型常量、整型变量、实型常量、实型变量、字符常量、字符变量。在程序中，常量是可以不经说明而直接引用的，而变量则必须先定义后使用。

（1）常量。

常量是在程序执行过程中其值不变的量，常量有符号常量和直接常量。

1）符号常量。符号常量是用一个名字来代表常量。定义符号常量的方法是用 define 命令把一个常量名和常量联系起来。符号常量在使用之前必须先定义，其一般形式为：

```
#define 常量名　常量值
```

其中，#define 也是一条预处理命令（预处理命令都以“#”开头），称为宏定义命令

（在后面预处理程序中将进一步介绍），使用＃define 定义的符号常量，其功能是相当于为一个常量数据取了一个名字，当编译器开始编译包含符号常量的 C 语言程序时，它将＃define 定义的实际常量数据替换这个符号常量，再编译。

【例 1—1】符号常量的使用。

```
#include<stdio.h>
#define PRICE 30
void main( )
{
  int num,total;
  num = 10;
  total = num * PRICE;
  printf("total = %d",total);
}
```

程序运行结果如下：

```
total = 300
```

说明：这里定义了一个常量 PRICE，它代表 30，以后在程序中遇到 PRICE，就用 30 来代替。符号常量一般用大写字母表示，以区别于变量。当然也不是必须这样做，即也可以用小写字母表示。

注意：

使用符号常量的好处：

（1）含义清楚；

（2）能做到“一改全改”。

2）直接常量。其含义是由其字面意义直接表达的常量称为直接常量。如 123，45.2，a，abc 等。

（2）变量。

在程序执行过程中其值可以改变的量称为变量。一个变量应该有一个名字，在内存中占据一定的存储单元，要区分变量名和变量值是两个不同的概念。

程序中的变量由用户定义标识符来表示，在 C 语言中，所有变量必须遵循“先定义，后使用”的原则。变量的定义一般放在函数体的开头，即声明部分。

变量定义语句的形式为：

```
类型说明符  变量名 1,变量名 2,… ;
```

其中，类型说明符由关键字表示，不同的关键字表示不同的数据类型，变量名是用户定义标识符，由用户命名。

通常，定义了一个变量而未赋初值时，一般变量中存放的是随机值。因此，为使定义的变量有一确切的数值，需给定义的变量赋一初值。

注意：一个变量代表着内存中一个具体的存储单元，用变量名来标识。存储单元中存放的数据称为变量的值，变量的值可以通过赋值的方法获得和改变。一定要区分开变量名和变量值这两个不同的概念。

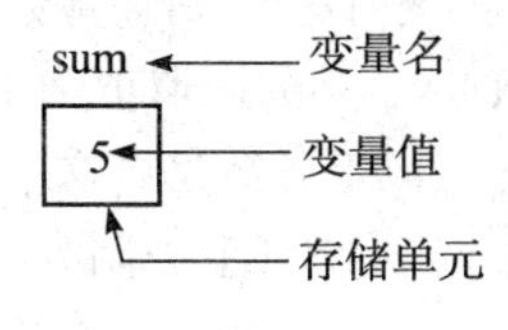

3. 基本数据类型

计算机可以处理多种多样的数据，这些数据有着内在的联系和差别。物以类聚，计算机中的数据也是如此，C 语言把具有某些共同特征的数据归为一类，以便处理。

C 语言作为一种现代化的语言有着丰富的数据类型。这些数据类型可以分为基本数据类型、构造数据类型和指针数据类型 3 种，如图 1—11 所示。

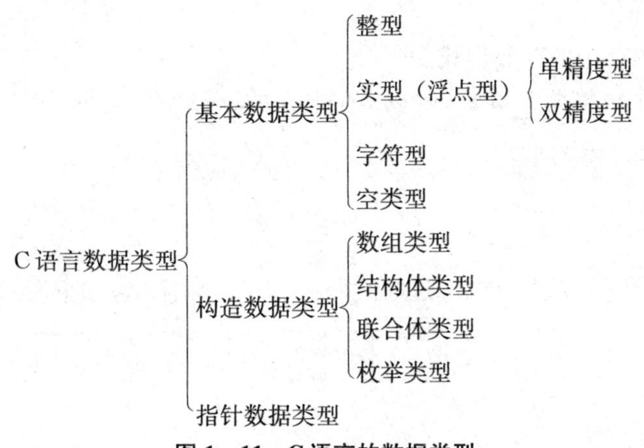

图 1—11　C 语言的数据类型

对于不同的数据类型，编译系统会分配大小不同的内存单元以存放不同类型的数据，因此就决定了每一类数据必然有一定的取值范围。下面我们介绍基本数据类型中的整型、实型和字符型，其他的类型将在项目 3 和项目 4 中介绍。

（1）整型数据。

1）整型常量的表示方法。

整型常量就是整常数。C 语言中，使用的整常数有十进制、八进制和十六进制三种。

◆ 十进制整常数：十进制整常数没有前缀。其数码为 0～9。

以下各数是合法的十进制整常数：

123、−268、65535、1372。

以下各数不是合法的十进制整常数：

013（不能有前导 0）、25D（含有非十进制数码）。

◆ 八进制整常数：八进制整常数必须以数字 0 开头，即以 0 作为八进制数的前缀。数码取值为 0～7。八进制数通常是无符号数。

以下各数是合法的八进制数：

017（十进制为 15）、0101（十进制为 65）、0177777（十进制为 65535）。

以下各数不是合法的八进制数：

216（无前缀 0）、038（包含了非八进制数码）、−0127（出现了负号）。

◆ 十六进制整常数：十六进制整常数的前缀由数字 0 和英文字母 X（或 x）组成，即 0X 或 0x。其数码取值为 0～9，A～F 或 a～f。

以下各数是合法的十六进制数：

0X1B（十进制为 27）、0XA2（十进制为 162）、0XFFFF（十进制为 65535）。

以下各数不是合法的十六进制数：

6B（无前缀 0X）、0X3H（包含了非十六进制数码）。

注意：在程序中是根据前缀来区分各种进制数的。因此在书写常数时不要把前缀弄错，以免造成结果不正确。

2）整型变量。

◆ 整型数据在内存中的存放形式。

如果定义了一个短整型变量 i（假设 i 在内存的存储空间为两个字节，即 16 个二进制位）：

```
short int i;
i = 10;
```

i 变量二进制原码是数字 10 的二进制编码：1010，前补 0，如下所示：

0	0	0	0	0	0	0	0	0	0	0	0	1	0	1	0

注意：

数值在内存中是以补码形式表示的：

（1）正数的补码和原码相同；

（2）负数的补码：按该数绝对值取其原码，然后按位取反再加 1。

例如：求－10 的补码。

－10 的绝对值为 10。

原码：

0	0	0	0	0	0	0	0	0	0	0	0	1	0	1	0

取反：

1	1	1	1	1	1	1	1	1	1	1	1	0	1	0	1

再加 1，得－10 的补码：

1	1	1	1	1	1	1	1	1	1	1	1	0	1	1	0

注意：左面的第一位是表示符号，1 表示负，0 表示正。

◆ 整型变量的分类：

基本型：类型说明符为 int，在内存中占 4 个字节。

短整型：类型说明符为 short int 或 short，在内存中占 2 个字节。

长整型：类型说明符为 long int 或 long，在内存中占 4 个字节。

无符号型：类型说明符为 unsigned。

无符号型又可与上述三种类型匹配构成：

无符号基本型：类型说明符为 unsigned int 或 unsigned。

无符号短整型：类型说明符为 unsigned short。

无符号长整型：类型说明符为 unsigned long。

各种无符号类型量所占的内存空间字节数与相应的有符号类型量相同。但由于省去了符号位，故不能表示负数。

有符号短整型变量：最大表示 32767。

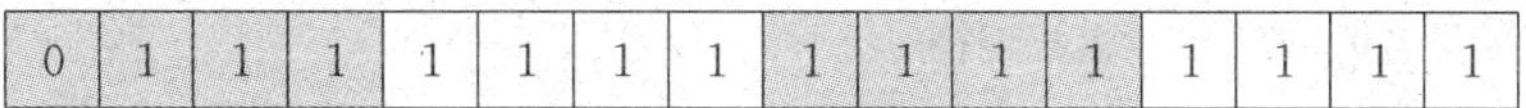

无符号短整型变量：最大表示 65535。

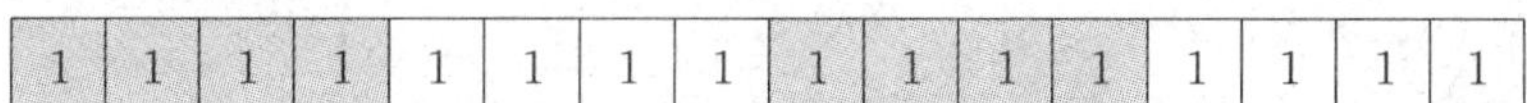

表 1—2 列出了各类整型量所分配的内存字节数及数的表示范围。

表 1—2　　几种整型量的描述

类型说明符	数的范围		字节
int	−2 147 483 648～2 147 483 647	-2^{31}～$(2^{31}-1)$	4
unsigned (int)	0～4 294 967 295	0～$(2^{32}-1)$	4
short (int)	−32 768～32 767	-2^{15}～$(2^{15}-1)$	2
unsigned short (int)	0～65 535	0～$(2^{16}-1)$	2
long (int)	−2 147 483 648～2 147 483 647	-2^{31}～$(2^{31}-1)$	4
unsigned long (int)	0～4 294 967 295	0～$(2^{32}-1)$	4

注意：基本类型变量所占的内存空间大小会因编译器的不同而有所不同，表 1—2 为 VC6.0 环境下的描述。

以 18 为例：

int 型：

0	0	0	0	0	0	0	0	0	0	0	0	0	0	0	0	0	0	0	0	0	0	0	0	0	0	0	1	0	0	1	0

unsigned（int）型：

0	0	0	0	0	0	0	0	0	0	0	0	0	0	0	0	0	0	0	0	0	0	0	0	0	0	0	1	0	0	1	0

short（int）型：

0	0	0	0	0	0	0	0	0	0	0	1	0	0	1	0

unsigned short（int）型：

0	0	0	0	0	0	0	0	0	0	0	1	0	0	1	0

long（int）型：

0	0	0	0	0	0	0	0	0	0	0	0	0	0	0	0	0	0	0	0	0	0	0	0	0	0	0	1	0	0	1	0

unsigned long（int）型：

0	0	0	0	0	0	0	0	0	0	0	0	0	0	0	0	0	0	0	0	0	0	0	0	0	0	0	1	0	0	1	0

◆ 整型变量的定义。变量定义的一般形式为：

```
类型说明符 变量名标识符,变量名标识符,…;
```

例如：

int a，b，c；（a、b、c 为整型变量）

long x，y；（x、y 为长整型变量）

unsigned p，q；（p、q 为无符号整型变量）

注意：

在书写变量定义时要做到：

（1）C 语言要求对所用到的变量作强制定义，如果程序中使用了未经定义的变量，系统在编译时会提示“该变量没有定义”的错误信息。

（2）系统根据变量定义的数据类型分配一定大小的内存单元，并检查其运算的合法性。

（3）必须使用合法的标识符作为变量名，且注意这时用户定义标识符，不能使用系统关键字。

（4）允许在一个类型说明符后，定义多个相同类型的变量。各变量名之间用逗号间隔。类型说明符与变量名之间至少用一个空格间隔。

（5）最后一个变量名之后必须以“;”结尾。

（6）要区别符号常量与变量，两者的命名方式都遵循用户定义标识符规则，但一个是常量，其值在程序中不能改变；另一个是变量，其值在程序中可以通过赋值语句随时改变。例如，a＝12；…；a＝67；

【例 1—2】 整型变量的定义与使用。

```
#include<stdio.h>
void main( )
{
```

```
    int a = -10;
    unsigned short  u = -10;
    long L = 180;
    printf("a = %d,u = %u,L = %ld\n",a,u,L);
}
```

程序运行结果如下：

```
a = -10,u = 65526,L = 180
```

说明：例题中定义了三种类型的变量：整型 a、无符号短整型 u、长整型 L。这样计算机会为这些变量分配一个大小适合的内存单元，并运用赋值号为这个单元赋予确定的值。然后通过输出函数 printf，根据数据类型的不同使用不同的格式符进行输出显示（输出格式符将在下一个任务中详细说明）。

◆ 整型数据值的溢出。

【例 1—3】整型数据值的溢出。

```
#include<stdio.h>
void main( )
{
    short int a;
    a = 32767;
    printf(" %d",a);
    a = a + 2;
    printf(" %d\n",a);
}
```

程序运行结果如下：

```
32767, -32767
```

说明：如图 1—12 所示，变量 a 的值 32767 在内存中的存储形式，当执行加 2 运算后，其值由 32767 变为 32769，但是，a 变量为 short int 类型，其取值范围为−32768～+32767，而 32769 超出了其取值范围，我们称这种情况为数据的溢出。

注意：数据的溢出会影响运算的准确性，我们应当避免数据的溢出。

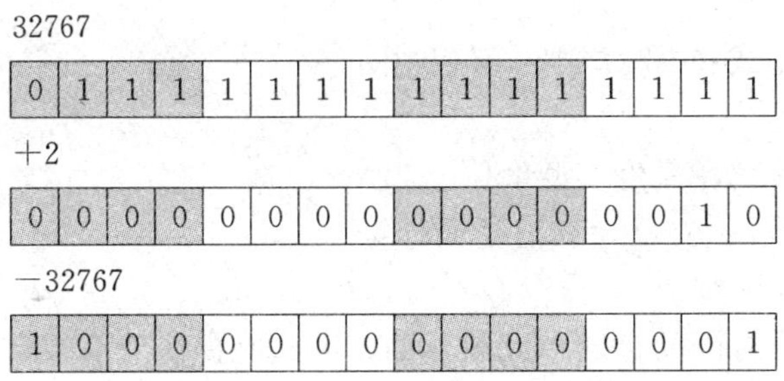

图 1—12　数据的溢出

（2）实型数据。

1）实型常量的表示方法。

实型也称为浮点型。实型常量也称为实数或者浮点数。在C语言中，实数只采用十进制。它有两种形式：十进制小数形式和指数形式。

◆ 十进制小数形式：由数码 0～9 和小数点组成。

例如：0.0、25.0、5.789、0.13、5.0、300.0、－267.8230 等均为合法的实数。注意，必须有小数点。

◆ 指数形式：由十进制数，加阶码标志“e”或“E”以及阶码（只能为整数，可以带符号）组成。

其一般形式为：aEn（a 为十进制数，n 为十进制整数）

其值为 $a\times10^{n}$。

例如：2.1E5（等于 2.1×10^{5}）　　3.7E－2（等于 3.7×10^{-2}）

以下不是合法的指数形式：

345（无小数点）　E9（阶码标志 E 之前无数字）　3.5E（阶码标志 E 之后无阶码）

1.5E2.5（阶码标志 E 之后阶码为小数）

2）实型变量。

◆ 实型数据在内存中的存放形式。实型数据一般占 4 个字节（32 位）的内存空间，按指数形式存储。实数 3.14159 在内存中的存放形式如下：

＋	.314159	1
数符	小数部分	指数

● 小数部分占的位（bit）数越多，数的有效数字越多，精度越高。

● 指数部分占的位数越多，则能表示的数值范围越大。

● 实型变量的分类。实型变量分为：单精度（float 型）和双精度（double 型）两类。

如表 1—3 所示，单精度型 float 占 4 个字节内存空间，其数值范围为 3.4E－37～3.4E＋38，只能提供 7 位有效数字。双精度型 double 占 8 个字节内存空间，其数值范围为 1.7E－307～1.7E＋308，可提供 16 位有效数字。

表 1—3　　两种实型数据的描述

类型说明符	数的范围	有效数字	字节
float	$-3.4\times10^{-37}\sim3.4\times10^{38}$	6～7	4
double	$-1.7\times10^{-307}\sim1.7\times10^{308}$	15～16	8

实型变量定义的格式和书写规则与整型相同。

例如：

float x，y；（x、y 为单精度实型量）

double a，b，c；（a、b、c 为双精度实型量）

◆ 实型数据的舍入误差。

由于实型变量是由有限的存储单元组成的，因此能提供的有效数字总是有限的，如例 1—4。

【例 1—4】 实型数据的舍入误差。

```
#include<stdio.h>
void main( )
{
  float a,b;
  a=123456.789e5;
  b=a+20;
  printf("%f\n",a);
  printf("%f\n",b);
}
```

程序运行结果如下：

```
12345678848.000000
12345678848.000000
```

说明： 这里因为变量 a、b 为 float 型变量，故其有效位数为 7，a 的值为 12345678900，其数值为 11 位，在第 7 位以后就不在有效数值范围之内，存在一定的误差，所以我们在题目中所加的 20 在有效数值范围之外，同样会产生误差问题。

【例 1—5】 实型数据的有效值位数。

```
#include<stdio.h>
void main( )
{
  float a;
  double b;
  a=33333.33333;
  b=33333.33333333333333;
  printf("%f\n",a);
  printf("%lf\n",b);
}
```

程序运行结果如下：

```
33333.332031
33333.333333
```

说明： 从本例可以看出，由于 a 是单精度浮点型，有效位数只有七位。而整数已占五位，故小数两位之后均为无效数字。b 是双精度型，有效位为十六位。规定小数后最多保留六位，其余部分四舍五入。

(3) 字符型数据。

1) 字符常量的表示方法。字符常量是用单引号括起来的一个字符。

例如，'a'、'b'、'='、'+'、'?' 都是合法的字符常量。

在 C 语言中，字符常量有以下特点：

- 字符常量只能用单引号括起来，不能用双引号或其他括号。
- 字符常量只能是单个字符，不能是字符串。
- 字符可以是字符集中的任意字符。注意 '5' 和 5 是不同的。

2）转义字符。

转义字符是一种特殊的字符常量。转义字符以反斜线“\”开头，后跟一个或几个字符。转义字符具有特定的含义，不同于字符原有的意义，故称“转义”字符。

例如，在前面各例题 printf 函数的格式串中用到的“\n”就是一个转义字符，其意义是“回车换行”。转义字符主要用来表示那些用一般字符不便于表示的控制代码，在C语言中包含的常用转义字符及其含义如表1—4所示。

表1—4　常用的转义字符及其含义

转义字符	转义字符的意义	ASCII代码	转义字符	转义字符的意义	ASCII代码
\n	回车换行	10	\t	横向跳到下一制表位置	9
\b	退格	8	\r	回车	13
\\	反斜线符“\”	92	\'	单引号符	39
\"	双引号符	34	\a	鸣铃	7
\ddd	1～3位八进制数所代表的字符		\xhh	1～2位十六进制数所代表的字符	

C语言字符集中的任何一个字符均可用转义字符来表示。表中的\ddd和\xhh正是为此而提出的。ddd和hh分别为八进制和十六进制的ASCII代码。例如，\101表示字母“A”，\102表示字母“B”，\134表示反斜线，\XOA表示换行等。

【例1—6】转义字符的使用。

```
#include<stdio.h>
void main( )
{
  printf("\101 \x42 C\n");
  printf("I say:\"How are you?\"\n");
  printf("\\C Program\\\n");
  printf("Turbo \'C\'");
}
```

程序运行结果如下：

```
A B C
I say:"How are you?"
\C Program\
Turbo'C'
```

注意：

（1）字符‘3’和数字3是不同的。ASCII表规定‘3’的值是51。

（2）尽管单引号、双引号和\都可以直接输入，但转义字符用到了\，字符常量需要用单引号括起来。字符串要用双引号括起来。因此，单引号、双引号和\都需要用转义字符表示。

3）字符变量。字符变量用来存储字符常量，即单个字符。

字符变量的类型说明符是 char。字符变量类型定义的格式和书写规则与整型变量相同。例如：

```
char a,b;
```

4）字符数据在内存中的存储形式及使用方法。

每个字符变量被分配一个字节的内存空间，因此只能存放一个字符。字符值是以 ASCII 码的形式存放在变量的内存单元之中的。

例如，字母 s 的十进制 ASCII 码是 115，字母 t 的十进制 ASCII 码是 116，对于变量 a 与 b 分别赋予‘s’和‘t’值：

```
a='s';
b='t';
```

实际上是在 a、b 两个单元内存放 115 和 116 的二进制代码：

a：	0	1	1	1	0	0	1	1
b：	0	1	1	1	0	1	0	0

所以也可以把它们看成是整型量。C 语言允许对整型变量赋予字符值，也允许对字符变量赋予整型值。在输出时，允许把字符变量按整型输出，也允许把整型变量按字符型输出。

短整型变量为 2 个字节，字符型变量为 1 个字节，当短整型变量按字符型变量处理时，只有低字节位参与处理。

【例 1—7】 向字符变量赋以整数。

```
#include<stdio.h>
void main( )
{
  char a,b;
  a=115;b=116;
  printf("字符型变量字符型输出:%c,%c\n",a,b);
  printf("字符型变量的整型输出:%d,%d\n",a,b);
}
```

程序运行结果如下：

```
字符型变量字符型输出:s,t
字符型变量的整型输出:115,116
```

说明： 本程序中定义 a、b 为字符型，但在赋值语句中赋予整型值。从结果看，a、b 值的输出形式取决于 printf 函数格式串中的格式符，当格式符为“c”时，对应输出的变量值为字符；当格式符为“d”时，对应输出的变量值为整数。

【例 1—8】 字符类型与整型间的转换。

```
#include<stdio.h>
void main( )
{
  char a,b;
```

```
    a='s';
    b='t';
    printf("初始小写字符: %c, %c\n",a,b);
    printf("初始字符的 ASCII 码值: %d, %d\n",a,b);
    a=a-32;
    b=b-32;
    printf("转换后的大写字符: %c, %c\n",a,b);
    printf("转换后字符的 ASCII 码值: %d, %d\n",a,b);
}
```

程序运行结果如下：

```
初始小写字符:s,t
初始字符的 ASCII 码值:115,116
转换后的大写字符:S,T
转换后字符的 ASCII 码值:83,84
```

说明：本例中，a、b 被说明为字符变量并赋予字符值，C 语言允许字符变量参与数值运算，即用字符的 ASCII 码参与运算。由于大写字母的 ASCII 码值比对应的小写字母的 ASCII 码值小 32，因此只需要将存储小写字母的变量减 32 后就可以变成大写字母存储，然后分别以字符型和整型输出。

5）字符串常量。

字符串常量是由一对双引号括起来的字符序列。例如，"CHINA"、"C program"、"$12.5" 等都是合法的字符串常量。

字符串常量和字符常量是不同的量，它们之间主要有以下区别：

◆ 字符常量由单引号括起来，字符串常量由双引号括起来。

◆ 字符常量只能是单个字符，字符串常量则可以含一个或多个字符。

◆ 可以把一个字符常量赋予一个字符变量，但不能把一个字符串常量赋予一个字符变量。在 C 语言中没有相应的字符串变量，可以用一个字符数组来存放一个字符串常量。有关字符数组的内容，我们将会在项目三中介绍。

◆ 字符常量占一个字节的内存空间。字符串常量占的内存字节数等于字符串中字节数加 1。增加的一个字节中存放一个转义字符 '\0'（其 ASCII 码值为 0）。这是字符串结束的标志。

例如，字符串 "C program" 在内存中所占的字节为 10（这里每 1 格为 1 个字节）：

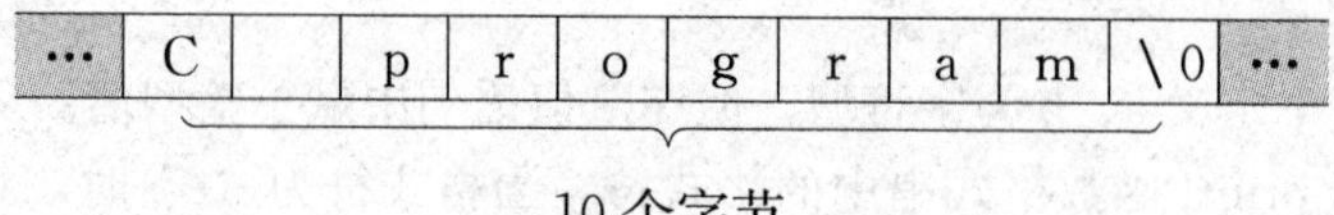

字符常量 'a' 和字符串常量 "a" 虽然都只有一个字符，但在内存中的情况是不同的。

'a' 在内存中占一个字节，表示为：

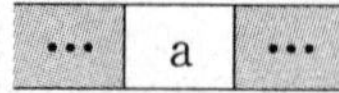

"a" 在内存中占两个字节，表示为：

…	a	\0	…

4. 运算符

（1）运算符和表达式

变量用来存放数据，运算符则用来处理数据。所谓运算符就是指运算的符号，如加运算符（+）、乘运算符（*）、取地址运算符（&）等。表达式与运算符密不可分，它由运算符与操作数组合而成，并由运算符指定对操作数要进行的运算，一个表达式的运算结果是一个值。

C语言提供的运算符有以下几种：算术运算符、赋值运算符、关系运算符、逻辑运算符、位运算符、条件运算符、逗号运算符及其他运算符。不同的运算符，需要参与的操作数的个数也不相同。

根据运算符需要参与的操作数的个数，可将其分为三种：单目运算符（一个操作数参与运算）、双目运算符（两个操作数参与运算）和三目运算符（三个操作数参与运算）。下面介绍C语言几种基本的运算符及其表达式。

1）算术运算符与算术表达式。

◆ 基本的算术运算符及算术表达式。

● 基本的算术运算符。

C语言中提供的基本的算术运算符包括：加（+）、减（−）、乘（*）、除（/）和求余（%）。这些运算符是双目运算符。利用算术运算符连接起来的式子称为算术表达式。+、−、*、/运算符既可以用于整型数据，也可以用于实型数据，而%只能用于整型数据，如表1—5所示。

表1—5　　**基本的算术运算符**

运算符	名字	实　例	
+	加	10+2.5	/*得出12.5*/
−	减	3.8−4	/*得出−0.2*/
*	乘	2*2.4	/*得出4.8*/
/	除	7/2.0	/*得出3.5*/
%	求余	10%3	/*得出1*/

● 算术表达式。用算术运算符连接而成的式子称为算术表达式。

C语言中，任何数据类型的数据都有固定的取值范围。当表达式的值超出取值范围时，就会丢失数据，这种现象称为数据的溢出，在前面已经介绍过，这里再来看一个示例。

【例1—9】基本算术运算。

```
#include<stdio.h>
void main( )
{
  unsigned short u = 65500;
  u = u + 50;
  printf("u = %u\n",u);
}
```

程序运行结果如下：

```
u = 14
```

说明： main 函数定义了一个无符号的整数 u，执行部分先将 u 赋值为 65500，即 0XFFDC，然后加上 50，但输出结果是 14，而不是 65500＋50＝65550，这是因为 u＋50 是一个 unsigned int 型数据，计算结果只保留 16 位。如图 1—13 所示，无符号短整型变量 u 的值 65500 在内存中的存储形式，当执行加 50 运算后，其值由 65500 变为 65550，因为 a 变量为无符号短整型，其取值范围在 0～65535，而 65550 超出其取值范围，则称为数据的溢出。

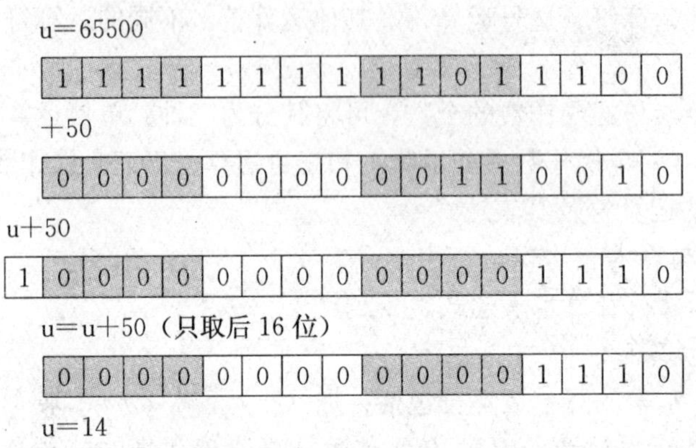

图 1—13　无符号数据的溢出

算术运算符中比较容易引起溢出的是 * 运算符。但 C 语言不对溢出进行检查，所以编写程序时，要特别注意这类表达式的值，使其不要溢出。

注意：

(1) 当算术运算符两边的操作数是相同的数据类型的表达式时，运算的结果将保持原来的数据类型。因此，5/2 的值是 2，不是 2.5。因为表达式 5/2 是整型表达式。

(2)％不能用于实型数据，2.5％2 是非法表达式。

(3) 算术表达式的结果应该不超过其所能表示的数的范围。

◆ 取反运算符和自增自减运算符。

C 语言中，减号（－）既是一个算术运算符，又是一个取反运算符。取反运算符是一个单目运算符。例如，a＝10，那么－a 的值就是－10。

C 语言还提供了两个用于算术运算的单目运算符：＋＋（自增）和－－（自减）。＋＋的作用是使变量的值自己增 1，而－－的作用是使变量的值自己减 1。

＋＋和－－运算符有一个特点：它们既可以位于变量的左边（前缀式），也可以位于变量的右边（后缀式），但结果却不一样。二者的区别是：前缀式先将操作数增 1（或减 1），然后取操作数的新值参与表达式的运算。后缀式先将操作数增 1（或减 1）之前的值参与表达式的运算，到表达式的值被引用之后再做加 1（或减 1）运算，如表 1—6 所示。

假定变量 value 已预定义：

```
int value = 5;
```

表 1—6　　自增和自减运算符

运算符	名　字	实　例
++	自加（前缀）	++value+10/＊得出16，value变为6＊/
++	自加（后缀）	（value++）+10/＊得出15，value变为6＊/
——	自减（前缀）	——value+10/＊得出14，value变为4＊/
——	自减（后缀）	（value——）+10/＊得出15，value变为4＊/

可以看出，自增和自减运算符可在变量名前，也可在变量名后，但含义并不相同。对于前缀的形式，变量先作自增或自减运算，然后将运算结果用于表达式中；而对于后缀的形式，变量的值先在表达式中参与运算，然后再作自增或自减运算。又如：

【例 1—10】 自增自减运算。

```
#include<stdio.h>
void main( )
{
  int i = 3,a,b;
  a = 20 - i++ ;
  printf("a = %d,i = %d\n",a,i);
  b = ++i + 2;
  printf("b = %d,i = %d\n",b,i);
}
```

程序运行结果如下：

```
a = 17,i = 4
b = 7,i = 5
```

说明：

● ++运算符只能用于变量，不能用于常量和表达式。因为++和——蕴含了赋值操作。

● 两个+和—之间不能有空格。

2）赋值运算符与赋值表达式。

C语言中，“=”被称为赋值运算符，其含义是将运算符右边表达式的值送到左边变量名所代表的存储单元内。实际上是将特定的值写到变量所对应的内存单元中。赋值运算符是一种双目运算符，因为“=”两边都需要有操作数。“=”的左边是待赋值的变量，“=”的右边是要赋的值。格式如下：

```
变量 = 表达式
```

这种表达式称为赋值表达式。执行赋值表达式时，一般首先计算右边表达式的值，然后赋给左边变量。在使用赋值表达式时应注意以下几点。

◆“=”左边必须是变量名或者是对应某特定内存单元的表达式（后面的讲解中将会遇到这样的表达式）。下面的赋值表达式是非法的，因为我们不能对表达式5+a和b+2赋值。

```
(5 + a) = 10;
b + 2 = 10;
```

可以利用常量对变量赋值，也可以利用变量对变量赋值，还可以利用任何表达式对变量赋值。

注意：“＝”表示赋值，不是代数中相等的意思。赋值表达式 a＝b 只是表示将 b 的值赋给 a，并不表示 a 与 b 的值永远相等。例如：

```
int a,b;
a=10;
b=a;
a=20;
```

上面例子中，变量 a 被赋值为 10，然后将 a 的值 10 赋给 b，接着 a 又被赋值为 20（覆盖了原来的 10），这时 b 的值仍然是 10，因为 a、b 分别对应着不同的内存单元。

◆ C 语言允许在一个表达式中对多个变量连续赋值。例如：

```
a=b=c=10;
```

其中有三个赋值号，按照赋值运算符的从右向左的特性，这个表达式等价于 a＝（b＝（c＝10））。

连续赋值的表达式的运算顺序是从右至左的（又称为右结合性）。因此，a＝b＝c＝10 的运算顺序是先对 c 赋值，得到赋值表达式 c＝10 的值 10，然后再对 b 赋值，得到赋值表达式 b＝c＝10 的值 10，最后才对 a 赋值，得到赋值表达式 a＝b＝c＝10 的值 10。

◆ 赋值运算符的优先级很低，仅高于逗号运算符。如果在表达式中要先进行赋值运算，就必须把那部分用圆括号括起来。例如：

```
a=(b=3)*(c=4);
```

最后 a、b、c 的值分别为：12、3 和 4。

◆ 赋值表达式的值就是“＝”右边表达式的值。但结果的类型由左边的变量类型决定。如果右边值的类型和左边变量的类型不一致，则把右边值的类型转换成左边变量的类型。

【例 1—11】 赋值运算。

```
#include<stdio.h>
void main( )
{
  int a=38,b=6,c;
  float f=4;
  c=a / f-b
  printf("c= %d",c);
}
```

程序运行结果如下：

```
c=3
```

说明：在这个赋值语句中，右边的表达式的类型是 float，而 c 是 int 型，所以，赋值执行后结果的类型是 int，即取 float 型的值截去小数部分之后的整数部分。注意这里是截去，不是四舍五入。

从这个例子中我们可以看出，C 语言中的赋值运算符代表的是一种操作，而不是数学公式中的相等概念。

3）关系运算符与关系表达式。

在程序中经常需要比较两个量的大小关系，以决定程序下一步的工作。比较两个量大小关系的运算符称为关系运算符。

C 语言提供了 6 种关系运算符，用于数值之间的比较，表达式的值用整型量 1（表示 true）或 0（表示 false）表示，如表 1—7 所示。

表 1—7　　　　**关系运算符**

运算符	名字	实　例
==	等于	5==5 /*得出 1*/
!=	不等于	5!=5 /*得出 0*/
<	小于	5<5.5 /*得出 1*/
<=	小于或等于	5<=5 /*得出 1*/
>	大于	5>5.5 /*得出 0*/
>=	大于或等于	6.3>=5 /*得出 1*/

由关系运算符组成的关系表达式的值是逻辑型的，在 C 语言中常常将逻辑真用非 0 表示，逻辑假用 0 表示。

说明：

- <=和>=运算符不能写成=<和=>，=<和=>是无效的运算符。
- 字符串不应当用关系运算符比较，因为被比较的不是字符串的内容本身，而是字符串的地址。

例如：

```
"Welcome"<"Beijing"
```

引起“Welcome”的地址与“Beijing”的地址进行比较。由于字符串的地址是由编译器决定的，所以，表达式的结果或为 0（假），或为 1（真），并不确定。后面会讲到：可以用 C 语言的库函数 strcmp，比较两个字符串。

【例 1—12】 关系运算。

```
#include<stdio.h>
void main( )
{
  int n;
  float a,b,c;
  a=7.2;
  b=6.5;
  c=8.9;
```

```
9    n=a>b>c;
10    printf("n= %d,a= %f,b= %f,c= %f \n",n,a,b,c);
11  }
```

程序运行结果如下：

```
n=0,a=7.200000,b=6.500000,c=8.900000
```

说明：第 6、7、8 行中，对变量 a、b、c 分别赋值为 7.2、6.5 和 8.9。

按照运算符的运算规则：运算符优先级高的先运算，级别相同时，按运算符的结合方向运算。第 9 行中，表达式 n=a>b>c 等价于 n=（（a>b）>c）。所以先将 a 与 b 进行大于比较，很显然，7.2>6.5，得到关系成立，其结果为 1。注意，下面是将其结果和 c 进行比较，即 1>8.9，显然关系不成立，其结果为 0，再将此结果 0 赋给变量 n，即 n 的值为 0。所以在第 10 行中调用 printf 函数的输出的结果是：

```
n=0,a=7.200000,b=6.500000,c=8.900000
```

4）逻辑运算符与逻辑表达式。

C 语言提供了 3 种逻辑运算符，如表 1—8 所示。如同关系运算符，用逻辑运算符组成的表达式的值也使用整型量 1（表示 true，真）或 0（表示 false，假）表示。

表 1—8　　逻辑运算符

运算符	名字	实　例
!	逻辑非	!（5==5）　　/*得出 0*/
&&	逻辑与	5<6 && 6<6　　/*得出 0*/
||	逻辑或	5<6 || 6<5　　/*得出 1*/

逻辑非（!）是单目运算符，它将操作数的逻辑值取反。即：如果操作数是非零，则表达式的值为 0（false 假）；如果操作数是 0，则表达式的值为 1（true 真）。

逻辑非（!）、逻辑与（&&）和逻辑或（||）的含义，如表 1—9 所示。

表 1—9　　逻辑非（!）、逻辑与（&&）和逻辑或（||）运算

A	B	!A	!B	A&&B	A||B
true（真）	true（真）	false（假）	false（假）	true（真）	true（真）
false（假）	false（假）	true（真）	true（真）	false（假）	false（假）
true（真）	false（假）	false（假）	true（真）	false（假）	true（真）
false（假）	true（真）	true（真）	false（假）	false（假）	true（真）

根据表 1—9 所示：逻辑非（!）是单目运算符，它将操作数的逻辑值取反。如果操作数 A 是 true，那么它非（!）运算后的表达式的值为 false；如果操作数 A 是 false，那么它非（!）运算后的表达式的值为 true。当操作数 A 和 B 进行与（&&）运算时，只有 A 和 B 同时为 true（真），其表达式 A&&B 的结果才为 true，否则为 false。当操作数 A 和 B 进行或（||）运算时，只有 A 和 B 同时为 false（假），其表达式 A||B 的结果才为 false，否则为 true。

说明：

● 对于 0 和非 0 操作数而言，非 0 表示逻辑真（true），0 表示逻辑假（false）。

● 运算按照从左至右的顺序进行，一旦能够确定逻辑表达式的值，就立即结束运算，这是逻辑运算的短路性质。

例如：a&&b&&c;

只有当 a 为真时，才依次判断 b 和 c，当 a 为 0 时可直接得到表达式的值为 0，系统不会再继续判断表达式 b 和 c。

逻辑运算符中除“!”为单目运算符外，其余的为双目运算符。像关系运算符一样，逻辑运算符的结果只能是真或假，为便于叙述和理解，用 1 代表真（true），0 代表假（false）。

逻辑表达式“! a”中，如 a 为 1，则结果为 0，否则结果是 1。

【例 1—13】 逻辑运算。

```
1   #include<stdio.h>
2   void main( )
3   {
4     int a=5,b=0,c=-2,m;
5     m=a++&&b++&&c++;
6     printf("a=%d,b=%d,c=%d,m=%d\n",a,b,c,m);
7     m=a++||b++||c++;
8     printf("a=%d,b=%d,c=%d,m=%d\n",a,b,c,m);
9     m=(a-7)||b--&&c++;
10    printf("a=%d,b=%d,c=%d,m=%d\n",a,b,c,m);
11  }
```

程序运行结果如下：

```
a=6,b=1,c=-2,m=0
a=7,b=1,c=-2,m=1
a=7,b=0,c=-1,m=1
```

说明： 第 4 行中，对变量 a、b、c 分别赋值为 5、0、−2。

第 5 行中，按照运算符优先级和结合性以及逻辑运算符的特殊运算规则，表达式“m=a++&& b++&& c++;”等价于“m=（a++）&&（b++）&&（c++）;”。先进行 a++与 b++运算，其结果分别是 5 和 0，然后进行逻辑与运算，很显然，5&&0，得到其结果为 0。到此已经能够确定逻辑表达式的值，根据逻辑运算的短路性质，终止运算，忽略掉后面的 c++运算。结果为 0，再将此结果 0 赋给变量 m，即 m 的值为 0。所以在第 6 行中调用 printf 函数的输出结果是：

```
a=6,b=1,c=-2,m=0
```

第 7 行中，表达式也同样按照运算符优先级和结合性以及逻辑运算符的特殊运算规则，表达式“m=a++ || b++ || c++;”等价于“m=（a++） ||（b++） ||（c++）;”。所以先执行 a++，其结果是 6，因为后面执行的是逻辑或运算，显然到此已经能够确定逻辑表达式的值，根据逻辑运算的短路性质，终止运算，忽略掉后面的 b++和 c++运

算。其结果为1，再将此结果1赋给变量m，即m的值为1。所以在第8行中调用printf函数输出的结果是：

```
a=7,b=1,c=-2,m=1
```

第9行中，表达式也同样按照运算符优先级和结合性以及逻辑运算符的特殊运算规则，表达式“m=（a-7）|| b--&& c++;”等价于“m=（a-7）||（（b--）&&（c++））;”。所以先执行a-7，其结果是0，将结果与后面的进行逻辑或运算，而后面是一个逻辑与的表达式，先计算b--，其结果为1，再计算c++，其结果为-2，再将其结果进行逻辑与运算，得到1&&-2，显然结果为1，再将其结果和前面的结果0进行或运算，得到0||1，其结果为1，赋给变量m，即m的值变为1。运算完后，b变量进行自减变为0，c变量进行自加变为-1。所以在第10行中调用printf函数的输出结果是：

```
a=7,b=0,c=-1,m=1
```

注意：

（1）在有些C语言环境中，没有专门的布尔类型bool，而用整数型int来代替。如：

```
int IsEmpty=0      /* 代表假 */
int IsEmpty=1      /* 代表真 */
```

（2）一般只有0代表假，而其他的任何值都代表真。如下面的一些逻辑表达式的值均为真：

```
20 && 1
12 || 0
0 || 2001
1.0 || 2
! 0
```

（3）逻辑表达式中的逻辑运算不是都需要执行的。

1 ||（100/0）　/*并不会产生浮点运算错误，因为100/0根本就没有必要执行*/

0 &&（100/0）　/*同样不会出现问题，但不提倡这种写法*/

所以，必须要执行运算的表达式，应该在参与逻辑运算之前先执行运算，以防万一没有执行，产生不可预料的后果，这是在编程过程中需要切记的。

5）位运算符与位表达式。

C语言提供6种位运算符，可以进行二进制位的运算，如表1—10所示。

表1—10　　位运算符

运算符	名字	实　例
~	按位取反	~2 /*得出-2*/
&	按位与	9&3 /*得出1*/

续前表

运算符	名字	实　例
|	按位或	9 | 3 /＊得出 11＊/
∧	按位异或	9 ∧ 3 /＊得出 10＊/
≪	按位左移	9≪3 /＊得出 72＊/
≫	按位右移	9≫3 /＊得出 1＊/

位运算符要求操作数是整型数，并按二进制位的顺序来处理它们。取反运算符是单目运算符，其他位运算符是双目运算符。

位操作运算符是用来进行二进制位运算的运算符。它分为两类：逻辑位运算符和移位运算符。

◆ 逻辑位运算符。

● 单目逻辑位运算符：～（按位取反）。

按位取反运算符（～）：将操作数的二进制位按位取反。作用是将各个二进制位由 1 变为 0，由 0 变为 1。

● 双目逻辑运算符：&（按位与），|（按位或），∧（按位异或）。其中优先级 & 高于∧，而∧高于 |。

按位与运算符（&）：比较两个操作数对应的二进制位，当两个二进制位均为 1 时，该位的结果取 1，否则取 0。

按位或运算符（|）：比较两个操作数对应的二进制位，当两个二进制位均为 0 时，该位的结果取 0，否则取 1。

按位异或运算符（∧）：比较两个操作数对应的二进制位，当两个二进制位均为 1 或均为 0 时，该位的结果取 0，否则取 1。

【例 1—14】 逻辑位运算。

```
#include<stdio.h>
void main( )
{
  int a=15,b=4,m;
  m=a & b;
  printf("a=%d,b=%d,m=%d\n",a,b,m);
  m=a | b;
  printf("a=%d,b=%d,m=%d\n",a,b,m);
  m=a^b;
  printf("a=%d,b=%d,m=%d\n",a,b,m);
}
```

程序运行结果如下：

```
a=15,b=4,m=4
a=15,b=4,m=15
a=15,b=4,m=11
```

◆ 移位运算符。

移位运算符有两个：≪（左移）、≫（右移）。两个都是双目运算符。

按位左移运算符（≪）和按位右移运算符（≫）均有一个正整数 n 作为右操作数，将左操作数的每一个二进制位左移或右移 n 位，空缺的位设置为 0 或 1。对于无符号整数或有符号整数，如果符号位为 0（即为正数），空缺位设置为 0；如果符号位为 1（即为负数），空缺位是设置为 0 还是设置为 1，要取决于所用的计算机系统。

【例 1—15】 逻辑移位运算。

```
1  #include<stdio.h>
2  void main( )
3  {
4    short a = 5,b = 10,m;
5    m = a<<2;
6    printf("a = %d,b = %d,m = %d\n",a,b,m);
7    m = b>>2;
8    printf("a = %d,b = %d,m = %d\n",a,b,m);
9  }
```

程序运行结果如下：

```
a = 5,b = 10,m = 20
a = 5,b = 10,m = 2
```

说明：第 5 行中，对变量 a 进行左移 2 位运算，如图 1—14 所示，将 a 的二进制位向左移 2 位，右边空缺的二进制位补 0，得到数值为 20；第 7 行中，对变量 b 进行右移 2 位运算，如图 1—14 所示，将 b 的二进制位向右移 2 位，其右边的 1 和 0 两位就被移走。左边空缺出来的两个二进制位根据数值的正负进行填补，是正数补 0，是负数补 1。

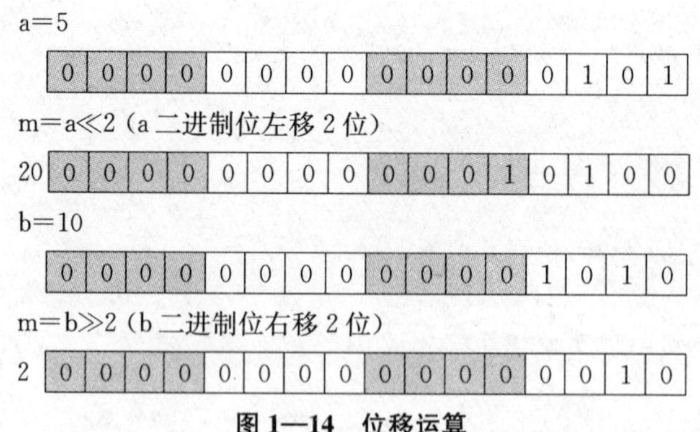

图 1—14　位移运算

6）条件运算符与条件表达式。

条件运算符（?:）是 C 语言提供的唯一一个三目运算符。用条件运算符连接的式子称为条件表达式。条件表达式的格式如下：

```
表达式 1?表达式 2:表达式 3
```

条件表达式的求值规则是：如果表达式 1 的值是真，那么整个条件表达式的值就是表达式2的值，否则整个表达式的值是表达式3的值。

【例1—16】 条件运算。

```
#include<stdio.h>
#include<conio.h>
void main( )
{
  char ch='a';
  ch=ch>='a'&&ch<='z'?ch-'a'+'A':ch;
  printf("%c\n",ch);
}
```

程序运行结果如下：

```
A
```

说明： 上面的程序要求用户输入一个字符，如果字符是小写字母，则将字符转换成大写字母，否则不变。

7）逗号运算符与逗号表达式。

在C语言中，逗号“，”也是一种运算符，称为逗号运算符。其功能是把两个表达式连接起来组成一个表达式，称为逗号表达式。一般形式为：

```
表达式1,表达式2,…,表达式n
```

比如：a+b，b+5，c=a+10

逗号运算符的优先级最低的，并且具有左结合性。逗号表达式的求值过程是从左至右依次分别计算用逗号分隔的各表达式的值，并以最后一个表达式的值作为整个逗号表达式的值。

【例1—17】 逗号运算。

```
#include<stdio.h>
void main( )
{
  int a=3,b=5,c=7,x,y;
  y=(x=a+b, ++b);
  printf("x= %d,y= %d \n",x,y);
}
```

程序运行结果如下：

```
x=8,y=6
```

说明： 本例中，y等于整个逗号表达式的值，也就是表达式2的值，x是第一个表达式的值。

对于逗号表达式还要注意：并不是在所有出现逗号的地方都组成逗号表达式，如在变量说明中，函数参数表中逗号只是用作各变量之间的间隔符。

8）其他运算符及其运算。

◆ sizeof运算符。

C语言中提供了一个能获取变量和数据类型所占内存空间大小的运算符：sizeof。sizeof

运算符的使用格式如下：

```
sizeof 表达式
sizeof(数据类型或表达式)
```

比如：

```
sizeof(int)      值为 2
sizeof(long)     值为 4
sizeof(123.56)   值为 8
```

注意：size 和 of 之间不能有空格。

◆ 复合的赋值运算符。

复合的赋值运算符，又称为带有运算的赋值运算符，也叫赋值缩写。例如：i=i+j；可表示为 i+=j；这里+=是复合赋值运算符。

复合赋值运算符共有 10 种，它们是：

+=：加赋值；

-=：减赋值；

*=：乘赋值；

/=：除赋值；

%=：求余赋值；

&=：按位与赋值；

|=：按位或赋值；

∧=：按位异或赋值；

≪=：左移位赋值；

≫=：右移位赋值。

注意：x *=y+8 等价于 x=x*（y+8），不等价于 x=x*y+8。

z &=y-x 等价于 z=z &（y-x），而不等价于 z=z &y-x。

（2）运算符的优先级与结合性

上述学习了多种运算符，并且分别介绍了各个运算符的形式、功能和使用。此外要注意，运用这些运算符进行运算时，要掌握运算符的优先级和结合性。

各运算符的优先级和结合性如表 1—11 所示。

表 1—11　　运算符的优先级和结合性

优先级	运算符	名称	运算对象	结合性
1	( ) [ ] -> .	圆括号 下表运算符 指向结构体成员运算符 结构体成员运算符		左结合

续前表

<table>
<tr><th>优先级</th><th>运算符</th><th>名称</th><th>运算对象</th><th>结合性</th></tr>
<tr><td>2</td><td>!
~
++
--
-
+
*
&
（类型符）
sizeof</td><td>逻辑非运算符
按位取反运算符
自增运算符
自减运算符
求负运算符
求正运算符
间接存取运算符
取地址运算符
类型转换运算符
求长度运算符</td><td>1</td><td>右结合</td></tr>
<tr><td>3</td><td>*
/
%</td><td>乘法运算符
除法运算符
求余运算符</td><td>2</td><td>左结合</td></tr>
<tr><td>4</td><td>+
-</td><td>加法运算符
减法运算符</td><td>2</td><td>左结合</td></tr>
<tr><td>5</td><td>≪
≫</td><td>按位左移运算符
按位右移运算符</td><td>2</td><td>左结合</td></tr>
<tr><td>6</td><td>> < <= >=</td><td>关系运算符</td><td>2</td><td>左结合</td></tr>
<tr><td>7</td><td>== !=</td><td>关系运算符</td><td>2</td><td>左结合</td></tr>
<tr><td>8</td><td>&</td><td>按位与运算符</td><td>2</td><td>左结合</td></tr>
<tr><td>9</td><td>∧</td><td>按位异或运算符</td><td>2</td><td>左结合</td></tr>
<tr><td>10</td><td>|</td><td>按位或运算符</td><td>2</td><td>左结合</td></tr>
<tr><td>11</td><td>&&</td><td>逻辑与运算符</td><td>2</td><td>左结合</td></tr>
<tr><td>12</td><td>||</td><td>逻辑或运算符</td><td>2</td><td>左结合</td></tr>
<tr><td>13</td><td>?:</td><td>条件运算符</td><td>3</td><td>右结合</td></tr>
<tr><td>14</td><td>= += -= *= /=
%= ≫= ≪= &= |= ∧=</td><td>赋值运算符</td><td>2</td><td>右结合</td></tr>
<tr><td>15</td><td>,</td><td>逗号运算符</td><td></td><td>右结合</td></tr>
</table>

从表1—11中可以看出：

1）所有运算符的优先级共分为15级，其中1级优先级最高，15级优先级最低。优先级由上到下依次递减。

2）若不同类型的运算符出现在表达式中，那么在计算该表达式的值时，应先执行优先级高的运算，再执行优先级低的运算。例如：

```
a&&b+c*d
```

该表达式中有三个运算符，按优先级高低为序，依次是：*、+、&&。所以表达式就等价于：

```
a&&(b+(c*d))
```

先计算 c*d，然后将其结果和 b 相加，再将相加后的结果和 a 进行逻辑与运算。

3）表中的运算符存在相同级别。如果它们出现在同一表达式中，则按结合性顺序进行计算。例如：

```
!p++
```

该表达式中运算符“!”和“++”的优先级相同，而它们的结合性是右结合，即从右到左的运算方向，因此该表达式就等价于：

```
!(p++)
```

4）在分析 C 语言源程序或者编写 C 语言程序时，要注意运算符的作用和其运算对象的个数。因为有些运算符虽然书写上一样，但是运算规则却是不同的。

例如：-a-b，其中右边的“-”是减法运算符，它具有两个运算对象，即双目运算符，表示两个数相减；而左边的“-”是求负运算符，它具有一个运算对象，即单目运算符，其作用是取其运算对象的相反数。

5. 基本类型数据的转换

C 语言的一个突出的特点是各类数据可以共存于一个表达式中，并按一定的规则进行计算。例如：

```
15-6.8+'9'*2/1.5
```

C 语言对参与运算的数据作某种转换，把它们转换成同一类型的数据，然后再进行计算。这种转换一般由编译系统自动完成，只有当编译系统不能解决时，才由程序员自行设计。这就是自动类型转换和强制类型转换。

（1）自动类型转换。

C 语言数据自动类型转换的原则是：把短类型转换成长类型，如图 1—15 所示。

```
double ←— float
  ↑
 long
  ↑
unsigned
  ↑
 int ←—— short,char
```

图 1—15　自动类型转换

图 1—15 中水平方向的转换是自然进行的，比如 char 型和 short 型参与运算时，编译系统自动把它们转换成 int 型来处理；对单精度 float 也自动转换成双精度 double 处理。而对于垂直方向的转换是在垂直方向上所示的两种不同类型的数值进行运算时才进行的，即当一个运算符的两个操作数的数据类型不一致时，编译系统需要把类型低的数据转换成类型高的数据，然后再进行运算。例如：8+6.5，就是先把整型（int）8 转换成双精度（double）再和 6.5 相加。

下面我们用前面的例子来说明一下这种转换，如图 1—16 所示。

```
unsigned u=1000;
double d=6.55;
float f=4.5;
```

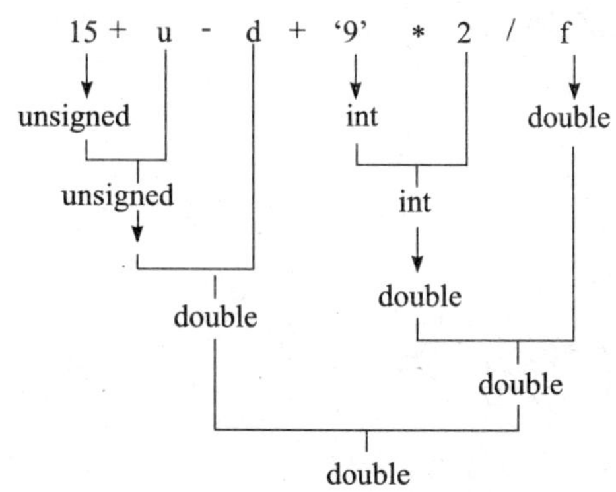

图 1—16　自动类型转换示例

其中带箭头的是必要的转换，不带箭头的是计算后的结果。

(2) 强制类型转换。

在自动转换不能达到程序员要求的时候，程序设计人员就要对数据进行强制转换。强制转换的办法是在被转换的数据前加上所需的类型名。格式如下：

```
(类型名)(表达式)
```

例如：

```
(int)5.7%2
(double)(7%3)
(double)7/3
```

数据前面的圆括号称为强制类型转换运算符，它的优先级高于算术运算符，因此当转换对象不是单个数据而是表达式时，必须用圆括号括起来，否则就可能出现运算结果错误。

例如，(double) (7%3) 是对 7% 3 的结果进行转换，如果去掉括号，就变成 (double) 7%3，这是先把 7 强制转换成 double 型，再与 3 进行%运算，这显然不符合%所要求的其运算对象都是整数的运算规则，是错误的。

同理，要进行 5.7%2 的运算，就必须先将 5.7 强制转换成 int 型，即 (int) 5.7% 2。

强制类型转换的使用主要有以下几个方面：

1) 运算符对运算对象有类型的要求，如%要求其运算对象必须是整型数据。

2) 为了得到符合数学意义的运算结果而对运算对象进行强制类型转换。例如：

```
double f;
f = 9/2;
```

f 的值为 4.0，显然与数学意义不符，为了符合数学意义，只有进行强制转换。

```
f = (double)9/2;
```

这样，f 的值为 4.5，显然这样就与数学意义相符了。

3) 函数调用时参数类型的要求。可参考项目三中函数知识的讲解。

4) 在创建动态数据时，要对新开辟的单元的指针做强制转换。可参考项目四中动态内存开辟的讲解。

【例 1—18】 数据的强制转换。

```
#include<stdio.h>
void main( )
{
  float x=14.5;
  int i;
  i=(int)x % 4
  printf("i=%d,x=%f\n",i,x);
}
```

程序运行结果如下：

```
i=2,x=14.500 000
```

注意： 强制类型转换符的作用只是把原数据的值取出来转换为指定的类型后参与运算，而原变量并不受影响，仍然保持原有的类型，原有的值。

1.2.3 知识扩展：华氏温度与摄氏温度的转换

你要去国外旅游，当地气温是用华氏计量温度。如果天气预报告知当日气温是华氏 75 度，请通过程序进行温度的转换，计算并输出对应的摄氏温度。

转换关系为：$C=\frac{5*(F-32)}{9}$，其中 C 代表摄氏温度，F 代表华氏温度。

该问题实现代码如下：

```
#include<stdio.h>
void main()
{
   float C,F;
   F=75;
   C=5*(F-32)/9;
   printf("华氏温度 F=%f,对应的摄氏温度 C=%f\n",F,C);
}
```

程序运行结果如下：

```
华氏温度 F=75.000000,对应的摄氏温度 C=23.888889
```

说明： 该程序在已知华氏温度值的情况下，只需利用数学算式计算出摄氏温度值即可，因此需要将数学算式利用符合 C 语法规则的表达式正确地表示出来。

注意： 本代码里如果表达式写为 5/9 * （F—32），由于在 C 语言中 5/9 为 0，所以不管华氏温度为多少，程序的结果都将为 0。因此需要将表达式进行转换，改为 5.0/9 * （F—32）。

任务3 银行存款的输入与利息的输出

1.3.1 问题情景及其实现

假设××××银行1年定期存款的利率为3%，并已知存款期为n年，存款本金为x元，请计算n年后可以得到的利息是多少。具体实现代码如下：

```
#include<stdio.h>
#include<math.h>
void main( )
{
double Irate=0.03;               /* Irate代表利率 */
double Dmoney,Dinterest;         /* Dmoney代表存款金额,Dinterest代表利息额 */
int term;                        /* term代表存款年限 */
printf("存款金额为:");
scanf("%lf",&Dmoney);
printf("存款期限为:");
scanf("%d",&term);
Dinterest=Dmoney*pow((1+Irate),term)-Dmoney;
printf("存款金额为%.1lf的%d年存款利息是:%.2lf元\n",Dmoney,term,Dinterest);
}
```

程序运行结果如下：

```
存款金额为:6000↙
存款期限为:4↙
存款金额为6000.0的4年存款利息是:753.05元
```

在设计上述程序时，首先需要考虑在程序开始执行时存款、年限是不是确定的值？应该怎样设计它们的值？这样设计有什么好处？这样的设计计算机怎么处理？通过对利息的计算后，我们需要输出利息，如果希望输出结果保留两位小数，该怎么设计呢？随着这些问题的提出，我们需要了解在C语言程序运行过程中由用户输入一些数据，而程序运算所得到的结果又需要输出给用户，由此实现人和计算机之间的交互。所以在程序设计中，输入/输出语句是一类必不可少的重要语句，在C语言中，没有专门的输入/输出语句，任何数据的输入/输出操作都是通过对标准I/O（输入/输出）库函数的调用实现的。

带着以上这些问题，我们来认识一下C语言基本的输入和输出库函数的使用。

1.3.2 相关知识：基本的输入与输出函数

1. C语言程序数据的输出

数据输出时，调用最多的是printf函数，前面任务中我们已使用过printf函数输出变量的值，在本任务中我们重点学习printf函数的使用方法。实际上，printf函数不但可以输出变量的值，还可以输出表达式的值，并且可以同时输出多个变量和表达式的值。

(1) printf函数。

printf函数称为格式输出函数，其关键字最末一个字母f即为“格式”(format)之意。其功能是按用户指定的格式，把指定的数据显示到显示器屏幕上。在前面的例题中我们已经多次使用过这个函数。

1）printf 函数调用的一般形式为：

```
printf("格式控制字符串",表达式 1, 表达式 2, …, 表达式 n);
```

printf 函数的功能是按照“格式控制字符串”的要求，将表达式 1，表达式 2，……，表达式 n 的值显示在屏幕上。

◆ 其中“格式控制字符串”用于指定对应表达式值的输出格式。格式控制字符串由格式字符串和非格式字符串组成。

● 格式字符串是以%开头的字符串，在%后面跟有各种格式字符，以说明输出数据的类型、形式、长度、小数位数等。例如：

```
"%d"表示按十进制整型输出;
"%ld"表示按十进制长整型输出;
"%c"表示按字符型输出等.
```

● 非格式字符串在输出时原样显示，在显示中起提示作用。例如：

```
"welcome! "
```

注意：要想显示%，可以在格式控制字符串中使用%%来代替单个%。

◆ 表达式 1，表达式 2，……，表达式 n 中给出了各个输出项，要求格式字符串和各输出项在数量和类型上一一对应。例如：

printf(“3＊5＝%d，7.5－2＝%f”，3＊5,7.5－2)；

实际输出：3＊5＝15，7.5－2＝5.500 000

【例 1—19】整型数据的输出。

```
#include<stdio.h>
void main( )
{
  int a = 88,b = 89;
  printf("%d %d\n",a,b);
  printf("%d,%d\n",a,b);
  printf("%c,%c\n",a,b);
  printf("a = %c,b = %c\n",a,b);
}
```

程序运行结果如下：

```
88 89
88,89
X,Y
a = X,b = Y
```

说明：本例中四次输出了 a，b 的值，但由于格式控制串不同，输出的结果也不相同。

第 5 行的输出语句格式控制串中，两格式串%d 之间加了一个空格（非格式字符），所以输出的 a、b 值之间有一个空格。

第 6 行的 printf 语句格式控制串中加入的是非格式字符逗号，因此输出的 a、b 值之间加了一个逗号。

第 7 行的格式串要求按字符型输出 a、b 值。

第 8 行中为了提示输出结果又增加了非格式字符串。

2）在 C 语言中，printf 函数中的格式字符串的一般形式为：

[标志][输出最小宽度][. 精度][长度]类型

其中方括号 [ ] 中的项为可选项。

各项的意义介绍如下：

◆ 类型：类型字符用以表示输出数据的类型，其格式字符和意义如表 1—12 所示。

表 1—12　printf 函数中的格式转换字符及其意义

格式字符	意　义
d	以十进制形式输出带符号整数（正数不输出符号）
o	以八进制形式输出无符号整数（不输出前缀 0）
x、X	以十六进制形式输出无符号整数（不输出前缀 Ox）
u	以十进制形式输出无符号整数
f	以小数形式输出单、双精度实数
e、E	以指数形式输出单、双精度实数
g、G	以%f 或%e 中较短的输出宽度输出单、双精度实数
c	输出单个字符
s	输出字符串

◆ 标志：标志字符有一、十、#、空格四种，其意义如表 1—13 所示。

表 1—13　printf 函数中的标志字符及其意义

标志字符	意　义
—	结果左对齐，右边填空格
＋	输出符号（正号或负号）
#	对 c、s、d、u 类无影响；对 o 类，在输出时加前缀 0；对 x 类，在输出时加前缀 0x
空格	输出值为正时冠以空格，为负时冠以负号

◆ 输出最小宽度：用十进制整数来表示输出的最少位数。若实际位数多于定义的宽度，则按实际位数输出，若实际位数少于定义的宽度则补以空格。

◆ 精度：精度格式符以“.”开头，后跟十进制整数。本项的意义是：如果输出数字，则表示小数的位数；如果输出的是字符，则表示输出字符的个数；若实际位数大于所定义的精度数，则截去超过的部分。

◆ 长度：长度格式符有 h、l 两种，h 表示按短整型量输出，l 表示按长整型量输出。

【例 1—20】 实型数据的输出。

```
1  #include<stdio.h>
2  void main( )
3  {
4     int a = 15;
5     float b = 123.1234567;
6     double c = 12345678.1234567;
7     char d = 'p';
8     printf("a = %d, %5d, %o, %x\n",a,a,a,a);
9     printf("b = %f, %lf, %5.4f, %e\n",b,b,b,b);
10    printf("c = %lf, %f, %8.4lf\n",c,c,c);
11    printf("d = %c, %8c\n",d,d);
12    }
```

程序运行结果如下：

```
a = 15,   15,17,f
b = 123.123459,123.123459,123.1235,1.23123e+002
c = 12345678.123457,12345678.123457,12345678.1235
d = p,        p
```

说明：本例第 8 行中以四种格式输出整型变量 a 的值，其中“%5d”要求输出宽度为 5，而 a 值为 15，只有两位，故补三个空格。第 9 行中以四种格式输出实型量 b 的值。其中“%f”和“%l”格式的输出相同，说明“l”字符对“f”类型无影响。“5.4f”指定输出宽度为 5，输出精度为 4，由于实际长度超过 5，故应该按实际位数输出，小数部分超过 4 位部分按四舍五入方法截去。第 10 行输出双精度实数，“8.4lf”由于指定的输出精度为 4 位，故按四舍五入方法截去超过 4 位部分。第 11 行输出字符符量 d，其中“%8c”指定输出宽度为 8，故在输出字符“p”之前补加 7 个空格。

使用 printf 函数时还要注意一个问题，那就是输出表列中的求值顺序。不同的编译器不一定相同，可以从左到右，也可从右到左。VC6.0 是按从右向左进行的。请看下面例子：

【例 1—21】 输出函数的运算方向。

【例 1—21—1】

```
#include<stdio.h>
void main( )
{
   int i = 8;
   printf("%d, %d, %d, %d\n", ++i, --i, i++, i--);
}
```

程序运行结果如下：

```
8,7,8,8
```

【例 1—21—2】

```
#include<stdio.h>
```

```
void main( )
{
  int i = 8;
  printf(" %d,", ++ i);
  printf(" %d,", -- i);
  printf(" %d",i ++ );
  printf(" %d",i -- );
}
```

程序运行结果如下：

```
9,8,8,9
```

说明：这两个程序的区别是用一个 printf 语句和用多个 printf 语句输出。但从结果可以看出是不同的。为什么结果会不同呢？是因为 printf 函数对输出表中各量求值的顺序是从右向左进行的。在例 1—21—1 中，先对最后一项“i——”求值，结果为 8，然后再求“i++”项得 8，然后对 i 减 1，再加 1；接着求“——i”项，i 自减 1，该项为 7；最后才求输出列表中的第一项“++i”项，此时 i 自增 1，该项值为 8。

但是必须注意，求值顺序虽是自右至左，但是输出顺序还是从左至右，因此得到的结果是上述输出结果。

（2）putchar(）函数。

字符的输出除了 printf 函数之外，还有一个常用的函数是 putchar 函数。

putchar 函数的作用是向终端输出一个字符。它只带一个参数，这个参数就是要输出的字符。

putchar 函数调用的一般形式为：

```
putchar(ch);        /* ch是字符型变量或整型变量 */
```

函数调用返回值：正常，为显示的代码值；出错，为 EOF（—1）

putchar（ch）函数的作用与 printf（“%c”，ch）相同。

【例 1—22】putchar 函数。

```
#include<stdio.h>
void main( )
{
  char a,b,c;
  a = 'B';b = 'O';c = 'Y';
  putchar(a);putchar(b);putchar(c);
}
```

程序运行结果如下：

```
BOY
```

说明：putchar（ ）函数只能输出单个字符，不能输出数值或进行格式变换。

（3）puts（ ）函数。

字符串的输出除了 printf 函数之外，还有一个常用的函数是 puts 函数。

puts（）函数的作用是向标准输出设备（屏幕）写字符串并换行。

puts 函数调用的一般形式为：

```
puts(s); /＊其中 s 为字符串常量、字符数组名或字符串指针＊/
```

puts（s）函数的作用与 printf（“%s \ n”，s）相同。

【例 1—23】puts 函数。

```
#include<stdio.h>
void main( )
{
  puts("Hello,World!");
}
```

程序运行结果如下：

```
Hello,World!
```

说明：

● 可以将字符串直接写入 puts( ) 函数中。如：puts（“Hello，Turbo C2.0”）；

● puts（）函数只能输出字符串，不能输出数值或进行格式变换。

对于 puts 函数我们将在项目三中进一步介绍。

2. C 语言程序数据的输入

（1）scanf( ) 函数。

格式化输入函数 scanf( ) 的功能是从键盘上输入数据，该输入数据按指定的输入格式被赋给相应的输入项。

1）scanf 函数调用的一般格式为：

```
scanf ("格式控制字符串",变量 1 地址, 变量 2 地址, …,变量 n 地址);
```

scanf 函数的功能是从键盘输入数据，按照“格式控制字符串”的要求读出数据并送到变量 1，变量 2，…，变量 n 对应的地址单元中。

◆ 其中控制字符串规定数据的输入格式，必须用双引号括起，其内容由格式说明和非格式字符两部分组成。

格式说明是以%开头的字符串，在%后面跟有各种格式字符，以说明输入数据的类型、形式、长度等。例如：

```
"%d"表示按十进制整型输入;
"%ld"表示按十进制长整型输入;
"%c"表示按字符型输入等.
```

非格式字符在输入数据时原样键入，在输入中起提示作用。例如：

```
scanf("a=%d,b=%d",&a,&b);
```

其中“a=”、“,”和“b=”都属于非格式字符。

◆ 变量 1 地址，变量 2 地址，…，变量 n 地址由一个或多个变量地址组成，当变量地址有多个时，各变量地址之间用逗号“,”分隔。

scanf（）中各变量要加地址操作符，就是变量名前加“&”，这是初学者容易忽略的一个问题。应注意输入类型和变量类型一致。

注意：用 scanf 读取字符串时，如果字符串中存在空格，那么它将在空格处将该字符串裁掉，只取前面部分。scanf 在遇到空格、制表符（Tab）和回车符（Enter）时会认为数据已经读取完毕，并将读取的数据转换成相应类型，存储到该数据地址所在的存储空间中。

【例 1—24】整型数据的输入。

```
1  #include<stdio.h>
2  void main( )
3  {
4     int a,b;
5     scanf("%d %d",&a,&b);
6     printf("a=%d,b=%d\n",a,b);
7  }
```

程序运行结果如下：

```
88  89↙
a=88,b=89
```

说明：本例中第 5 行的输入语句格式控制串中，两格式串%d 分别对应于 a 变量地址和 b 变量地址。程序运行结果显示如上所示的下划线部分88　89 为键盘输入值，它们将分别送到变量 a 和变量 b 的内存空间中。第 6 行的 printf 语句输出的 a、b 值分别为 88 和 89。

2）在 C 语言中，scanf 函数中的格式字符串的一般形式为：

```
[标志][宽度][长度]类型
```

其中方括号［］中的项为可选项。

各项的意义介绍如下：

◆ 类型：类型字符用以表示输出数据的类型，其格式字符和意义如表 1—14 所示。

表 1—14　　scanf 函数中的格式转换字符及其意义

格式字符	意　义
d	以十进制形式输入带符号整数
o	以八进制形式输入无符号整数
x、X	以十六进制形式输入无符号整数
u	以十进制形式输入无符号整数
f	以小数形式输入单、双精度实数
e、E	以指数形式输入单、双精度实数
g、G	输入出单、双精度实数
c	输入单个字符
s	输入字符串

◆ 标志：标志字符为 *，其意义如表 1—15 所示。

表 1—15　　scanf 函数中的标志字符及其意义

标志	意　义
*	赋值抑制标记，该字符命令 scanf 按当前的转换说明符进行转换，但忽略转换后的结果，即不将它赋给任何变量。

◆ 宽度：用一个整型常量表示，宽度用来限制输入整数或字符串长度，表示输入数据所占的域宽度。

◆ 长度：长度格式符 l，用来输入 long int 型数据和 double 型数据。

【例 1—25】 整型数据的输入。

```
#include<stdio.h>
void main( )
{
  int a,b;
  double c;
  scanf("%d %*d%2d%lf",&a,&b,&c);
  printf("a=%d,b=%d,c=%lf\n",a,b,c);
}
```

程序运行结果如下：

```
88  89  900  7.5↙
a=88,b=90,c=7.500000
```

（2）getchar( ) 函数。

字符的输入除了 scanf 函数之外，还有一个常用的函数是 getchar 函数。它的作用是从键盘输入的字符中获取单个字符，它没有参数。

getchar 函数调用的一般形式为：

```
getchar( );
```

函数调用返回值为键盘输入的单个字符。

s=getchar（ ）函数的作用与函数 scanf（“%c”,&ch）相同。

【例 1—26】 getchar 函数。

```
#include<stdio.h>
void main( )
{
  char a;
  a=getchar( );
  putchar(a);
}
```

程序运行结果如下：

```
B↙
B
```

说明：getchar（ ）函数只能获取键盘输入的单个字符，数字也是作为字符获取的。这里要注意字符‘1’和数值1的区别。

（3）gets（ ）函数。

字符串的输入除了scanf函数之外，还有一个常用的函数是gets函数。

gets（ ）函数的作用是从标准输入设备（键盘）获取输入的字符串。

gets函数调用的一般形式为：

```
gets(s); /* 其中 s 为字符数组名或指向字符数组的指针 */
```

gets(）函数的作用与函数scanf（“%s”，s）不同，gets可以获得包含空格在内的字符串，而scanf不能，这个函数我们将在项目三中进一步介绍。

1.3.3 知识扩展：人民币与美元兑换业务

你要去国外旅游，需要把人民币兑换为美元。请编写程序从键盘输入汇率和人民币金额，输出兑换的美元金额。

该问题实现代码如下：

```
#include<stdio.h>
void main()
{
    float rmb,dollar,rate;
    printf("1美元等于多少元人民币,请输入汇率:\n");
    scanf("%f",&rate);
    printf("您要兑换多少元人民币,请输入:\n");
    scanf("%f",&rmb);
    dollar=rmb/rate;
    printf("您有人民币%.2f,可兑换%.2f美元,目前汇率是%.4f\n",rmb,dollar,rate);
}
```

```
程序运行结果如下:
1美元等于多少元人民币,请输入汇率:
6.0715↙
您要兑换多少元人民币,请输入:
15000↙
您有15000.00元人民币,可兑换2470.56美元,目前汇率是6.0715
```

说明：该程序需要根据键盘输入的汇率和人民币金额，通过表达式计算出兑换出的美元金额。汇率一般保留小数点后四位，人民币金额和美元金额一般保留小数点后两位。注意输入或输出函数的格式字符一定要和将要输入或输出的变量的数据类型保持一致。

拓展练习

一、学会调试程序

任何程序员都无法保证所编写的程序没有错误，语法错误在编译阶段会被发现，连接错误在连接时会被发现，但程序内部的逻辑错误只能是程序员自己在测试中发现并定位。下面介绍的调试方法将有助于我们在程序调试中快速发现错误。

1. 单步执行程序

单步执行是指让程序一次只执行一行语句。单步执行程序时，程序员可以观察某些变量和运行输出结果，由此来判断问题出在哪里。要想单步执行，必须使程序进入调试状态。

进入 VC6.0 编译环境，右键单击菜单选择调试工具条，如图 1—17 所示。单击最左边的调试按钮，程序开始调试，单击按钮，或使用 F10 功能键，可以对该调试程序进行单步执行。

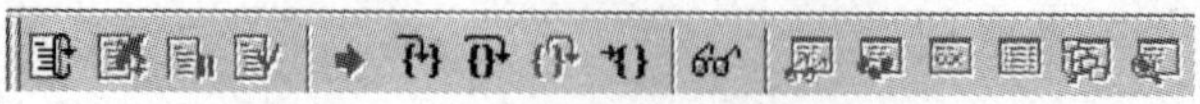

图 1—17　VC6.0 调试工具条

2. 在程序中设置断点

断点是程序中的一个标记，当程序执行到断点时，程序会暂停下来。

设置断点可以直接按快捷键 F9；或者使用工具栏上的按钮；再或者使用右键的快捷菜单，如图 1—18 所示，其中的 Insert/Remove Breakpoint 命令。

将光标移到某条语句处，按下 F9，或执行对应的菜单命令和工具按钮，这行文本将会在最前面设置一个断点标志●，将光标移到断点处，按下 F9 可以取消这个断点。

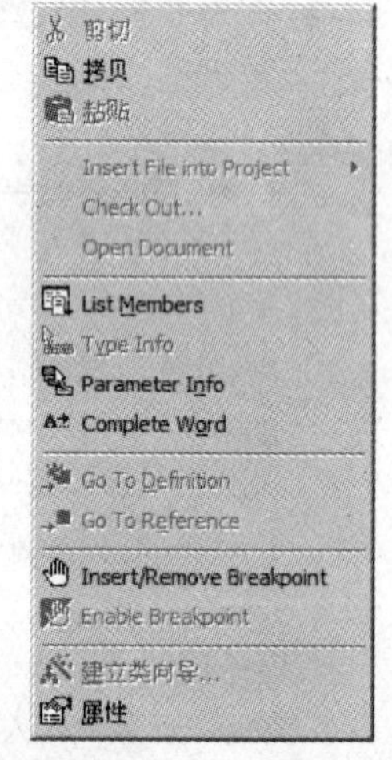

图 1—18　快捷菜单

设置断点后，可以使用 Ctrl＋F10 直接快速将程序运行到断点处，同时对程序的运行进行观察。

3. 在程序调试过程中观察变量和表达式的值

在调试程序时，除了编译错误和连接错误以外，还有就是运行错误，程序运行时，可能会由于不正常的语句执行顺序或不正确的变量、表达式的值引起逻辑错误，造成最后的程序运行错误。我们可以在观察语句单步执行顺序是否正确时观察变量和表达式的值是否正确来处理程序运行中的错误。

在单步执行调试时查看全部变量的值和设置表达式查看，在窗口中可以同时观察多个变量和表达式的值，如图 1—19 所示的 Watch 窗口。当该窗口处于活动状态时，可以通过上下移动键选择不同的行。

观察变量和表达式还要通过前面讲的程序的单步执行方法，通过程序单步执行，观察变量和设置的表达式的变化。

【例 1—27】 程序运行中的变量和表达式的观察。

```
#include<stdio.h>
void main( )
{
  int a,b;
  scanf("%d,%d",&a,&b);
  printf("%d+%d=%d",a,b,a+b);
}
```

程序运行结果如下：

5　6↙
5+－858993460=－858993455

说明：从图1—20的程序单步执行中对变量值的观察结果可以看出，这里键盘键入的5和6准备分别送给变量a和b，但是只有a获得了5，变量b没有正确获得6，而送值的语句就是scanf函数。根据我们上面单步执行中的送值情况和scanf函数的编写，发现在scanf函数中对两个数据是用逗号分隔的，而调试中我们送数据时却是用空格分隔，分隔符使用错误就是造成6没有正常地送到变量b中的原因，变量b中仍是初始时的随机值。

Name	Value
a	-52 '?
b	-52 '?
c	-52 '?

图1—19　变量观察窗口（Watch）

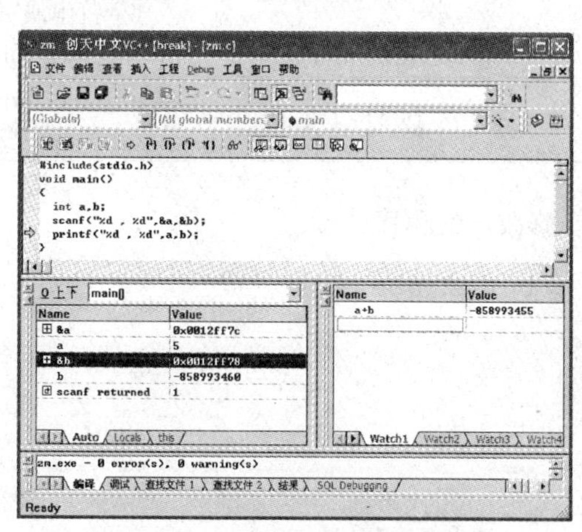

图1—20　程序调试结果观察界面

4. 终止程序运行

当程序执行过程中发生异常，或运行不能结束时，按Ctrl＋Break键可以非正常终止程序的运行。

二、修改错误程序

排除程序中的错误，对初学程序设计的人来说，是十分令人困扰的事。下面就以一个错误的小程序为例，来谈谈遇到错误时，如何认识因语法错误所提示的错误信息。

注意：一定要先改正第一个错误（不是警告信息），然后重新编译运行。

```
#include<stdio.h>
 void Main( )
 {
   int a b;
   a=5;
   b=6;
   c=a+b
   printf("c=%d,c);
 }
```

改错：按照错误出现的顺序列出了程序中主要存在的错误，如表1—16所示。

表 1—16　　程序错误类型及提示

行号	错误类型	错误提示	错误原因及修改
4 6	Compiling Error Compiling Error	syntax error：missing'；'before identifier'b' 'b'：undeclared identifier（符号 b 没有定义）	变量 a 和 b 间缺少逗号
7	Compiling Error	'c'：undeclared identifier（符号 c 没有定义）	没有定义变量 c
8	Compiling Error	missing'；'before identifier'printf'（语句缺少分号）	上面一行语句缺少分号
8	Compiling Error	newline in constant（字符串或字符常量缺少右边的引号）	在%d 后缺少对应的双引号
8	Compiling Error	syntax error：missing')'before'}'	
2	Linker Error	unresolved external symbol _main（在模块中发现未定义的符号 main）	主函数 main 拼写错误，将 Main 改成 main

修改后的程序：

```
#include<stdio.h>
void main( )
{
  int a,b,c;
  a=5;
  b=6;
  c=a+b;
  printf("c=%d",c);
}
```

修改错误程序练习：

请运用上面讲述的修改错误的方法对下面这个程序进行调试，归纳错误行号、错误类型、错误提示，填写在表 1—17 中，并写出错误原因，然后逐一修改。

```
1    #include<stdio.h>
2    void main( )
3    {
4        int x=1;y;
5        y=x++;
6        printf("y=%d\n",y);
7        int z;
8        z= ++x;
9        print("z=%d\n",z);
10   }
```

表 1—17　　程序错误类型及提示

行号	错误类型	错误提示	错误原因及修改

三、程序设计练习

【练习1】 编写一个程序，从键盘输入一个三位整数，将它们逆序输出。例如：输入123，输出321。

实验要求：

◆ 必须有数据输入，并且在输入数据前有格式提示信息；

◆ 按题目要求输出结果；

◆ 按照调试程序的要求进行调试。

```
#include<stdio.h>
void main( )
{
  int n,a1,a2,a3;
  printf("Please Input Number:");
  scanf("%d",&n);
  a1 = n/100;                /*求百位*/
  a2 = n/10%10;              /*求十位*/
  a3 = n%10;                 /*求个位*/
  printf("%d%d%d",a3,a2,a1) /*反向输出*/
}
```

程序运行结果如下：

```
Please Input Number:123↙
321
```

说明： 这里运用的是将这个三位整数进行分解，分别求出这个三位数的百位（n/100），十位（n/10%10）和个位（n%10），然后逆序输出，我们可以运用变量观察，查看变量n、a1、a2、a3四个变量在程序运行中值的变化情况，来判断程序是否正确。

【练习2】 编写一个程序解决鸡兔同笼问题：已知鸡、兔总数为a，鸡、兔脚总数为b，计算鸡、兔各多少？

实验要求：

◆ 必须有数据输入，并且在输入数据前有格式提示信息；

◆ 按题目要求输出结果；

◆ 按照调试程序的要求进行调试。

```
#include<stdio.h>
void main( )
{
  int a,b,hen,rabbit;
  printf("Please Input hen and rabbit Number:");
  scanf("%d",&a);                                  /*输入鸡和兔的总数*/
  printf("Please Input hen and rabbit feet Number:");
  scanf("%d",&b);                                  /*输入鸡和兔脚的总数*/
  rabbit = (b-2*a)/2;                              /*求兔的数量*/
```

```
    hen = a - rabbit;                                    /* 求鸡的数量 */
    printf("hen: %d,rabbit: %d",hen,rabbit)             /* 分别输出鸡和兔的数量 */
}
```

程序运行结果如下：

```
Please Input hen and rabbit Number:34↙
Please Input hen and rabbit feet Number:96↙
hen:20,rabbit:14
```

说明：这里运用的是将所有数量的鸡和兔都看成是鸡，那么它们应该拥有 2×a 只脚，而实际的脚是 b 只，所以现在的假设少了（b－2×a）只。也就是说，鸡脚假设多了，这些少的脚应该是兔子少的，而每只兔子比鸡要多两只脚，所以将（b－2×a）/2 就是兔子的数量，总数 a 减去兔子数量就是鸡的数量。当我们后面学了程序控制结构后，就可以对任意送入的 a 和 b 数量进行简单的合理判断，例如脚的数量不能是奇数等。

综合实训　计算选手平均分

下面通过一个简单的示例程序，来实现 C 语言变量、数据类型、运算符及数据输入输出的综合应用。并从编辑、编译、调试到运行的全过程，展示一个 C 语言程序的完整编程处理步骤。

一、示例 C 语言程序的编写

一位选手参加比赛，3 位评委给他评分（100 分为满分）。请编写程序通过键盘输入各位评委的评分，通过屏幕输出该选手的平均分。

本题将利用键盘连续 3 次输入评委评分，通过输入函数将 3 个分数保存在 3 个变量中。通过表达式计算出选手平均分，再通过输出函数输出结果。本题重点在输入输出函数的格式控制以及表达式的编写上。编辑源程序如下。

```
#include<stdio.h>
void main()
{
    float score1,score2,score3,aveg;
    printf("请依次输入 3 个评委的评分:\n");
    scanf("%f,%f,%f",&score1,&score2,&score3);
    aveg = ( score1 + score2 + score3)/3;
    printf("该选手的得分依次为:%-6.2f,%-6.2f,%-6.2f\n",score1,score2,score3);
    printf("该选手的平均分为:%.2f\n",aveg);
}
```

二、建立 C 语言源程序文件

建立新源程序文件的方法如下：

(1) 进入 VC6.0 环境，按照前面讲过的方法创建项目工程 zm，然后选择“文件”菜单→“新建”命令；在新建对话框的文件选项卡中新建名为 zm.c 的文件。

(2) 进入编辑界面录入源程序。

将上面的源程序内容依次输入到 VC6.0 环境下的编辑区中，如图 1—21 所示。在输入代码时要注意字母的大小写，标识符之间的空格，语句末尾的分号，语句之间的换行，以及圆括号、尖括号、花括号、双引号和单引号的成对出现。

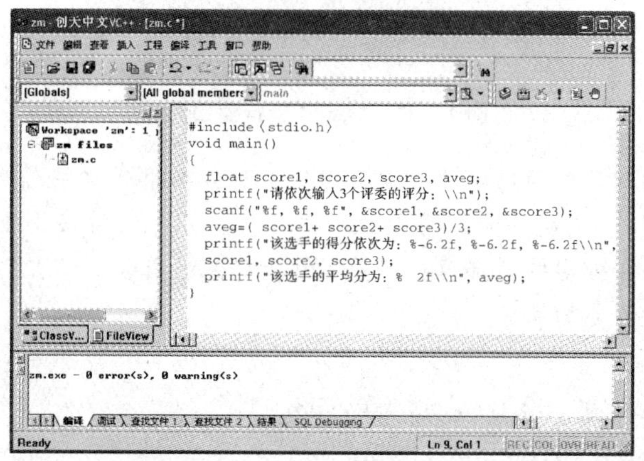

图 1—21 VC6.0 编辑界面

注意：在修改程序时注意键盘上 Insert 键的作用，会使得编写状态在“插入”和“改写”状态间转换。

整个源程序代码输入完毕，选择工具栏上的保存命令。保存文件这一步骤很重要，因为用户在编辑文件时，所输入的信息都临时保存在编辑缓存区中，一旦退出 VC6.0，则缓冲区的内容就会丢失。把编辑的内容保存到文件中，以后就可以打开该文件，查看或修改其中的内容，或者对该文件进行编译等。

三、编译 C 语言源程序文件

编译源程序文件一般通过以下方法：

(1) 选择工具栏上的编译按钮，或使用“编译”菜单→“编译”命令；将源程序文件编译成目标文件，即后缀名为 .obj 的文件。在编译时会在输出调试区窗口中给出出错的诊断信息，如果没有错误则直接生成相应的 .obj 文件。

(2) 选择工具栏上的连接按钮，或使用“编译”菜单→“构件”命令；生成可执行文件，即后缀为 .exe 的文件。应注意，.obj 与 .exe 文件是不一样的。真正能够直接运行的是 .exe 文件，而 .exe 文件是由相应的 .obj 文件、库文件等经过链接过程而生成的。

四、运行 C 语言程序

运行程序一般通过选择工具栏上的执行按钮!，或使用“编译”菜单→“执行”命令来进行。本例执行时，屏幕上会弹出一个黑屏窗口，并给出执行过程中由第一个 printf（“请依次输入 3 个评委的评分：\n”）语句生成的提示信息，如图 1—22 所示，即：

```
请依次输入 3 个评委的评分:
```

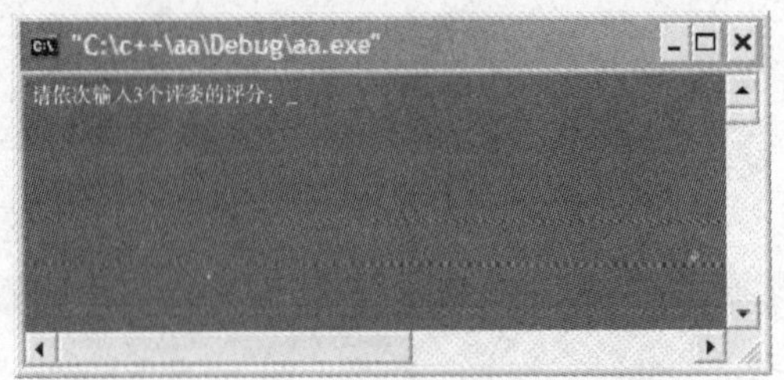

图 1—22　VC6.0 运行窗口界面

然后从键盘上输入 3 个分数，因为输入函数中包含非格式化字符“,”，所以在输入 3 个分数时注意中间以“,”作为分隔，例如：90，92.5，93。然后按下 Enter 键。程序向下运行，运行完毕后，会在弹出的黑屏窗口中显示运行结果，即：

请依次输入 3 个评委的评分：

90，92.5，93↙

该选手的得分依次为：90.00，92.50，93.00

该选手的平均分为：91.83

五、调试、排除编译错误

编写的程序在上机编译、运行时难免会出现这样或那样的错误。产生错误的原因也是五花八门的。例如，在录入源程序时按键误操作将分号按成冒号，将双引号按成单引号；或者在编辑时括号不成对，数据类型不匹配，语句有错等。

注意：当编译出现错误时，千万不要紧张，不要被出错问题的数量吓倒。往往一个错误会引发后面的几个乃至几十个错误。按照给出的提示信息在源程序中一步一步地从第一个问题开始进行排查，问题就会逐步减少。

练习题

一、选择题

1. 一个 C 语言程序是由（　　）。

A. 一个主程序和若干子程序组成　　B. 一个或多个函数组成

C. 若干过程组成　　D. 若干子程序组成

2. 一个 C 语言程序的执行是从（　　）。

A. main 函数开始，直到 main 函数结束

B. 第一个函数开始，直到最后一个函数结束

C. 第一个语句开始，直到最后一个语句结束

D. main 函数开始，直到最后一个函数结束

3. C 语言语句的结束符是（　　）。

A. 回车符　　B. 分号　　C. 句号　　D. 逗号

4. 下面标识符中（　　）不是C语言的关键字。

A. char　　B. goto　　C. case　　D. include

5. 以下说法正确的是（　　）。

A. C语言程序的注释可以出现在程序的任何位置，它对程序的编译和运行不起任何作用

B. C语言程序的注释只能是一行

C. C语言程序的注释不能是中文文字信息

D. C语言程序的注释中存在的错误会被编译器检查出来

6. 以下说法正确的是（　　）。

A. C语言程序中的所有标识符都必须小写

B. C语言程序中关键字必须小写，其他标识符不区分大小写

C. C语言程序中所有标识符都不区分大小写

D. C语言程序中关键字必须小写，其他标识符区分大小写

7. 设x、y均为float型变量，则以下不合法的赋值语句是（　　）。

A. ++x;　　B. y=（x%2）/10;　　C. x*=y+8;　　D. x=y=0;

8. 下列不正确的转义字符是（　　）。

A. '\\'　　B. '\'　　C. '\19'　　D. '\0'

9. 下列不是C语言常量的是（　　）。

A. e-2　　B. 074　　C. "a"　　D. '\0'

10. 设int类型的数据长度为2个字节，则unsigned int类型数据的取值范围是（　　）。

A. 0～255　　B. 0～65535　　C. -32768～32767　　D. -256～255

11. 若定义了int x；则将x强制转化成双精度类型应该写成（　　）。

A. （double）x　　B. x（double）　　C. double（x）　　D. （x）double

12. 在C语言中，要求参加运算的数必须是整数的运算符是（　　）。

A. /　　B. *　　C. %　　D. =

13. 为了计算s=10!（即10的阶乘），则s变量应定义为（　　）。

A. int　　B. unsigned

C. long　　D. 以上三种类型均可

14. putchar( ) 函数可以向终端输出一个（　　）。

A. 整型变量表达式值　　B. 实型变量值

C. 字符串　　D. 字符

15. 已有如下定义和输入语句，若要求a1、a2、c1、c2的值分别为10、20、A和B，则从第一列开始输入数据时，正确的数据输入方式是（　　）。

```
int a1,a2;char c1,c2;
scanf("%d %c%d %c",&a1,&c1,&a2,&c2);
```

A. 10 _ A20B↙　　B. 10A20 _ B↙　　C. 10 _ A20 _ B↙　　D. 10A20B↙

16. 执行下列程序片段时的输出结果是（　　）。

```
int x=13,y=5;
```

```
printf("%d",x%=(y/=2));
```

A. 3　　B. 2　　C. 1　　D. 0

17. 已有如下定义和输入语句，若要求a1、a2、c1、c2的值分别为10、20、A和B，则从第一列开始输入数据时，正确的输入方式是（　　）。

```
int a1,a2;char c1,c2;
scanf("%d%d",&a1,&a2);
scanf("%c%c",&c1,&c2);
```

A. 1020AB↙　　B. 10 20↙
AB↙　　C. 10 20 AB↙　　D. 10 20AB↙

18. 若运行时输入：12345678↙，则下列程序的运行结果为（　　）。

```
#include<stdio.h>
void main( )
{
  int a,b;
  scanf("%2d%2d%3d",&a,&b);
  printf("%d\n",a+b);
}
```

A. 46　　B. 579　　C. 5690　　D. 出错

19. 已知i、j、k为int型变量，若从键盘输入：1、2、3<回车>，使i的值为1，j的值为2，k的值为3，则以下选项中正确的输入语句是（　　）。

A. scanf（“%2d%2d%2d”，&i，&j，&k）；

B. scanf（“%d %d %d”，&i，&j，&k）；

C. scanf（“%d,%d,%d”，&i，&j，&k）；

D. scanf（“i=%d，j=%d，k=%d”，&i，&j，&k）；

20. 有输入语句：scanf（“a=%d，b=%d，c=%d”，&a，&b，&c）；为使变量a的值为1，b的值为3，c的值为2，则正确的数据输入方式是（　　）。

A. 132↙　　B. 1，3，2↙

C. a=1 b=3 c=2↙　　D. a=1，b=3，c=2↙

二、填空题

1. C语言源程序文件的后缀是________，经过编译后生成目标文件的扩展名是________，经过连接后生成可执行文件的扩展名是________。

2. C语言程序注释是由________和________所界定的文字信息组成的。

3. 源程序的执行要经过________、________、________和________四个步骤。

4. 在C语言中，一个char数据在内存中所占字节数为________，其数值范围为________；一个int数据在内存中所占字节数为________，其数值范围为________；一个long数据在内存中所占字节数为________，其数值范围为________；一个float数据在内存中所占字节数为________，其数值范围为________。

5. C语言的标识符只能由大小写字母、数字和下划线三种字符组成，而且第一个字符必须为________。

6. 字符常量使用一对________界定单个字符，而字符串常量使用一对________来界定若干个字符的序列。

7. 在C语言中，不同运算符之间的运算次序存在________的区别，同一运算符之间运算次序存在________的规则。

8. 字符串“\the\v\\\034Will\n”的长度是________。

9. 已知有如下定义，写出下列表达式的值。

int a=17，b=5

① a/b	② a%b	③ a&&b	④ a&b	⑤ a∧b
________	________	________	________	________
⑥ ！a	⑦ a≫2	⑧ a || b	⑨ a | b	⑩ ～a≪2
________	________	________	________	________

10. printf函数和scanf函数的格式说明都使用________字符开始。

11. scanf处理输入数据时，遇到下列情况时该数据认为结束：（1）__________，（2）________，（3）________。

12. 已有int i，j；float x；为将－10赋给i，12赋给j，410.34赋给x，则对应以下scanf函数调用语句的数据输入形式是____________________。

13. C语言本身不提供输入输出语句，其输入输出操作是由________来实现的。

14. 一般地，调用标准字符或格式输入输出库函数时，文件开头应有以下预编译命令：________。

三、程序阅读，写出程序运行结果

1.

```
void main( )
{
  char c1 = 'a', c2 = 'b', c3 = 'c', c4 = '\101', c5 = '116';
  printf("a%c b%c\tc%c\tabc\n",c1,c2,c3);
  printf("\t\b%c %c",c4,c5);
}
```

2. 用下面的scanf函数输入数据，使a=3，b=7，x=8.5，y=71.82，c1=‘A’，c2=‘a’，问在键盘上如何输入？

```
void main( )
{
  int a,b;
  float x,y;
  char c1,c2;
  scanf("a=%d b=%d",&a,&b);
  scanf("%f %e",&x,&y);
  scanf("%c %c",&c1,&c2);
}
```

3.

```
void main( )
{
  int y=3,x=3,z=1;
  printf("%d %d\n",(++x,y++),z+2);
}
```

4.

```
void main( )
{
  int a=12345;
  float b=-198.345,c=6.5;
  printf("a=%4d,b=%-10.2e,c=%6.2f\n",a,b,c);
}
```

5.

```
void main( )
{
  int x=-2345;
  float y=-12.3;
  printf("%6d,%6.2f",x,y);
}
```

6.

```
void main( )
{
  int a=12;
  double b=3.1415926;
  printf("%6d##,%-6d##\n",a,a);
  printf("a=%o a=%x\n",a,a);
  printf("%14.10lf\n",b);
}
```

四、编程题

1. 已知 int x=10，y=12；写出将 x 和 y 的值互相交换的表达式。

2. 若 a=3，b=4，c=5，x=1.2，y=2.4，z=−3.6，u=51274，n=128765，c1= ‘a’，c2= ‘b’。想得到以下的输出格式和结果，请写出程序（包括定义变量类型和设计输出）。

```
a=3 b=4 c=5
x=1.200000,y=2.400000,z=-3.600000
x+y=3.60 y+z=-1.20 z+x=-2.40
u=51274 n=128765
c1='a' or 97(ASCII)
```

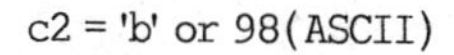

```
c2 = 'b' or 98(ASCII)
```

3. 设圆半径 r=1.5，圆柱高 h=3，求圆周长、圆面积、圆球表面积、圆球体积、圆柱体积。用 scanf 输入数据，输出计算结果；输出时要求有文字说明，取小数点后 2 位数字，请编写程序。

4. 编程序：用 getchar 函数读入两个字符给 c1、c2，然后分别用 putchar 和 printf 函数输出这两个字符。并思考以下问题：

(1) 变量 c1、c2 应定义为字符型还是整型？或两者皆可？

(2) 要求输出 c1 和 c2 值的 ASCII 码，应如何处理？用 putchar 函数还是 printf 函数？

(3) 整型变量与字符型变量是否在任何情况下都可以互相替代？如：char c1，c2 与 int c1，c2 是否无条件地等价？

项目 2　超市商品结算业务

——C 语言程序控制结构的应用

能力与知识目标

1. 能熟练掌握 C 语言各种流程控制语句的用法，包括选择控制语句：if-else 语句，多分支控制语句：switch 语句，三种循环语句：for 循环、while 循环和 do-while 循环语句。会用流程控制语句编写 C 语言程序解决实际问题。

2. 理解 C 语言语句的概念。

3. 掌握 C 语言的顺序结构语句。

4. 掌握 C 语言的选择结构语句。

5. 掌握 C 语言的循环结构语句。

6. 掌握 C 语言几种控制结构的相互嵌套。

项目任务

本项目用于实现超市商品结算业务处理，主要具备整型数据、浮点型数据的算术（加、减、乘、除）运算功能。要求依次输入商品价格、数量，然后选择需要的运算符进行商品结算业务处理，最后输出运算的结果，当输入特定命令时，则结束本次结算业务，否则允许结算业务继续进行。

项目分析

要完成从键盘输入商品价格、数量，然后选择需要的运算符进行业务处理，最后输出处理后的结果，当用户输入特定命令时，则结束此业务处理，否则允许业务继续进行，以实现这个商品结算业务的处理功能。该项目可以分为四个步骤：输入数据（价格及其数量），运算符判断、结果输出、继续业务处理。因此，我们可以把该项目分解成三个任务：数据的输入/输出顺序执行、运算符判断选择执行、继续业务处理判断的循环执行。然后根据知识的学习规律，逐个讲解三个任务，最后再进行综合应用。

任务 1　商品价格求和显示

2.1.1　问题情景及其实现

顾客在超市购买了如下所列商品：麻油 1 瓶 34.80 元，汤圆 1 袋 7.50 元，饼干一盒 6.50 元。请结合 C 语言程序输入这些商品价格，进行求和运算，输出显示这些商品的总价格。具体实现代码如下：

```
#include<stdio.h>
void main( )
{
  float goods1,goods2,goods3;
  float total;
  scanf("%f,%f,%f",&goods1,&goods2,&goods3);
  total=goods1+goods2+goods3;
  printf("商品合计为:%.2f\n",total);
}
```

程序运行结果如下：

```
34.8,7.5,6.5↙
商品合计为:48.80
```

对于数据的输入与输出，在前一个项目中已经讲过，这里需要了解的是该语言的结构特点是什么，程序处理数据的方法是什么，处理这些方法的最基本的单位又是什么。带着这些问题，我们来认识一下 C 语言的语句结构。

2.1.2　相关知识：语句、顺序结构

1. 语句

C 语言程序是由 C 语言语句组成的，而且每条语句以分号“;”作为结束符。语句是构造程序最基本的单位，程序运行的过程就是执行程序语句的过程。

C 语言中的语句可分为四种类型：说明性语句、表达式语句、复合语句和控制语句。

（1）说明性语句。

对程序中使用的变量、数组、函数等进行定义、声明的语句属于说明性语句。说明性语句用于对这些对象的名称和数据类型进行描述，在编译说明性语句时不会产生可执行的机器指令代码。例如，下面的变量定义语句就属于说明性语句。

```
int x,y,z;
float a,b;
```

当执行到说明性语句时，系统将在内存中为被定义的变量分配存储单元。

注意：一个函数的函数体中的说明性语句应放在可执行语句之前。

（2）表达式语句。

表达式后面加分号构成的语句称为表达式语句，分号是C语言中语句的结束标志。表达式语句是C语言中最基本的语句，表达式语句主要包括赋值语句、函数调用语句和空语句。

1）赋值语句。表达式语句中最典型的是赋值语句，即在赋值表达式的末尾加一个分号“;”就构成了赋值语句。C程序中给变量赋值、保存各种运算中间结果时通常使用赋值语句来实现。

例如，下面的赋值语句属于表达式语句。

```
z = x % y;
flag = x>= 0 && x<= 100;
c1 = 'a';c1 = c1 - 32;                    /* 可以在一行中书写多条 C 语句 */
```

说明：分号是C语言语句的结束标志，是表达式和表达式语句的重要区别，表达式带分号为表达式语句；不带分号为表达式。

单独的常量和变量属于表达式的特殊情况，在其后加上分号也属于表达式语句。

2）函数调用语句。

函数调用语句是在函数调用后加分号构成。由于函数调用后会返回一个值或完成特定操作，所以函数调用本质上相当于表达式，属于表达式的特殊情况，因此函数调用后面加分号构成表达式语句。

例如，下面的函数调用语句属于表达式语句。

```
printf("a= %d,b= %d",&a,&b);
max(a,b);
```

3）空语句。

空语句是只用一个分号表示，即只有一个分号的语句，它不做任何操作运算。

例如：

```
for(i = 100;i % 13! = 0;i—)
;
printf("i= %d",i);
```

这里的分号也是一条语句，程序运行时不产生任何操作。程序设计中有时需要加这样一条语句，表示这里存在一条语句，但却不需要作任何操作。空语句常用于循环语句的循环体中，用来构成空循环。空语句是最简单的表达式语句。

（3）复合语句。

复合语句由一对大括号｛｝括起来的任意多条语句组成，在语法上视为一条语句。复合语句又称语句块，复合语句的语句形式如下：

```
{
  语句 1;
  语句 2;
……;
  语句 n;
}
```

例如：

```
1  void main( )
2  {
3     int a = 3,b = 5;
4     {
5         int c;
6         c = a * b;
7         printf("z = %d,",z);
8     }
9     printf("a = %d,b = %d",a,b);
10 }
```

该程序中 4～8 行使用了复合语句，该复合语句由 5～7 行的 3 条语句构成，包含了 5 行的说明性语句、6 行的表达式语句和 7 行的函数调用语句。由该程序可以看出，在复合语句内，不仅可以有表达式语句，还可以有说明性语句，并且要求变量的说明语句应该出现在复合语句的最前面。

注意：一个复合语句的最后一条语句的分号不能省略，且右花括号之后不能再写分号。

复合语句使用花括号作为界定符，由若干条语句集合而成，相当于一条语句。在一个复合语句中可以包含另外一个复合语句，所以程序中可能会出现多层花括号相互包含的情况，此时应注意花括号的配对关系是否正确，左右花括号的个数是否相同，否则均会引起编译错误。

（4）控制语句。

控制语句用于完成一定的控制功能。控制语句具体包括程序的选择控制语句、循环控制语句和跳转控制语句，表 2—1 列举了 C 语言中的 9 种控制语句。

表 2—1　　C 语言中的 9 种控制语句

语句种类	语句形式	功能说明
选择控制语句	if ( ) …else…	分支语句
	switch ( ) { }	多分支语句
循环控制语句	while ( ) …	循环语句
	do…while ( );	循环语句
	for ( ) …	循环语句
跳转控制语句	break	终止 switch 或循环语句
	continue	结束本次循环体语句
	goto	无条件转向语句
	return	返回语句

2. 顺序结构

现实生活中任何复杂的问题都可以用顺序、选择和循环这三种结构化程序设计的基本结构进行描述并编写程序加以解决。如学业的完成，一般经历三步：入学考试通过、学习课程合格、毕业设计完成与毕业。一般情况下，这三个步骤的顺序是不能做先后调整的，这就有了 C 语言的顺序结构。

所谓顺序结构，是指按照语句在程序中的先后次序一条一条顺序执行。顺序结构是最简单的程序结构，程序按照顺序执行，无分支、无转移、无循环，且每个语句都会被执行一次。顺序结构程序主要由说明性语句、表达式语句、复合语句和空语句等类型的语句构成。

顺序结构程序执行情况的流程图，如图 2—1 所示。

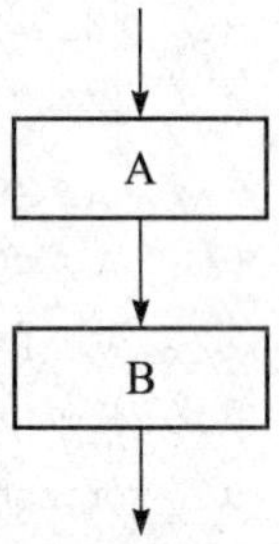

其中 A 框和 B 框表示基本的操作处理，可以包含一条或多条语句。程序运行时在执行完 A 框操作后，按顺序执行 B 框操作。

A
B

图 2—1　顺序结构

【例 2—1】 交换两个变量的值。

要交换两个变量的值，最好的办法就是借助于第三个变量。设两个变量 a 和 b，把 a 的值直接赋值给 b，就会破坏 b 中的内容，而通过第三个变量作中间过渡，就可以避免这种情况，如图 2—2 所示。

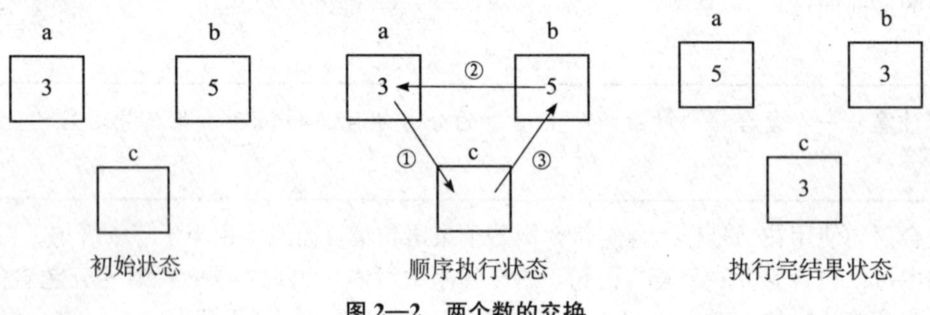

图 2—2　两个数的交换

```
#include<stdio.h>
void main( )
{
  int a,b,c;
  a=3,b=5;
  printf("a=%d,b=%d\n",a,b);
  c=a;
  a=b;
  b=c;
  printf("a=%d,b=%d\n",a,b);
}
```

程序运行结果如下：

```
a=3,b=5
a=5,b=3
```

说明： 该程序代码是一个典型的顺序结构，其中“a=3，b=5;”是逗号表达式（包含了赋值表达式）语句。整个程序的运行是从上而下逐条执行语句。

【例 2—2】键盘输入三角形的三条边长，要求输出三角形的面积。

假设三角形的三条边长分别为 a、b、c，根据边长求三角形的面积，要用到海伦公式：$\sqrt{s\times(s-a)\times(s-b)\times(s-c)}$，其中 $s=\frac{1}{2}(a+b+c)$。

因此，在程序中根据其输入的三条边长度，利用该公式即可求得三角形面积，程序代码如下：

```
#include<stdio.h>
#include<math.h>
void main( )
{
  float a,b,c,s,area;
  scanf("%f,%f,%f",&a,&b,&c);
  s=1.0/2*(a+b+c);
  area=sqrt(s*(s-a)*(s-b)*(s-c));
  printf("area=%8.2f\n",area);
}
```

程序运行结果如下：

```
3,4,6↙
area=5.33
```

说明：如果程序中要用到数学函数，一般都要包含头文件 math.h。同时，一定要注意将数学公式正确地转换成合法的 C 语言表达式。

从例 2—2 的执行情况可以看出：在顺序结构程序中，各条程序语句是顺序执行的，这种程序最简单，最容易理解。通过这个程序可以初步掌握编写 C 语言程序的基本方法。

2.1.3　知识扩展：商品价格总计处理

某顾客在超市购买了如下商品：草鱼 1 条 18.50 元，冰红茶 1 瓶 4.50 元，菜籽油 1 桶 45.00 元。请运用单一变量将商品价格进行合计并显示计算结果。

```
#include<stdio.h>
void main()
{
  float goods,total=0;
  printf("请输入商品价格:");
  scanf("%f",&goods);
  total= total+goods;
  scanf("%f",&goods);
  total= total+goods;
  scanf("%f",&goods);
  total= total+goods;
  printf("商品价格总计为:%.2f",total);
}
```

程序运行结果如下：

```
请输入商品价格：18.5  4.5  45↙
商品价格总计为:68.00
```

说明：此例题为顺序结构，scanf（ ）为输入函数，将输入的商品价格值存储到变量 goods 相应的存储空间里，scanf 函数中变量前的 & 符号是取地址符，作用是提取变量的地址，将输入的变量值存储到变量中，而 total 变量初值为 0，运用累加的方式将累加结果存储在变量 total 中，最后按一定格式输出变量 total 的值即为商品价格的总计结果。

任务 2　商品打折业务处理

2.2.1　问题情景及其实现

某超市 10 周年庆典搞购物优惠活动，一袋洗衣粉原价 15.80 元，购买 3 袋及以上打 9 折，某位顾客购买了 5 袋洗衣粉。假设你是该超市收银员，请问你应该收这个顾客多少钱？

```
#include <stdio.h>
void main( )
{
  int count = 5;
  float price = 15.80,discount = 0.9,sum = 0;
  if(count>= 3) sum = count * price * discount;
  else sum = count * price;
  printf("该顾客应该付 %.2f 元\n",sum);
}
```

程序运行结果如下：

```
该顾客应该付 71.10 元
```

收银员可以清楚知道该顾客所买洗衣粉数量，将其直接输入计算机，那么对于 C 语言程序是如何根据输入的顾客所买洗衣粉数量来进行折扣计算呢？这就涉及 C 语言程序是如何实现数据判断的，一旦判断出顾客买了 3 袋及以上，则按照原价 9 折进行计算，否则按照原价计算。其实，在我们的生活中处处存在着对事物的判断和选择，如何让 C 语言程序实现对事物的判断，再根据判断结果选择程序的执行呢？带着这些问题，让我们来认识一下 C 语言如何实现对事物的判断和选择。

2.2.2　相关知识：选择结构、选择结构的嵌套

现实生活中的我们不可能事事都是顺序执行的，往往还会根据不同的情况进行不同的处理，如汽车在道路上行驶，要顺序地沿道路前进，如果碰到交叉路口时，驾驶员就需要判断是转弯还是直走；在环路上是继续前进，还是需要从一个出口出去等。又比如，在生产线上的零件的流动过程，应该是按顺序从一个工序流向下一个工序，但当零件检测不合格时，就需要从这道工序中退出，或继续在这道工序中再加工直到通过检测为止。

所以，在编程解决实际问题的过程中，常常需要根据逻辑判断的结果执行不同的程序段，这时需要使用选择结构。选择结构也称为分支结构，是结构化程序设计的三种基本结构

之一。选择结构使程序具备根据不同的逻辑条件进行不同方式处理的功能。C 语言提供的选择控制语句可以对给定的条件进行判断，并根据判断结果选择执行不同的语句序列。C 语言中提供了 if 和 switch 两种选择控制语句以实现选择结构程序设计。

1. 选择结构

if 语句用来判断所给定的条件，并根据判断结果（真或假）执行不同的程序段。C 语言提供了三种基本形式的 if 语句。

(1) if 语句。if 语句的三种基本形式：

1) 简单 if 语句。

◆ 语法格式：

```
if(表达式)语句
```

例如：

```
if(x>y)printf("max = %d",x);
if(a<0)a = -a;
```

说明：

● “表达式”一般为关系表达式或逻辑表达式。

● “语句”可以是一条简单语句，也可以是由若干条简单语句构成的复合语句，称为 if 语句的内嵌语句。

◆ 功能：

计算表达式的值，如果是非 0 值（表示逻辑真），则执行内嵌语句部分，否则（表示逻辑假），跳过内嵌语句部分，执行后续语句。简单 if 语句的执行情况如图 2—3 所示。

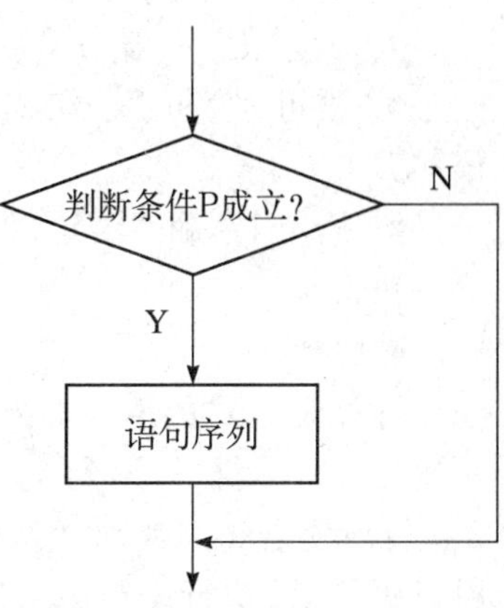

图 2—3　if 语句执行流程图

【例 2—3】 输入三个整数，要求按由大到小的顺序输出。

通过两两比较和交换，先找出变量 a、b、c 中的最大数存放在变量 a 中，将次大数存放在 b 中，最小数存放在 c 中；最后按规定顺序进行输出。

```
#include<stdio.h>
void main( )
{
  int a,b,c,t;
  printf("Input a,b,c:\n");
  scanf("%d,%d,%d",&a,&b,&c);
  if(a<b)
   {t = a;a = b;b = t;}
  if(a<c)
    {t = a;a = c;c = t;}
   if(b<c)
    {t = b;b = c;c = t;}
   printf("%d,%d,%d",a,b,c);
}
```

程序运行结果如下：

```
Input a,b,c:
3,7,1↙
7,3,1
```

说明：在该程序 7～8 行、9～10 行、11～12 行中使用了三条简单的 if 语句，第 7～8 行的 if 语句的作用是将变量 a、b 中的大数存放在变量 a 中，第 9～10 行 if 语句的作用是将变量 a、c 中的大数存放在变量 a 中，通过执行这两条 if 语句保证了变量 a、b、c 中，a 存放的是最大数，然后使用第 11～12 行的 if 语句比较变量 b、c，将次大数存放在变量 b 中，c 中存放最小数，最后按从大到小的顺序输出 a、b、c。

2）双分支 if 语句。

◆ 语法格式：

```
if(表达式)语句 1
else 语句 2
```

例如：

```
if(x>y)printf("max = %d",x);     /* 语句 1 */
else printf("max = %d",y);       /* 语句 2 */
```

说明：

● "表达式"一般为关系表达式或逻辑表达式。

● "语句 1"和"语句 2"可以是一条简单语句，也可以是由若干条简单语句构成的复合语句。

● "语句 1"和"语句 2"中只能选其中之一执行。

◆ 功能：

计算表达式的值，如果是非 0 值（表示逻辑真），则执行语句 1，然后跳过语句 2 执行后续语句，否则（表示逻辑假），则跳过语句 1，执行语句 2，然后执行后续语句。双分支 if 语句执行情况如图 2—4 所示。

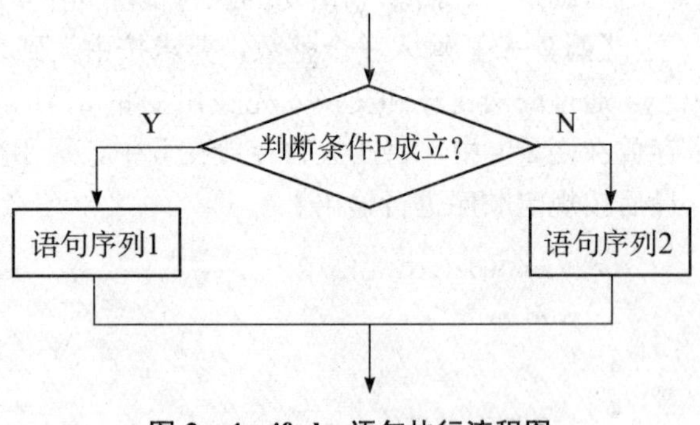

图 2—4 if-else 语句执行流程图

【例 2—4】 输入一个字符，如果它是大写字母，则将它转换成小写字母；如果是小写字母，则将它转换为大写字母。输出最后得到的字符。

通过 scanf 函数获取用户键盘输入的字符后，使用双分支 if 语句判断该字符的大小写形式，并根据要求进行相应转换。转换依据是同一字母的大小写字符 ASCII 码值相差 32。

```
#include<stdio.h>
void main( )
{
char ch;
```

```
scanf(" %c",&ch);
if(ch>='A'&& ch<='Z')
  ch=ch+32;
else
  ch=ch-32;
printf(" %c",ch);
}
```

程序运行结果如下：

```
a↙
A
```

说明：双分支语句中的“ch＋32”将大写字母转换为小写字母；“ch－32”将小写字母转换为大写字母；其中 32 是小写字母和大写字母 ASCII 码的差值。

3）多分支 if 语句。

◆ 语法格式：

```
if(表达式 1) 语句 1
else if(表达式 2) 语句 2
    else if(表达式 3) 语句 3
      ……
      else if(表达式 n) 语句 n
          else   语句 n+1
```

例如：

```
if(x>0)y=1;
else if(x==0)y=0;
    else y=-1;
```

该多分支 if 语句的作用是根据变量 x 的不同取值，分别赋予变量 y 不同的值。实际上是在实现对数据 x 的正负范围的判断功能，其数学表达式如下：

$$y=\begin{cases}-1 & (x<0)\\ 0 & (x=0)\\ 1 & (x>0)\end{cases}$$

说明：

● “表达式 1，表达式 2，…，表达式 n”中的表达式一般为关系表达式或逻辑表达式。

● “语句 1，语句 2，…，语句 n”中的语句可以是一条简单语句，也可以是由若干条简单语句构成的复合语句。

● 无论执行完哪个分支语句，都会跳出该 if 语句结构执行后续语句。

◆ 功能：

计算表达式 1 的值，如果是非 0 值（表示逻辑真），则执行内嵌语句 1 部分，然后跳过其他内嵌语句执行后续语句；否则（表示逻辑假），则跳过内嵌语句 1 部分，依次判断其他表达式是否成立，若哪个表达式成立（非 0 值，表示逻辑真），则执行其内嵌语句，然后转而执行后续语句；如果所有表达式均不成立，则执行内嵌语句 n+1。多分支 if-else if 语句执行情况如图 2—5 所示。

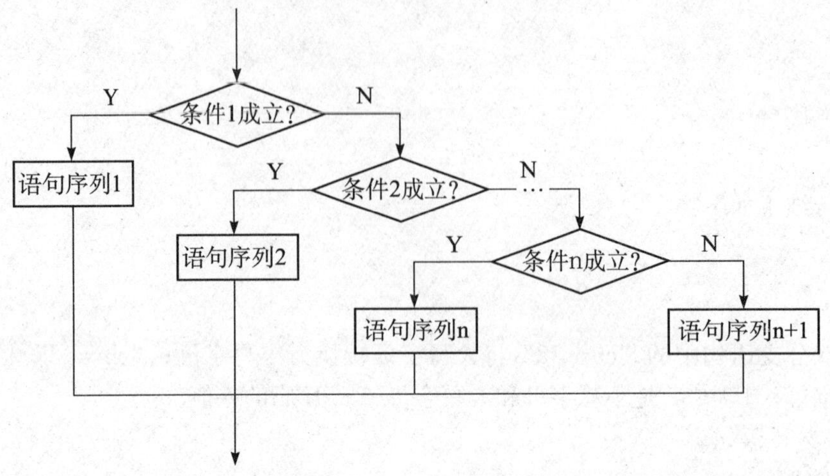

图 2—5　if-else if 语句执行流程图

【例 2—5】 输入某学生的百分制成绩，要求输出其对应的五级制成绩等级。规定 90 分以上为 'A'，80～89 分为 'B'，70～79 分为 'C'，60～69 分为 'D'，60 分以下为 'E'。

获取用户输入学生的百分制成绩后，根据百分制成绩和五级制成绩的对应关系，使用多分支 if 语句对该成绩进行测试，判断该百分制成绩属于五个分数段中的哪一个，并进行相应处理，最后输出该百分制成绩对应的五级制成绩。

```
#include<stdio.h>
void main( )
{
  int score;
  char grade;
  printf("请输入百分制成绩:");
  scanf("%d",&score);
  if(score>=90)
    grade='A';
  else if(score>=80)
    grade='B';
  else if(score>=70)
      grade='C';
    else if(score>=60)
        grade='D';
      else
        grade='E';
  printf("grade=%c",grade);
}
```

程序运行结果如下：

```
请输入百分制成绩:85↙
grade = B
```

说明：在使用多分支 if 语句实现选择结构程序设计时，应注意各分支的条件绝对不能发生重合，否则会产生逻辑错误，请思考如果将上例第二个分支的条件表达式改为“score＞80 && score＜90,”会出现什么问题。

（2）switch 语句。

前面我们运用了 if-else if 结构解决了计算机运算时对运算符的选择问题，但在 C 语言中另外还有一种结构语句，也可以实现这种多分支选择，它就是 switch 结构。

1）switch 的基本形式。

switch 语句属于多分支选择语句，和多分支 if 语句的功能基本相同，也用来处理程序中出现的多分支选择情况。switch 语句通常适用于条件表达式的取值为多个离散而不连续的整型值（或字符型值）时实现多分支选择结构。

◆ 语法格式：

```
switch(表达式)
{
  case 常量表达式 1:语句 1;
  case 常量表达式 2:语句 2;
  …
  case 常量表达式 n:语句 n;
  default:语句 n+1;
}
```

例如：

```
int a = 0;
scanf("%d",&a);
switch(a)
{
  case 1:printf("%d#\n", ++a);
  case 2:printf("%d##\n", ++a);
  default:printf("%d###\n", ++a);
}
```

该程序的输出结果取决于变量 a 的值，当 a=1 时，第 1 个 case 子句匹配，因此顺序执行 case1、case2 和 default 子句，程序输出为：

```
2#
3##
4###
```

当 a=2 时，第 2 个 case 子句匹配，因此顺序执行 case2 和 default 子句，程序输出为：

```
3##
4###
```

当 a 的值不等于 1 和 2 而为 5 时，所有 case 子句均不匹配，因此 default 子句程序输出为：

```
6###
```

说明：

● "表达式" 一般是整型表达式或字符型表达式，如果是其他类型值的表达式，系统会自动转换为整型或字符型。

● "语句" 可以是一条简单语句也可以是由若干条简单语句构成的复合语句，称为内嵌语句。

● 在书写时应注意，case 关键字和常量表达式之间必须以空格分隔；如果内嵌语句为复合语句，可以加花括号，也可以不加花括号。

● default 部分是可选的，既可以有，也可以没有；default 部分可以写在 switch 语句体中的任意位置，但可能会影响程序的运行结果。

● switch 语句中每一个 case 的常量表达式的值必须互不相同，否则就会出现互相矛盾的现象（对表达式的同一个值，有两种或多种执行方案），即所谓二义性。

● 各个 case 子句的出现次序不影响执行结果，即各 case 子句摆放位置的先后顺序没有关系。例如，可以先出现 case 常量表达式 2：语句 2，然后再出现 case 常量表达式 1：语句 1。

● 多个 case 子句可以共用同一内嵌语句。

◆ 功能：

首先计算表达式的值，当表达式的值与某一个 case 后面的常量表达式的值相等（匹配）时，就执行此 case 后面的语句，执行完后，流程控制转移到下一个 case 继续执行，直到 switch 语句执行完毕。switch 语句的执行流程如图 2—6 所示，此时结构中没有 break 语句。

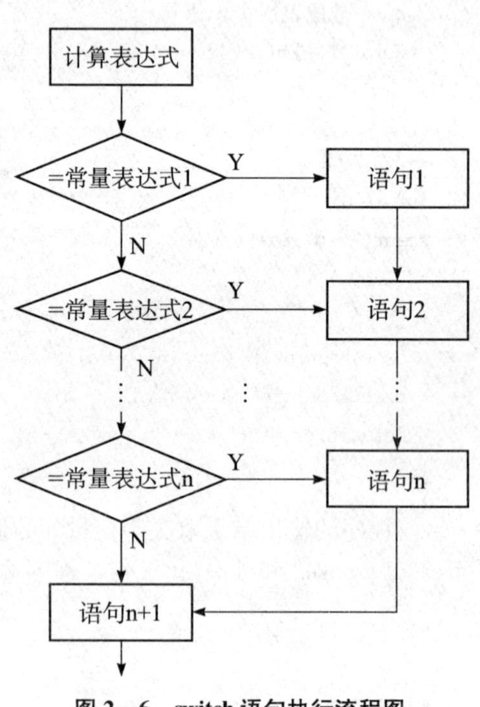

图 2—6　switch 语句执行流程图

【例 2—6】 switch 语句的应用。

```
#include<stdio.h>
void main( )
{
  int score;
  char grade;
  printf("输入分数:");
  scanf("%d",&score);
  switch(score/10)
  {
    case 10:
    case 9:grade='A';
    case 8:grade='B';
    case 7:grade='C';
```

```
    case6:grade = 'D';
    default:grade = 'E';
  }
  printf("grade = %d\n",grade);
}
```

程序运行结果如下：

```
输入分数:85↙
grade = E
```

说明：这里的运行结果与我们想的结果不一致，原因是 switch 语句的执行功能是根据 switch 表达式的计算结果判断程序进入 switch 内的位置，然后程序将从这里顺序执行到 switch 语句结束。故该程序根据 switch 表达式 score/10 的结果 8，找到进入位置 case 8，从这里顺序执行，grade 变量的值在顺序执行中不断变化，最后得到值 E，故输出为：grade=E。

如果想得到我们希望的结果，就要学习下面的 switch 语句与 break 语句的配合使用。

2）switch 语句与 break 语句的配合使用。

switch 语句与 break 语句配合使用的一般形式为：

```
switch(表达式)
{
  case 常量表达式 1:语句 1 break;
  case 常量表达式 2:语句 2 break;
  …
  case 常量表达式 n:语句 n break;
  default:语句 n+1;
}
```

从 switch 语句执行流程可以发现，case 常量表达式 n 实际上相当于内嵌语句的标号，switch 语句表达式的值计算出来以后，如果与哪个标号匹配就执行该标号后的内嵌语句，然后再顺序执行其下面所有 case 子句的内嵌语句直到 switch 语句结束，这样并不能真正实现多分支选择结构。switch 语句要真正实现多分支选择结构，应在表达式的值计算出来以后，如果与哪个标号匹配就执行该标号后的内嵌语句，然后使用 break 语句结束 switch 语句的执行，其执行流程如图 2—7 所示。

break 语句除了可以在 switch 语句中使用，起到结束 switch 语句执行，转而执行后续语句的功能外，还可以在循环语句中使用，我们将在下面的任务中进一步讲解。

【例 2—7】要求从键盘输入字符 B 时输出 Basic，输入字符 D 时输出 Delphi，输入字符 F 时输出 Fortran，输入字符 P 时输出 Pascal，输入其他字符时提示出错信息。

使用 scanf 函数获取用户通过键盘输入的字符，然后使用 switch 语句对该字符进行测试，根据测试结果输出不同的单词。

```
#include<stdio.h>
void main( )
{
```

```
char ch;
printf("输入一个字符:");
scanf("%c",&ch);
switch(ch)
{
  case 'B':printf("Basic:\n");break;
  case 'D':printf("Delphi:\n");break;
  case 'F':printf("Fortran:\n");break;
  case 'P':printf("Pascal:\n");break;
  default:printf("Error Char!:\n");
}
}
```

程序运行结果如下：

```
输入一个字符:B↙
Basic
```

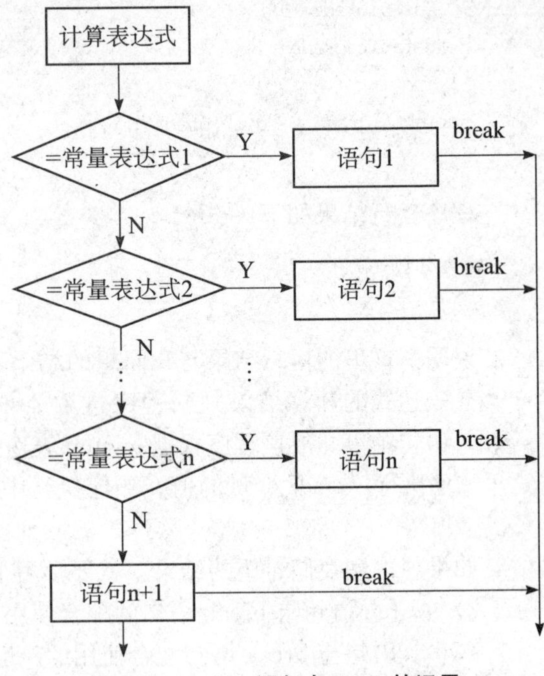

图 2—7　switch 语句中 break 的运用

注意：程序中 switch 语句只有与 break 语句配合使用，才能实现多分支选择结构。请同学们思考，如果程序中 switch 语句的各 case 子句省略了 break 语句，此时用户通过键盘输入字符‘B’，那么程序的运行结果是什么？

2. 选择结构的嵌套

（1）if 语句的嵌套形式。

if 语句的嵌套是指，在一个 if 语句的内嵌语句中又包含了一个完整的 if 语句。if 语句的三种基本形式均可进行嵌套，一般典型的嵌套形式如下：

```
if(表达式)
  { if 语句 1}
else
  {if 语句 2}
```

说明：

● 外层 if 语句的内嵌语句 1 和内嵌语句 2 又是一个完整的 if 语句，且该 if 语句可以是上述 if 语句的三种基本形式之一。

● if 语句可以嵌套任意多层，即内层的 if 语句中还可以嵌套 if 语句。

例如：

```
if(c<=50)
  if(c>=25)printf("25<=c<=50\n");
  else printf("c<25\n");
```

```
else
  if(c<=100)printf("50<c<=100\n");
  else printf("c>100\n");
```

该程序中，外层 if 语句是一个双分支 if 语句，其内嵌语句 1 和内嵌语句 2 也都是双分支 if 语句，这是一个两层的 if 语句嵌套。

（2）使用 if 语句嵌套形式应注意的问题。

1）使用 if 语句嵌套形式时，应采用逐层缩进的书写方式，以区分 if 语句的层次和配对关系，增强程序的可读性且便于程序查错和调试。

2）在多层 if 语句嵌套的情况下，程序中会出现多个 if 和 else，这时应注意每个 if 和 else 关键字的配对关系，以避免出现对语句理解的二义性以及引发程序的逻辑错误。if 和 else 的配对关系可以总结为“就近原则”，即如果未使用花括号，则从多层嵌套 if 语句的最内层 else 开始，else 总是与距它上面最近的且未曾配对的 if 配对。

例如：

```
if(c<=50)
  { if(c>=25) printf("25<=c<=50\n"); }
else if(c<=100) printf("50<c<=100\n");
     else printf ("c>100\n");
```

如果省略了上面程序第二行中的花括号，则该程序逻辑上等价于：

```
if(c<=50)
   if(c>=25) printf("25<=c<=50\n");
   else if(c<=100) printf("50<c<=100\n");
      else printf ("c>100\n");
```

程序的意义和原来相比发生很大区别，表示当 c<＝50 时才执行内嵌的多分支 if 语句，c 值在 25～50 间输出字符串“25<＝c<＝50 \ n”；c<25 时会输出字符串“50<c<＝100 \ n”，引发一个逻辑错误；而程序最后一句则根本没有机会执行，引发另一个逻辑错误。造成这些错误的根本原因就在于因未正确使用花括号引起 if 和 else 的配对关系错误。

3）在双分支 if 语句的嵌套形式中，else 后面内嵌的 if 语句如果是双分支 if 语句，则该形式逻辑上等价于多分支 if 语句。

【例 2—8】 使用 if 语句的嵌套形式实现例 2－5。

```
#include<stdio.h>
void main( )
{
  int score;
  char grade;
  printf("请输入成绩:");
  scanf("%d",&score);
  if(score>=90)
  grade='A';
  else  if(score>=80)
```

```
    grade = 'B';
      else  if(score> = 70)
        grade = 'C';
          else  if(score> = 60)
            grade = 'D';
              else
                grade = 'E';
  printf("grade = %c\n",grade);
}
```

程序运行结果如下：

```
请输入成绩:85↙
grade = B
```

说明：程序中采用了 if 语句的多重嵌套形式，逻辑上等价于多分支 if 语句，请读者自己分析该 if 语句嵌套形式的执行流程。应注意的是，如果 if 语句嵌套层次较多，程序将不便于阅读和理解，所以在实现多分支选择结构时，应尽量采用多分支 if 语句实现。

2.2.3 知识扩展：商场购物促销

商场购物促销打折，购物总金额（s 元）越多，折扣就越高，购物总金额与实际购物额之间的差额直接返到消费者卡上。要求输入购物总金额，输出为返到消费者卡上的金额。折扣情况如下：

$s < 250$	没有折扣
$250 \leqslant s < 500$	2%折扣
$500 \leqslant s < 1000$	5%折扣
$1000 \leqslant s < 2000$	8%折扣
$2000 \leqslant s < 3000$	10%折扣
$3000 \leqslant s$	15%折扣

解题思路：本题不能把 s 直接作为 switch 后的表达式，如果这样，则将有 3000 个 case 语句。通过观察，发现每一次折扣的改变，都是 250 的倍数，为此，我们将 s/250 作为 switch 后的表达式，就很合理。

```
#include <stdio.h>
void main()
{
   int d,c;
   float s,f;
   printf("请输入消费者购物总金额:");
   scanf("%f",&s);
   if(s> = 3000)  c = 12;
   else c = s/250;
   switch(c)
```

```
{
    case 0:   d = 0; break;
    case 1:   d = 2; break;
    case 2:
    case 3:   d = 5; break;
    case 4:
    case 5:
    case 6:
    case 7:   d = 8; break;
    case 8:
    case 9:
    case 10:
    case 11:  d = 10; break;
    case 12:  d = 15; break;
}
f =  s * d/100;
printf("返还到消费者卡上的金额为 = %.2f\n",f);
}
```

程序运行结果如下：

```
请输入消费者购物总金额:700↙
返还到消费者卡上的金额为:35.00
```

说明：该程序运用了 switch 结构与 break 语句实现了对多个运算符的单一选择。

任务 3　顾客超市收银结算

2.3.1　问题情景及其实现

顾客在超市购买了自己选购的商品，根据顾客购买商品的数量，输入所选商品的价格，进行求和计算，并输出显示这些商品的总价格。

此类型题目是对本项目的第 1 个任务的补充，在第 1 个任务引出的顺序结构只能对三种商品的价格进行合计，而我们实际生活中不可能限制顾客只能购买三种商品，所以在超市收银计算时应灵活解决不同数量商品价格的合计问题；同时也可以根据需要决定是否计算下一个顾客的商品价格合计。

```
#include<conio.h>
#include<stdio.h>
void main( )
{
  float price,total;
  int num,i;
  char c;
  do
  {
```

```
total = 0;
printf("请输入购买的商品数量: ");
    scanf( " %d", &num );
    if(num< = 0)printf("输入商品数量错误: ");
    else
  {
      for (i = 0;i<num;i ++ )
      {
      printf("商品 %d 价格: ",i + 1);
      scanf(" %f", &price);
      total = total + price;
      }
   printf("商品合计为: %.2f\n",total);
  }
  printf("继续下一位顾客收银?\n");
  c = getch();
  }while(c! = 'n'&&c! = 'N');
}
```

程序运行结果如下：

```
请输入购买的商品数量:3↙
商品 1 价格: 23.5↙
商品 2 价格: 11↙
商品 3 价格: 5.8↙
商品合计为:40.30
继续下一位顾客收银?
请输入购买的商品数量: 4↙
商品 1 价格: 6.7↙
商品 2 价格: 12.8↙
商品 3 价格:8.9↙
商品 4 价格: 15.2↙
商品合计为:43.60
继续下一位顾客收银?
```

该程序主要模拟完成超市的收银过程，主要是对顾客购买的商品统计价格总和。每个顾客购买的商品数量不一样，所以我们根据顾客购买商品的数量进行统计，在统计过程中，我们使用了一个 for 循环结构，同时还使用了一个 do-while 结构对另外的顾客购买商品的价格进行统计，当程序提示“继续下一位顾客收银?”，若用户输入字符‘N’或‘n’，收银计算程序将终止运算。那么，在程序中，我们使用了这些结构语句到底是什么含义？有什么作用呢？带着这些问题，我们来认识一下 C 语言的循环结构语句。

2.3.2　相关知识：循环结构、转移语句、循环的嵌套

在编程解决实际问题的过程中，常常需要在一定条件下反复执行某些程序段，这时需要

使用循环结构，循环结构也称为重复结构，是结构化程序设计的三种基本结构之一。循环结构使程序具备根据给定的逻辑条件重复执行程序段的功能，以解决一些需要重复处理的问题。循环结构中被重复执行的程序段称为循环体，控制程序段是否重复执行的条件被称为循环控制条件。

C 语言提供的实现循环结构程序设计的循环控制语句有三种：while 语句、do-while 语句和 for 语句。

1. 循环结构

（1）while 语句。

while 语句用来实现“当型”循环结构，其循环控制条件前置，即执行循环体前首先判断循环控制条件是否成立，再决定是否执行循环体。while 语句的语法格式和功能如下：

1）语法格式：

```
while(表达式)语句
```

例如：

```
int x=5,y=1;
while(x>y) printf("%d,%d\n",x--,y++);
```

该 while 语句的循环控制条件为 x>y，循环共执行 3 次，变量 x 的值小于 y 的值时退出循环，退出循环时 x 的值为 2，y 的值为 3。程序输出为：

```
5,1
4,2
```

说明：

● “表达式”一般为关系表达式或逻辑表达式，也可以是任意合法的 C 语言表达式，用来作为循环控制条件。

● “语句”可以是一条简单语句，也可以是由若干条简单语句构成的复合语句，称为内嵌语句，用来作为循环体。如果循环体包含多条语句，则一定要使用花括号括起来构成复合语句。

● while 语句属于当型循环，其循环控制条件前置，执行循环体前需要先判断循环控制条件是否成立，再决定是否执行循环体。如果第一次执行循环时循环控制条件就不成立，则循环体一次也不会执行，所以当型循环也称“允许零次循环”。

● while 语句的循环控制条件和循环体中使用的变量应赋初值，否则可能会引发逻辑错误。

● while 语句的循环体中必须加入使循环趋于结束的语句，即可以影响循环控制条件由“逻辑真”变为“逻辑假”的语句，否则会使循环成为死循环（指永远执行不完的循环）。例如，下面的程序段就存在死循环的情况：

```
int x=-1;
while(x<0)x--;
```

2）功能。

计算表达式的值，即判断循环控制条件是否成立，如果是非 0 值（表示逻辑真），则执行循环体，循环体执行完毕后再次判断循环控制条件是否成立，决定是否继续重复执行循环体；否则（表示逻辑假），跳过循环体，顺序执行后续语句。while 语句执行的流程如图 2—8 所示。

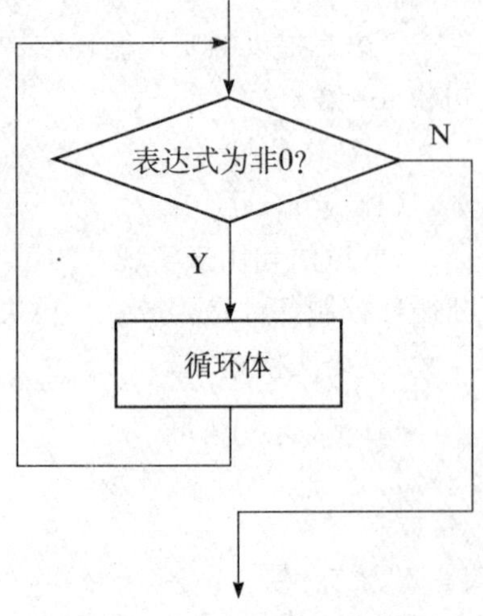

图 2—8　while 语句执行流程图

【例 2—9】 编程计算自然数 1 连加到 n 的值，即求 1＋2＋3＋…＋n 的值，其中 n 由用户指定。

该程序要实现多项累加，因此设置一个变量存放各项累加和，该变量也称求和变量，将求和变量的初值设为 0，然后使用循环语句，将各项累加到求和变量中，最后输出求和变量的值。

```
#include<stdio.h>
void main( )
{
  int n,i=1,sum=0;
  printf("请输入 n:");
  scanf("%d",&n);
  while(i<=n)
  {
    sum+=i;
    i++;
  }
  printf("sum=%d\n",sum);
}
```

程序运行结果如下：

```
请输入 n:100↙
sum=5050
```

说明：

- 循环体包括几条语句时，一定要使用花括号括起来构成复合语句，否则会引发逻辑错误。如上例中如果省略循环体中的花括号，则循环体中只包含一条语句“sum＋＝i;”。
- 应注意循环控制条件的正确书写，如循环控制条件写为“i＜n”，则 1 累加到 99 就会退出循环，造成少加 100 的错误。
- 循环体中必须加入使循环趋于结束的语句，在上例中语句“i＋＋;”就起到了这一作用，使得循环变量 i 的值不断递增直到超过 100。
- 上例中的变量 sum 称为累加变量，用于存放累加结果，其初值一般取 0。

【例 2—10】 一个班有若干名学生，要求用户从键盘输入每个学生语文课的成绩后输出该班学生的语文课平均成绩，其中学生人数由用户指定。

学生人数由用户提供，即调用 scanf 函数通过键盘输入，并以此构造循环条件，使用 while 循环语句累加用户输入的学生成绩，最后求出平均成绩并进行输出。

```
#include<stdio.h>
void main( )
```

```
{
  int score,num,count = 1,sum = 0;
  float aver;
  printf("请输入学生人数:");
  scanf("%d",&num);
  while(count<=num)
  {
    printf("请输入分数%d:\n",count);
    scanf("%d",&score);
    sum+=score;
    count++;
  }
  aver = sum/num;
  printf("aver = %.2f\n",aver);
}
```

程序运行结果如下：

```
请输入学生人数:3↙
请输入分数1:60↙
请输入分数2:70↙
请输入分数3:80↙
aver = 70.00
```

说明：

● 该程序中需要特别注意的是学生的平均成绩属于实型数据，所以存放平均成绩的变量aver应定义为float型。

● count为计数器变量，用来统计已输入成绩的学生人数。

【例2—11】给定两个正整数，编程求它们的最大公约数和最小公倍数。

求两个正整数x和y的最大公约数。用一个变量存储x、y两个数中的较小值，从这个较小值开始依次测试是否是x和y的约数，如果不是，则这个数自减；如果是，则测试终止，这个数就是最大公约数。

在求得x和y最大公约数的基础上，将x与y的乘积除以它们的最大公约数，即可以求得它们的最小公倍数。

```
#include<stdio.h>
void main( )
{
  int x,y,Maxdivisor;
  printf("请输入x和y:");
  scanf("%d%d",&x,&y);
  if(x<y)Maxdivisor = x;
  else Maxdivisor = y;              /* Maxdivisor存放x和y中的较小值 */
  while((y% Maxdivisor!=0|| x% Maxdivisor!=0)&&Maxdivisor>1)
```

```
    { Maxdivisor--;}                /* 测试 Maxdivisor 是否是 x 与 y 的约数 */
    printf("%d 和 %d 的最大公约数是:%d\n",x,y,Maxdivisor);
    printf("%d 和 %d 的最小公倍数是:%d\n",x,y,x*y/Maxdivisor);
}
```

程序运行结果如下：

```
请输入 x 和 y:24  18↙
24 和 18 的最大公约数是:6
24 和 18 的最小公倍数是:72
```

说明：程序中使用 if 语句保证变量 Maxdivisor 中存放 x 和 y 中的较小数，然后使用 while 循环测试 Maxdivisor 是否是 x 和 y 的公约数，如果不是变量 Maxdivisor 自减，如果是终止循环，这时变量 Maxdivisor 中存储的就是 x 和 y 的最大公约数。最后用 x 与 y 的乘积除以它们的最大公约数求得 x 和 y 的最小公倍数。

（2）do-while 循环结构。

do-while 语句用来实现“直到型”循环结构，其循环控制条件后置，即首先无条件执行一次循环体，然后再判断循环控制条件是否成立，从而决定是否重复执行循环体。do-while 语句的语法格式和功能如下：

1）语法格式：

```
do 语句 while(表达式);
```

例如：

```
int x=6;
do
{
  printf("%d",x);
  x-=2;
}while(x>=0);
```

该 do-while 语句的循环控制条件为 x>=0，循环共执行 4 次，变量 x 的值小于等于 0 时退出循环，退出循环时 x 的值为-2。程序输出为：

```
6 4 2 0
```

说明：do-while 语句使用过程中应注意的问题和 while 语句大致相同，但应特别注意以下几点：

- 书写 do-while 语句时，while（表达式）后的分号一定不要遗漏，否则会出现编译错误。
- 由于 do-while 语句属于直到型循环，其循环控制条件后置，首先无条件执行一次循环体后再判断循环控制条件是否成立，决定是否继续执行循环体，其循环体至少执行一次，所以直到型循环也称“至少执行一次的循环”。
- do-while 循环与 while 循环除了循环控制条件所处的位置差异外，其功能基本相同，唯一的差别在于循环控制条件在循环初始时就不成立的情况下，两种语句的执行结果截然不同：前者至少执行一次，后者一次也不执行。

例如，前面的例 2—9 也可以使用 do-while 语句实现：

```
#include<stdio.h>
void main( )
{
  int n,i=1,sum=0;
  printf("\nInput n:");
  scanf("%d",&n);
  do
  {
   sum+=i;
  i++;
  }while(i<=n);
  printf("\nsum=%d",sum);
}
```

2）功能。

首先无条件执行一次循环体，然后计算表达式的值，即判断循环控制条件是否成立，如果是非 0 值（表示逻辑真），则重复执行循环体，循环体执行完毕后再次判断循环控制条件是否成立，决定是否继续重复执行循环体；否则（表示逻辑假），跳过循环体，顺序执行后续语句。do-while 语句执行的流程如图 2—9 所示。

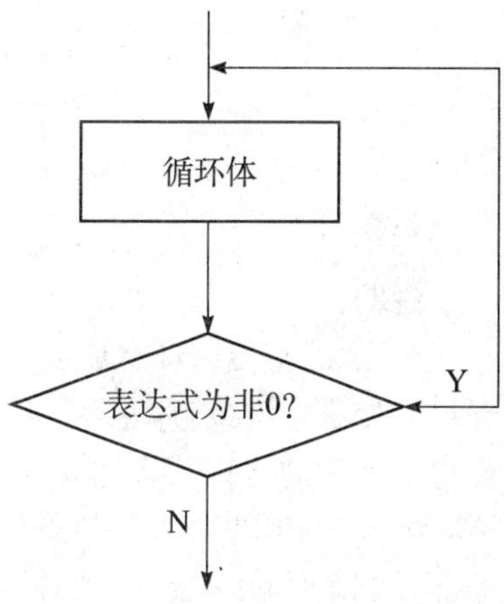

图 2—9　do-while 语句执行流程图

【例 2—12】 编程计算自然数 n 的阶乘值，即求 1×2×3×…×n 的值，其中 n 由用户指定。

计算自然数 n 的阶乘，实际上就是计算由 1 连乘到 n 的值。可以设置一个变量用来存放连乘的值，其初值为 1，该变量称为累乘变量，然后使用循环语句将 1 到 n 之间的每一个数累乘到该变量上，最后输出累乘变量的值。

```
#include<stdio.h>
void main( )
{
  long n,i=1,factor=1;
  printf("\nInput n:");
  scanf("%ld",&n);
  do
  {
    factor*=i;
    i++;
  }while(i<=n);
  printf("\nfactor=%ld",factor);
}
```

程序运行结果如下：

```
Input n:10↙
factor = 3628800
```

注意：由于求 n 的阶乘使用连乘实现，在 n 较大的情况下，求出的阶乘值可能超过了 int 型允许的数值范围，所以程序代码中将其定义为 long 型，并以“%ld”的形式输出。

（3）for 循环结构。

在 C 语言实现循环结构的三种语句中，for 语句的功能更为强大，形式也更为灵活。for 语句适用于实现已确定循环次数的循环（计数型循环），也适用于实现不确定循环次数，但确定循环退出条件的循环（条件型循环），就其功能而言，可以用于替代 while 语句和 do-while语句。for 语句的语法格式和功能如下：

1）语法格式：

```
for(表达式 1;表达式 2;表达式 3)语句
```

例如，使用 for 语句输出 26 个大写英文字母：

```
char ch;
for(ch = 'A';ch< = 'Z';ch ++ )
printf(" %c",ch);
```

说明：

● for 语句可以理解成以下表示形式：在 for（循环控制变量初始化；循环控制条件；循环控制变量自增或自减）语句中，表达式 1 用于进行循环变量赋初值的操作，表达式 2 起循环控制条件的作用，表达式 3 通过循环变量自增或自减的操作，使循环趋于结束。

● for 语句的循环控制条件前置，因此也属于“当型”循环，如果第一次执行循环时，循环控制条件就不成立，则循环体一次也不会执行。

● 三个表达式中均可以加入与循环控制无关的语句，使得 for 语句的使用形式十分灵活，功能更为强大。但为了增加程序的可读性，不提倡这样做，而应该只在三个表达式中加入与循环控制有关的语句，而将与循环控制无关的语句放在循环体中。

例如，前面的例 2—9 也可以使用 for 语句实现：

```
#include<stdio.h>
void main( )
{
  int n,i,sum;
  printf("\nInput n:");
  scanf(" %d",&n);
  for(sum = 0,i = 1;i< = n;i ++ )sum + = i;
  printf("\nsum = %d",sum);
}
```

在该程序中，将与循环控制无关的语句“sum=0,”放在表达式 1 中，表达式 1 变成了一个逗号表达式。

● for 语句中的三个表达式可以全部或部分省略，但应保留其分隔符“;”，并且为了保证对循环流程的正常控制，需要根据所省略的表达式在程序中适当位置添加控制循环正常执行的相应语句。具体存在以下五种省略情况及其等价形式：

省略表达式 1：

```
i=1;
for(;i<=n;i++)sum+=i;
```

这种情况相当于省略了循环控制变量初始化语句，为保证循环正常执行，应该将循环控制变量初始化语句放在 for 语句前。

省略表达式 2：

```
for(i=1;;i++)sum+=i;
等价于
i=1;
while(1)
{
  sum+=i;
  i++;
}
```

这种情况相当于省略了循环控制条件，将会造成循环无休止执行（死循环）。为保证循环正常执行，应该将表示循环控制条件的语句放在 for 语句的循环体中，使得循环可以正常退出。

```
for(i=1;;i++)
{
  if(i>n)break;
  sum+=i;
}
```

省略表达式 3：

```
for(i=1;i<=n;)sum+=i;
```

这种情况相当于省略了使循环趋于结束的语句，也会造成循环无休止执行，为保证循环正常结束，应该在循环体中添加使循环趋于结束的语句。

```
for(i=1;i<=n;)
{
  sum+=i;
  i++;
}
```

省略表达式 1 和表达式 3：

```
i=1;
```

```
for(;i<=n;)
{
  sum+=i;
  i++;
}
```

这种情况下 for 语句不进行循环控制变量的初始化和循环变量的自增自减操作，只指定了循环控制条件，其功能完全等价于 while 语句，相当于：

```
i=1;
while(i<=n)
{
  sum+=i;
  i++;
}
```

表达式 1、表达式 2 和表达式 3 全部省略：

```
for(;;)
```

这种情况下 for 语句不进行循环控制变量的初始化和循环变量的自增自减操作，也不指定循环控制条件，相当于：

```
while(1)
{……}
```

同样出现死循环的问题，为保证对循环流程的正常控制，需要在程序中适当位置添加控制循环正常执行的相应语句，如写为如下形式：

```
i=1;
for(;;)
{
  if(i>n)break;
  sum+=i;
  i++;
}
```

2）功能。

首先计算表达式 1，然后判断表达式 2 是否成立，如果是非 0 值（表示逻辑真），则执行循环体，循环体执行完毕后，执行表达式 3，然后再次判断表达式 2 是否成立，决定是否继续重复执行循环体；否则（表示逻辑假）跳过循环体，顺序执行后续语句。for 语句执行的流程如图 2—10 所示。

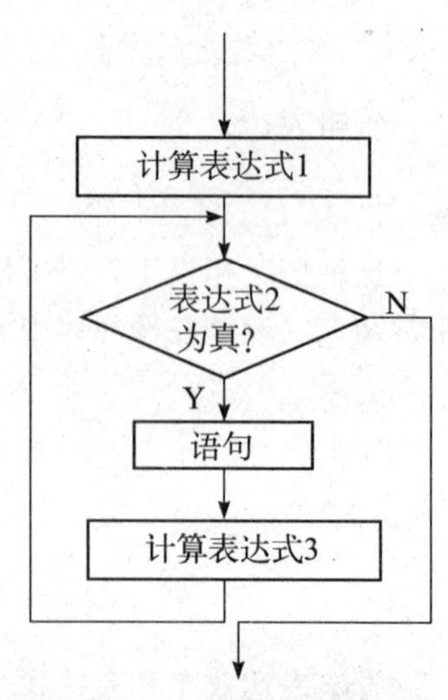

图 2—10　for 语句执行流程图

【例 2—13】输出所有的“水仙花数”。所谓“水仙花数”是指一个三位自然数，其各位数字的立方和等于该数本身。例如 $371=3^3+7^3+1^3$，所以 371 是水仙花数。

因为水仙花数是一个 3 位自然数，所以使用循环遍历 100 到 999 之间的每一个数，在循环体中判断该数是否满足水仙花数的条件。为了判断一个数是否是水仙花数需要分离出该数的各位数字，这是程序实现的关键。

```
#include<stdio.h>
void main( )
{
  int x,y,z,n;
  for(n=100;n<=999;n++)
  {
    x=n/100;
    y=n%100/10;
    z=n%10;
    if(x*x*x+y*y*y+z*z*z==n)
      printf("%d\n",n);
  }
}
```

程序运行结果如下：

```
153
370
371
407
```

说明：程序中使用 for 循环对 100 到 999 之间的每一个数进行测试，循环体中分离出该数的各位数字，然后检测是否满足水仙花数的条件：每位数字的立方和是否等于它自己，如果是则输出；如果不是，则继续测试。各位数字具体的分离方法是：n/100 分离出百位数；n%100/10 分离出十位数；n%10 分离出个位数。

2. 转移语句

转移语句能够控制程序执行的流程，即能够改变程序中语句的执行次序，C 语言中的转移语句包括 goto 语句、break 语句、continue 语句和 return 语句四种。转移语句可以与选择语句或循环语句配合使用，在特定情况下改变程序执行的流程。

（1） goto 语句。

goto 语句的功能是使程序执行的流程直接转移到指定位置的语句开始执行。其语法格式为：

```
goto 语句标号;
```

其中，语句标号表示语句的位置，由标号名和冒号两部分组成，写在语句的最前面。标号的命名应符合标识符命名规则。当程序执行到 goto 语句时，程序执行流程不再按顺序执行，而是直接跳转到标号位置的语句开始执行。

【例 2—14】求整数 1 到 n 之间的奇数之和，其中 n 由用户指定。

程序中使用了 if 语句和 goto 语句构成循环结构，由于结构化程序设计为防止程序执行流程的任意跳转，要求限制 goto 语句的使用，所以只需要了解其执行流程就可以了。

```
#include<stdio.h>
void main( )
{
  int n,i=1,sum=0;
  printf("请输入 n:");
  scanf("%d",&n);
  label:sum+=i;
  i+=2;
  if(i<=n)goto label;
  printf("sum=%d\n",sum);
}
```

程序运行结果如下：

```
请输入 n:10↙
sum=25
```

说明：

● 结构化程序设计思想不提倡使用 goto 语句，原因是过多使用 goto 语句会造成程序流程任意跳转，程序可读性差且容易引发错误。

● 如果要使用 goto 语句，往往与 if 语句配合使用，表示在满足某种条件的情况下进行跳转而不是任意跳转。

（2）break 语句。

break 语句可以用在各种循环语句或 switch 选择语句中，其功能是终止循环语句或 switch 选择语句的执行，然后顺序执行下面的后续语句。其语法格式为：

```
break;
```

说明：前面已经介绍过，switch 语句与 break 语句配合使用可以实现多分支选择结构。此外，break 语句也常用在循环语句中，终止循环语句的执行，然后按顺序执行后续语句，这种情况下 break 语句通常与 if 语句配合使用，表示满足给定条件时提前退出循环。

【例 2—15】判断用户通过键盘输入的某个数是否为素数，如果是素数，输出“is prime!”，否则输出“is not prime!”。

素数是指一个整数只能被 1 和自己本身整除，因此要判断一个整数 n 是否是素数，只需用 n 去除 2 到 n－1 中的每一个整数，只要其中有一个数能够被 n 整除，则 n 不是素数，不再需要继续除其他数了。

```
#include<stdio.h>
void main( )
{
  int n,i,flag=1;
  printf("请输入一个正整数 n:");
  scanf("%d",&n);
  for(i=2;i<n;i++)
```

```
    {
      if(n%i==0)
      {
        flag=0;
        break;
      }
    }
    if(flag)
      printf("%d是素数!\n",n);
    else
      printf("%d不是素数!\n",n);
}
```

程序运行结果如下：

```
请输入一个正整数 n:11↙
11 是素数!
```

说明：在程序中使用循环语句，用整数 n 去除 2 到 n－1 中的每一个整数，其中只要有一个数能够被整除，则可判断该数不是素数，此时将标志变量 flag 设置为 0 并使用 break 语句终止循环；如果每一个数都不能整除，则标志变量 flag 保持初值 1，然后通过判断 flag 的取值，输出该数是否是素数的信息。

注意：我们再次调试的结果。

程序运行结果如下：

请输入一个正整数 n：a↙

－858993460 是素数!

这里错误地把字符 a 当做数字输入，运行结果却让人费解，－858993460 是一个什么数呢？为什么会有这样的结果？原因在于，前一个项目中讲到 scanf 函数的数据读取是按照格式符规定的格式读取的，这里 scanf 函数的读取格式是%d，即整型格式，而这里错误输入为 a，这是字符型，所以 scanf 函数在为一个变量初次读取数据时就遇到类型不匹配，scanf 函数就会终止函数执行返回，继续执行下面的程序。这样 scanf 函数就不能为变量 n 正常送值，变量 n 中仍是定义时候的不确定值。所以就出现了上述让人费解的输出结果。

（3）continue 语句。

continue 语句只能用在各种循环语句中，其功能是中断循环的本次执行，然后开始进行下一次循环。其语法格式如下：

```
continue;
```

说明：

- 应注意在循环语句中使用 break 语句和 continue 语句的区别，前者是终止循环执行并开始执行循环后面的语句，即循环结束不再执行；而后者是中断循环的本次执行，然后开始进行下一次循环，即循环仍会继续执行。

● 在循环体中一般不直接使用 continue 语句，通常与 if 语句配合使用，表示满足给定条件时中断本次循环而开始下一次循环。

【例 2—16】 将 1～100 之间能同时被 3 和 5 整除的数输出。

使用 for 循环遍历 1 到 100 间的每一个数，循环体中使用 if 语句判断该数能否同时被 3 和 5 整除，如果满足条件则执行 printf 语句输出该数，否则使用 continue 语句中断本次循环，跳过 printf 语句，开始下一次循环，判断下一个数是否满足条件。

```
#include<stdio.h>
void main( )
{
  int n;
  for(n = 1;n< = 100;n ++ )
  {
    if((n % 3! = 0)||(n % 5! = 0))continue;
    printf(" % 6d",n);
  }
}
```

程序运行结果如下：

```
15    30    45    60    75    90
```

（4）return 语句。

return 语句一般用在函数中，其功能是终止函数的运行并使程序流程返回主调函数中函数调用语句处，然后开始执行函数调用语句的下一条语句。如果函数有返回值，将返回值也带回主调函数。关于 return 语句的作用，我们在项目三中再进行详细的讨论。

3. 循环的嵌套

（1）循环的嵌套形式。

循环的嵌套是指在一个循环语句的循环体中又包含另一个循环语句。C 语言中实现循环结构的三种语句均可相互进行嵌套，并可以进行多层嵌套，一般使用频率较高的是双重循环，即由两层循环嵌套而成。

循环间合法的嵌套形式主要有如下几种：

1）同类型循环语句间的嵌套：

```
◆ while( )
  { …
    while( )
    {…}
      …
  }
◆ do
  { …
```

```
    do
    {…}while( );
    …
  }while( );
◆ for( )
  { …
    for( )
    {…}
    …
  }
```

2）不同类型循环语句间的嵌套：

```
◆ while( )
  { …
    do( )
    {…}while( );
  …
  }
◆ for( )
  { …
    while( )
    {…}
    …
  }
◆ do
  { …
    for( )
    {…}
    …
  }while( );
```

（2）使用循环嵌套形式时应注意的问题。

1）在使用循环嵌套时，无论采用哪一种嵌套形式，都必须做到层次清楚，即保持内层循环和外层循环的完整性，绝对不能出现内外层循环的循环体相互交叉的情况。

2）对于多重循环而言，外层循环每执行一次，内层循环要执行多次。比如下面二重 for 循环的程序段中，外循环变量 i 的值由 1 变化到 4，外循环共执行 4 次，外循环每执行 1 次，即外循环变量 i 每取一个确定值，内循环变量 j 的值由 1 变化到 5，内循环会执行 5 次，所以内循环总共执行 4×5＝20 次。

```
int i,j,count = 0;
for(i = 1;i< = 4;i ++ )
  for(j = 1;j< = 5;j ++ )
  count ++ ;
```

3）在多重循环中使用 break 语句或 continue 语句进行程序流程跳转时，应注意其只能实现语句所在的本层循环的跳转。break 语句的作用是终止本层循环并执行外层循环；continue 语句的作用是中断本层循环的本次执行，然后进行下一次循环。

（3）多重循环程序实例。

在循环的各种嵌套形式中，最常使用的是双重循环，下面是一个双重 for 循环的程序实例。

【例 2—17】 输出 100～200 之间的所有素数，要求输出形式为 8 个数一行。

使用双重 for 循环实现。外层 for 循环遍历 100 到 200 间的每个数，内层 for 循环对每个数 n 进行是否是素数的判断，即将 n 去除 99 到 199 之间的每一个整数，如果有一个数能够除尽则不是素数，此时使用 break 语句终止内层循环并继续执行后续的外循环体语句，即根据该数是否是素数决定是否进行输出。

```
#include<stdio.h>
#include<math.h>
void main( )
{
  int n,i,k,flag=1,count=0;
  printf("100 到 200 之间的素数有:\n");
  for(n=100;n<=200;n++)
  {
    k=(int)sqrt(n);
    flag=1;
    for(i=2;i<=k;i++)
    {
      if(n%i==0)
      {
        flag=0;
        break;
      }
    }
    if(flag)
    {
      printf("%6d",n);
      count++;
      if(count%8==0)printf("\n");
    }
  }
  printf("\n");
}
```

程序运行结果如下：

```
100 到 200 之间的素数有:
101   103   107   109   113   127   131   137
139   149   151   157   163   167   173   179
181   191   193   197   199
```

说明：为实现8个素数一行的输出形式，程序中定义了count变量为计数器变量，用于统计已输出的素数个数，当count%8==0时，表示已输出了8个素数或8的倍数，此时应使用printf（"\n"）语句输出换行符进行换行。

2.3.3　知识扩展：巧填数字

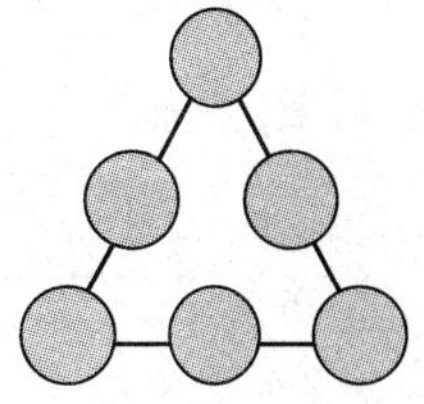

将1～6这六个数字分别填到图2—11的圆圈中使三角形的每边上的三个数字的和相等，一共有多少种方案？编写程序输出这些方案。

说明：设计6个变量：a、b、c、d、e、f，如图2—11所示，每一个变量都从1到6取值，且条件是a、b、c、d、e、f互不相等及a+b+c=c+d+e=e+f+a

如何判定6个变量的取值分别是1～6的数，并且互不相等是本题的难点。即用a+b+c+d+e+f=21且a*b*c*d*e*f=720来判定。

图2—11　巧填数字

```
#include<stdio.h>
void main()
{
  int a,b,c,d,e,f,n=0;
  for(a=1;a<=6;a++)
    for(b=1;b<=6;b++)
      for(c=1;c<=6;c++)
        for(d=1;d<=6;d++)
          for(e=1;e<=6;e++)
            for(f=1;f<=6;f++)
            {
              if(a+b+c+d+e+f==21&&a*b*c*d*e*f==720&&a+b+c==c+d+e&&a+b+c==e+f+a)
              {
                printf("第%d种:\n",++n);
                printf("  %d\n",a);
                printf(" %d %d\n",b,f);
                printf("%d %d %d\n\n",c,d,e);
                n++;
              }
            }
  printf("共计%d种填写方式\n",n);
}
```

程序运行结果如下：

第1种：

```
  1
 4 6
5 2 3
```

第2种：

```
  1
 5 6
3 4 2
```

第3种：

```
  1
 6 5
2 4 3
```

……

第24种：

```
  6
 3 1
2 5 4
```

共计24种填写方式

说明：此例为循环结构，设计了6个变量来代表6个圆圈，运用的是穷举的方法，列举出这6个变量可能的取值范围，再按照一定的条件淘汰不符合要求的，输出符合要求的答案。

拓展练习

一、常见错误举例

1. if语句后多了“;”，即空语句的不正当使用

注意下面两个程序段：

```
if(a>b)                    if(a>b);
a = b;                     a = b;
```

如果我们不仔细看，会觉得这两个程序段一样，仔细一看，发现右边的程序段的if后多了一个分号，这样左边的程序段只有一条if语句，而右边的程序段就变成了两条语句：一条if语句和一条赋值语句。这里是忽略了一个单独分号“;”，它也是一条语句，称为空语句。

这种错误也会在while语句和for结构语句中出现，请在进行程序设计时注意。

2. case子句后跟变量表达式

switch语句中要求case后面的必须是常量表达式，不能是变量或变量表达式。请看下面的程序：

```
int n,m,sum;
scanf("%d",&n);/*n代表希望值*/
scanf("%d",&m);/*m代表实际值*/
switch(m)
{
```

```
  case n-1:printf("差一点!\n");break;
  case n:printf("OK!\n");break;
  case n+1:printf("差一点!\n");break;
  default:printf("不符合!\n")break;
}
```

这里希望找到满意的预期数，但是注意这里对于 case 来说，后面不能是变量表达式。因为我们要求所有的 case 后面的表达式的值必须互不相同，否则编译器无法判断入口点，但如果是变量表达式，其值就存在不确定的因素，很难做出这个判断。

3. for 语句的三个表达式之间用“,”代替“;”

C 语言规定，for 语句中的三个表达式可以为空，但是分号不能省略，如果用逗号代替分号，编译器将由于找不到分号而报错。下面的程序是错误的：

```
for(i=1,i<10,i++)     /* for 中缺少必要的分号 */
sum=sum+i;
```

4. 复合语句少了 {}

复合语句是将多条语句用 {} 括起来形成的一种结构语句。在进行选择结构和循环结构设计的时候特别要注意，选择结构语句和循环结构语句是多条单语句时就需要将这些语句用一对 {} 括起来形成一个复合语句。

5. 循环语句中循环条件结果无变化而造成死循环

在循环程序设计中，最重要的两个方面就是：循环条件和循环语句，而循环条件是用来控制循环执行的。如果循环条件值不发生不断变化，将可能造成死循环。请看下面的实例段。

```
int a=1,sum=0;
do
{
  sum=sum+a;
}while(a<=100);
```

程序的循环体中没有使得 a 改变的语句，这将使得循环条件 a<=100 始终为真，构成了“死循环”。

二、程序设计算法简介

1. 穷举法

穷举法是对问题的所有可能一一测试，直到找出解或将全部状态测试过为止。使用穷举法，主要掌握两条原则。

(1) 确定搜索范围。在可以用穷举算法解决的问题中，至少存在一个可以搜索答案的范围，不能让穷举过程无休止地重复执行下去。

(2) 设计搜索策略。在搜索范围内给出满足需要解的验证方法，即搜索策略，在搜索范围内运用搜索策略找出需要的解。

2. 迭代法

迭代法是不断用新值取代变量的旧值或由旧值递推出变量的新值的过程。使用迭代法，主要掌握三条原则。

（1）确定迭代变量。在可以用迭代算法解决的问题中，至少存在一个直接或间接地不断由旧值递推出新值的变量，这个变量就是迭代变量。

（2）建立迭代关系式。所谓迭代关系式，是指如何从变量的前一个值推出其下一个值的公式（或关系）。迭代关系式的建立是解决迭代问题的关键，通常可以使用递推或倒推的方法来完成。

（3）对迭代过程进行控制。在什么时候结束迭代过程是编写迭代程序必须考虑的问题。不能让迭代过程无休止地重复执行下去。迭代过程的控制通常分为两种情况：一种是所需的迭代次数是个确定的值，可以计算出来；另一种是所需的迭代次数无法确定。对于前一种情况，可以构建一个固定次数的循环来实现对迭代过程的控制；对于后一种情况，需要进一步分析出用来结束迭代过程的条件。

三、程序设计练习

【练习 1】销售人员年终发放的奖金总额根据销售人员当年的销售额计算。销售额少于或等于 20 万元时，奖金提取 2%；销售额少于或等于 40 万元时，0～20 万元段提取 2%，20 万元以上部分提取 4%；销售额少于或等于 60 万元时，40 万元以上部分提取 6%；销售额少于或等于 80 万元时，60 万元以上部分提取 8%；销售额超过 80 万元时，超过 80 万元的部分提取 10%。要求分别使用 if 语句和 switch 语句编程实现，从键盘输入销售人员当年的销售额，输出其应发放的奖金总数（单位：元）。

由于销售人员年终发放的奖金总额根据销售人员当年的销售额分段按照不同比率提取，所以应使用多分支语句对销售人员当年的销售额进行多条件判断，并根据销售额的不同情况计算应发放的奖金总数。这里的多分支语句既可以采用 if 语句，也可以采用 switch 语句。下面我们采用 if 语句对该问题进行编程实现。

```
#include<stdio.h>
void main( )
{
  long sale;
  float bonus,bon2,bon4,bon6,bon8;
  bon2 = 200000 * 0.02;
  bon4 = bon2 + 200000 * 0.04;
  bon6 = bon4 + 200000 * 0.06;
  bon8 = bon6 + 200000 * 0.08;
  printf("\ninput sale:");
  scanf("%ld",&sale);
  if(sale<=2e5)
    bonus = sale * 0.02;
  else if(sale<=4e5)
    bonus = bon2 + (sale - 200000) * 0.04;
  else if(sale<=6e5)
    bonus = bon4 + (sale - 400000) * 0.06;
      else if(sale<=8e5)
        bonus = bon6 + (sale - 600000) * 0.08;
```

```
        else
      bonus = bon8 + (sale - 800000) * 0.1;
  printf("\nbonus is: %10.2f",bonus);
}
```

程序运行结果如下：

```
input sale:660000↙
bonus is:28800.00
```

该程序运用 switch 语句来实现的方法，请自行思考设计。

【练习2】一位卡车司机违反交通规则，撞死了行人。当时有三位目击者，都没有看清卡车的牌照号码，只记住了牌照的某些特征：甲记住前两个数字是相同的，乙记住牌照的后两位数字是相同的，丙是一位数学家，他说："牌照号码肯定是一个四位数，并且这个四位数恰好是一个整数的平方。"根据这些，设计程序判断出牌照号码。

本题目要求根据三位目击者的描述，判断输出车牌号。以三位目击者记住的牌照的某些特征作为条件：

(1) 牌照号是一个四位数。

(2) 这四个数字前两个相同。

(3) 这四个数字后两个相同。

(4) 这个四位数是一个整数的平方。

从条件（1）可以确定答案数据的范围为1000～9999，这道题我们采用穷举法进行设计。穷举答案范围内的所有数据，然后根据目击者的其他条件排除其中不可能的数据，将符合条件的所有数进行输出，直到所有数测试完毕为止。

```
#include<stdio.h>
#include<math.h>
void main( )
{
  int n,j,n1,n2,n3,n4;
  for(n=1000;n<10000;n++)
  { /*从左到右n1表示第1位数,n2表示第2位数,n3表示第3位数,n4表示第4位数*/
    n1=n/1000;
    n2=n%1000/100;
    n3=n%100/10;
    n4=n%10;
    if(n1==n2&&n3==n4)                /*判断前两位数字相同、后两位数字相同的条件*/
      if((int)sqrt(n)*(int)sqrt(n)==n)  /*判断是否是完全平方数的条件*/
        printf("牌照可能是:%d\n",n);
  }
}
```

程序运行结果如下：

```
牌照可能是:7744
```

【**练习3**】求圆周率（PI）的近似值可以采用下面的公式：

$$\frac{PI}{4}=1\ \frac{1}{3}+\frac{1}{5}-\frac{1}{7}\cdots$$

编程实现使用该公式求PI的近似值，精确到$\frac{1}{n}<1e-6$为止。

本题要求PI的近似值，即要先求等式右边表达式的值，而该表达式可以看成是一个求和公式，特殊的地方是有的加数为负数。

对于上述这种类型的题目，我们将运用循环设计中的一种常用方法——迭代法。

可设三个变量：存放当前项序号的变量i；存放当前项的变量item；存放式子和item的求和变量sum。这些变量都是迭代变量。

sum的初值为0，i的初值为1。然后算出第1项的值item＝1.0/（2×i－1），再把item累加到sum中，sum＝sum＋item，这里的公式就是迭代公式。而item的值在偶数项时为负数，可以判断i是否为偶数来对item取反。

当序号i的值为2时，再由上述公式推算出item，把item加到sum中去。

序号i的值不断加1……如此循环，直到｜item｜＜1e－6为止，｜item｜＜1e－6用来控制迭代过程在item＞＝1e－6时迭代过程结束。

```
#include<stdio.h>
#include<math.h>
void main( )
{
  int i = 1;
  double sum = 0,item;
  do
  {
    item = 1.0/(2 * i - 1);
    if(i % 2 = = 0)item = - item;
    sum + = item;
    i ++ ;
  }while(fabs(item)> = 1e - 6);
  printf("PI = % f\n",4 * sum);
}
```

程序运行结果如下：

```
PI = 3.141595
```

综合实训　妙用砝码称重

一、示例C语言程序的编写

用质量为1、3、9、27和81的五种砝码各1个（如图2—12所示，假如单位为克）称物体的质量，最大可称121克，在实验室我们用天平称物体，一般要求“物左砝右”。如果砝码允许放在天平的两边，编程输入不同质量（1～121克）物体，输出对应砝码在天平上怎样安排？

1. 解题思路

例如，要称一个 m=14 克的物体，我们知道 14=27－9－3－1，即 14＋9＋3＋1=27。所以我们可以把天平一端放置物体和 9、3、1 的砝码，而另一端放 27 的砝码，这样即可称出。

图 2—12　砝码称重

当被称物体 m 放在天平左边，根据天平平衡原理，左边质量应等于右边质量。问题的关键在于程序设计中可以用－1、1、0 表示砝码放在天平左、右和没有参加称量，所以称为三进制数，每个砝码都有这样的三种状态：天平左边、天平右边或没有参加称量。

根据题目要求，我们需要设计 5 个整型变量：W1、W3、W9、W27、W81，用来代表 5 个砝码，其取值从－1 到 1，代表对这三种状态的选取。怎样书写这个条件判断表达式？

2. 源程序

```
void main()
{
  int  W1,W3,W9,W27,W81;
  int  M;
  printf("请输入物体的质量:");
  scanf("%d",&M);
  for(W1 = -1;W1<=1;W1++)   /*列举砝码 1 的三种状态*/
   for(W3 = -1;W3<=1;W3++)   /*列举砝码 3 的三种状态*/
    for(W9 = -1;W9<=1;W9++)   /*列举砝码 9 的三种状态*/
     for(W27 = -1;W27<=1;W27++)   /*列举砝码 27 的三种状态*/
      for(W81 = -1;W81<=1;W81++)    /*列举砝码 81 的三种状态*/
      {
      if(M==W1*1+W3*3+W9*9+W27*27+W81*81)
      {
        switch(W1)
        {
         case -1: printf("砝码 1:左边\n");break;
         case 1: printf("砝码 1:右边\n");break;
        }
        switch(W3)
        {
           case -1: printf("砝码 3:左边\n");break;
           case 1: printf("砝码 3:右边\n");break;
        }
        switch(W9)
        {
```

```
            case -1: printf("砝码 9:左边\n");break;
            case 1: printf("砝码 9:右边\n");break;
        }
        switch(W27)
        {
            case -1: printf("砝码 27:左边\n");break;
            case 1: printf("砝码 27:右边\n");break;
        }
        switch(W81)
        {
            case -1: printf("砝码 81:左边\n");break;
            case 1: printf("砝码 81:右边\n");break;
        }
        break;
      }
    }
}
```

二、建立C语言源程序文件

建立新源程序文件的方法是：

(1) 进入 VC6.0 环境，选择“文件”菜单→“新建”命令；在新建对话框的文件选项卡中新建名为 2—4.c 的文件。

(2) 进入编辑状态录入源程序。

将上面的源程序内容依次输入到计算机编辑区中，如图 2—13 所示。

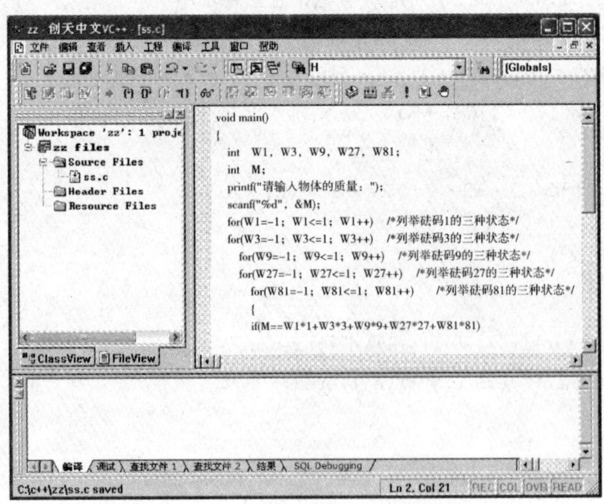

图 2—13　C语言编程实例编辑窗口

三、编译运行测试C语言源程序文件

程序运行结果如下：

请输入物体的质量:65↙

```
砝码 1:左边
砝码 3:右边
砝码 9:右边
砝码 27:左边
砝码 81:右边
```

练习题

一、选择题

1. 下面关于语句的说法中，不正确的是（　　）。

A. 对程序中使用的变量、数组、函数等进行定义、声明的语句属于说明性语句

B. 表达式后面加“;”号构成表达式语句

C. 复合语句中不允许包含另一条复合语句

D. 对程序执行流程起控制作用的语句属于控制语句

2. 下面语句中，错误的是（　　）。

A. m=x>y>z;　　B. float x=y=z;

C. m=x，m>y;　　D. {k=m>n; k?: x, y;}

3. 下面不正确的if语句形式是（　　）。

A. if(x=y;)m++;　　B. if(x<=y)m++;

C. if(x-y)m++;　　D. if(x)m++;

4. 下面不正确的if语句形式是（　　）。

A. if (x=y);　　B. if (x==y) m=0, n=1;

C. if (x>=y) m=0 else n=1;　　D. if (x! =y) m=n;

5. 下面程序的运行结果是（　　）。

```
void main( )
{
  int x = 7,y = 8,z = 9;
  if(x>y)
    x = y,y = z;z = x;
  printf("x = %d y = %d z = %d\n",x,y,z);
}
```

A. x=7　y=8　z=7　　B. x=7　y=9　z=7

C. x=8　y=9　z=7　　D. x=8　y=9　z=8

6. 下面程序的运行结果是（　　）。

```
void main( )
{
  int x = 6,y = 6;
  if( ++x<y++ )
    printf("%d\n",x++ );
```

```
  else
    printf(" %d\n",y++);
}
```

A. 6　　B. 8　　C. 8　　D. 9

7. 下面程序的运行结果是（　　）。

```
void main( )
{
  int x=1,y=2,z=3,m=1
  if(!x)m——;
  else if(!y)m=2;
  else if(!z);else m=3;
  printf("m= %d\n",m);
}
```

A. 0　　B. 1　　C. 2　　D. 3

8. 在下面的if语句中，功能上具有等价关系的两条if语句是（　　）。

① if（flag）x＋y；else x－y；

② if（flag＝＝1）x＋y；else x－y；

③ if（flag！＝0）x＋y；else x－y；

④ if（flag＝＝0）x＋y；else x－y；

A. ①和②　　B. ①和③

C. ③和④　　D. ②和③

9. 在if语句多层嵌套的情况下，为了正确区分多个if和else之间的匹配关系，C语言规定：如果没有使用花括号，那么从最内层的else开始，else总是与其（　　）。

A. 前面最近的if配对

B. 缩进位置相同的if配对

C. 后面最近的if配对

D. 前面最近的且尚未与其他else配对的if配对

10. 下面程序的运行结果是（　　）。

```
void main( )
{
  int a=3,b=5,m=0,c=2,d=3;
  if(a>b)
  if(a>c)
  if(a>d)m=1;
  else m=2;
  else m=3;
  printf(" %d\n",m);
}
```

A. 0　　B. 1　　C. 2　　D. 3

11. 对下面程序运行结果的分析中，正确的是（　　）。

```
void main( )
{
  int x,y;
  scanf("%d,%d",&x,&y);
  if(x>y)
    x=y;y=x;
  else
    x++;y++;
  printf("%d,%d\n",x,y);
}
```

A. 若输入 4 和 3，则输出 4 和 5　　B. 若输入 3 和 4，则输出 4 和 5

C. 若输入 4 和 3，则输出 4 和 5　　D. 有语法错误，不能通过编译

12. 以下关于 switch 语句的叙述中，不正确的是（　　）。

A. switch 语句中各 case 子句后面的表达式必须是整型或字符型常量表达式

B. 同一 switch 语句中各 case 子句后面表达式的值必须互不相同

C. switch 语句中必须有 default 部分

D. switch 语句必须与 break 语句结合才能实现真正的选择结构

13. 假定已定义变量 int x，y；则下面正确的 switch 语句是（　　）。

A.
```
switch(x)
{
  case 1.1: y++;
  case 2.1: y--;
  default: y*=y;
}
```

B.
```
switch(x)
{
  case 'a': y++;
  case 'b': y--;
  default: y*=y;
}
```

C.
```
switch(x)
{
  case 2: y++;
  case 1+1: y--;
  default: y*=y;
}
```

D.
```
switch(x)
{
  default: y*=y;
  case 1: y++;
  case 1+1: y--;
}
```

14. 以下程序的输出结果是（　　）。

```
void main( )
{
  int x=1,y=2,m=0,n=0;
  switch(x)
  {
    case 1:switch(y)
    {
      case 2:m++;break;
      case 4:n++;break;
```

```
    }
    case 3:m++;n++;break;
    case 5:m++;n++;
  }
    printf("m=%d,n=%d",m,n);
}
```

A. m=1，n=0　　B. m=2，n=1　　C. m=1，n=1　　D. m=2，n=2

15. 下面的循环语句执行完毕后，循环变量k的值是（　　）。

```
int k=1;
while(k++<10);
```

A. 10　　B. 11

C. 9　　D. 无限循环，值不确定

16. 对下面程序段中while循环执行情况的分析正确的是（　　）。

```
int k=2;
while(k=0){printf("%d",k);k--;}
```

A. 该循环只执行1次　　B. 循环是无限循环

C. 循环体中的语句1次也不执行　　D. 存在语法错误

17. 以下程序段（　　）。

```
int x=-1;
do
{
    x=x*x;
}while(!x);
```

A. 是死循环　　B. 循环执行2次

C. 循环执行1次　　D. 有语法错误

18. 对下面程序段中do-while循环执行情况分析正确的是（　　）。

```
int m=1,n=5;
do
{
  m++;
  n--;
}while(m<n);
```

A. 该循环可能1次也不执行　　B. 该循环执行1次

C. 该循环执行2次　　D. 该循环执行3次

19. 下面程序的功能是从键盘输入一组字符，统计这些字符中大写字母和小写字母的个数，程序中while语句括号内的“?”应该对应下列（　　）选项。

```
void main( )
{
```

```
  int c1 = 0,c2 = 0;
  char ch;
  while(( ? )! = '\n')
  {
    if(ch> = 'A' && ch< = 'Z')c1 ++ ;
    if(ch> = 'a' && ch< = 'z')c2 ++ ;
  }
}
```

A. ch=getchar（ ）　　B. getchar（ ）

C. ch==getchar（ ）　　D. scanf（“%c”，&ch)

20. 下面有关 for 循环的正确描述是（　　）。

A. for 循环只能用于循环次数已经确定的情况

B. for 循环的执行流程是先执行循环体语句，后判断表达式

C. for 循环中，表达式 1 和 3 可以省略，但表达式 2 不能省略

D. 在 for 循环的循环体中，可以包含多条语句，但必须用花括号括起来

21. 执行语句 for（i=1；i++<4;）后变量 i 的值是（　　）。

A. 3　　B. 4　　C. 5　　D. 不定

22. 以下程序段的循环次数是（　　）。

```
for(i = 2;i = = 0;)
printf(" %d",i--);
```

A. 无限次　　B. 0 次　　C. 1 次　　D. 2 次

23. 下面的双重循环中的内循环体将一共会被执行（　　）次。

```
for(i = 0;i< = 3;i ++ )
for(j = 4;j;j--)
  printf("a");
```

A. 12　　B. 15　　C. 16　　D. 20

24. 如果下面程序在运行时输入 1，−1，0，2，−2↙，则程序输出结果是（　　）。

```
void main( )
{
  int x,i,sum;
  for(i = 0,sum = 0;i<5;i ++ )
  {
    scanf(" %d",&x);
    if(x<0)continue;
    sum + = x;
  }
  printf(" %d",sum);
}
```

A. −3　　B. 0　　C. 3　　D. 6

25. 如果下面程序在运行时输入 1，2，0，−1，−2↙，则程序输出结果是（　　）。

```
void main( )
{
  int x,i,sum;
  for(i=0,sum=0;i<10;i++)
  {
    scanf("%d",&x);
    if(x<0)break;
    sum+=x;
  }
  printf("%d",sum);
}
```

A. −3　　　　B. 0　　　　C. 3　　　　D. 6

二、填空题

1. 在一个循环语句的循环体中又包含了另一个循环语句，这种循环形式称为循环的________。

2. for 语句中的三个表达式可以全部或部分省略，但应保留其分隔符________。

3. ________通常适用于条件表达式的取值为多个离散而不连续的整型值（或字符型值）时实现多分支选择结构。

4. C 语言提供的选择控制语句可以对给定的条件进行判断，并根据判断结果选择执行________。

5. 语句可以分为说明性语句、________、________和________ 4 种类型，if 语句属于其中的________。

6. C 语言中语句的结束标志是________。

7. 复合语句是用一对________界定的语句块。

8. 将“y 能被 4 整除但不能被 100 整除，或者 y 能被 400 整除”这一条件描述写成逻辑表达式________。

9. 能够表示“40<x<=60 或 x<120”的 C 语言表达式是________。

10. 下面程序的功能是求 3 个整数中的最小数，将程序补充完整。

```
void main( )
{
  int x,y,z,min;
  scanf("%d%d%d",&x,&y,&z);
  if(________)min=x;
  else min=y;
  if(________)min=z;
  printf("min=%d",min);
}
```

11. switch 语句中 case 关键字后面的表达式必须是________。

12. switch 语句只有与________语句结合使用，才能实现程序的选择结构。

13. C 语言实现循环结构的三种语句分别是________语句、________语句和________语句。

14. 除 for 语句外，可能一次循环体也不执行的循环语句是________，至少执行一次循环体的循环语句是________。

15. 若键盘输入字符 ABCDE↙（↙表示按下回车键），则下面 for 语句执行后 k 的值是________________。

```
for(k = 0;(c = getchar( ))! = '\n';k ++ );
```

16. 下述程序段的运行结果是________________。

```
int a = 1,b = 2,c = 3,t;
while(a<b<c){t = a;a = b;b = t;c -- ;}
printf(" %d, %d, %d",a,b,c);
```

17. 执行下面的程序段后，m 的值是________。

```
int m = 1,n = 325;
do{m * = n % 10;n/ = 10;}while(n);
```

18. 下面程序的功能是求 1～100 之间能同时被 3 和 5 整除的数，以 8 个数为一行的形式输出，将程序补充完整。

```
void main( )
  {
    int n,j = 0;
    for(n = 1;n< = 100;n ++ )
    {
      if(n % 3! = 0||n % 5! = 0)
      ________
      printf(" %6d",n);
      j ++ ;
      if(________________)
        printf("\n");
    }
    printf("\n j = %d\n",j);
}
```

三、程序阅读，写出程序运行结果。

1.

```
void main( )
{
  int a = 1,b = 3,c = 5,d = 4,x;
  if(a<b)
  if(c<d)x = 1;
```

```
  else
    if(a<c)
      if(b<d)x = 2;
      else x = 3;
    else x = 6;
  else x = 7;
  printf("x = %d",x);
}
```

2.

```
void main( )
{
  int a = 2,b = 7,c = 5;
  switch(a>0)
    {
      case 1:switch(b>0)
        {
          case 1:printf("@");break;
          case 2:printf("!");break;
        }
      case 0:switch(c = = 5)
        {
          case 1:printf(" * ");break;
          case 2:printf("#");break;
          default:printf("#");break;
        }
      default:printf("&");
    }
  printf("\n");
}
```

3.

```
void main( )
{
  int x,y;
  for(x = 1,y = 1;x< = 10;x ++ )
    {
      if(y>10)break;
      if(y % 3 = = 1)
        {
          y+ =3;continue;
        }
      y- =5;
    }
```

```
    printf("%d,%d\n",y,x);
}
```

4.

```
void main( )
{
  int x,y,z,t;
  scanf("%d,%d",&x,&y);
  if(x>y)
    {
      t=x;x=y;y=t;
    }
  z=x;
  do
    {
      if(z%x==0&&z%y==0)break;
    else z++;
    }while(1);
  printf("gbs=%d\n",z);
}
```

键盘输入数据:5,8↙

5.

```
void main( )
{
  int i,j;
  for(i=1;i<=3;i++)
    {
      for(j=1;j<=i;j++)
        printf("");
      for(j=1;j<=7-2*i;j++)
        printf("*");
      printf("\n");
    }
}
```

四、编程题

1. 编程实现，键盘输入 4 个整数 a、b、c、d，输出其中的最小数。
2. 编程实现，键盘输入 3 个整数 a、b、c，按照由小到大的顺序输出这三个整数。
3. 如果有如下的分段函数，编程实现，键盘输入 x 的值，输出 y 的值。

$$y=\begin{cases} x^2+8 & (x<10) \\ 4x+5 & (10\leqslant x<40) \\ 2x-3 & (x\geqslant 40) \end{cases}$$

4. 编程实现，键盘输入一个整数，判断它是奇数还是偶数，若是偶数则进一步判断它是否为 4 的倍数。

5. 编程实现，输入某学生某门课程的五级制成绩‘A’、‘B’、‘C’、‘D’、‘E’（或‘a’、‘b’、‘c’、‘d’、‘e’），输出该五级制成绩对应的分数段信息。对应关系为：A 级对应 90 分以上，B 级对应 80～89 分，C 级对应 70～79 分，D 级对应 60～69 分，E 级对应 60 分以下。

6. 中国有句俗语叫“三天打鱼两天晒网”。某人从 1990 年 1 月 1 日起开始“三天打鱼两天晒网”，请编写程序判断这个人在以后的某一天中是在“打鱼”，还是在“晒网”。

7. 假设银行一年整存零取的月息为 0.63%，现在某人手中有一笔钱，他打算在今后的五年中每年的年底取出 1000 元，到第五年时刚好取完，请编写程序算出他存钱时应存入多少。

8. 买买提将养的一缸金鱼分四次出售：第一次卖出全部的一半加一条，第二次卖出余下的三分之一加两条，第三次卖出余下的四分之一加三条，最后卖出余下的 27 条。编程输出原来鱼缸中共有多少条鱼。

9. 编程实现九九乘法表的输出，要求使用 for 循环实现。

10. 编程实现，输出 100 到 200 间所有的完全数。所谓完全数是指一个数恰好等于它的所有因子之和，这样的数称为完全数。

11. 输出 1 到 100 中能被 3 整除但不能被 4 整除的数，要求使用 continue 语句实现。

12. 编程实现，按下面的公式求 m 的近似值（要求精确到$\frac{1}{<n!}<1e-6$为止，公式中 n 的值由键盘输入）。

$$m=\frac{1}{1!}-\frac{1}{2!}+\frac{1}{3!}-\frac{1}{4!},\cdots,\frac{1}{n!}$$

13. 有一个有规律的分数数列：$\frac{2}{1}$，$\frac{3}{2}$，$\frac{5}{3}$，$\frac{8}{5}$，…，编程求该数列前 20 项之和。

14. 已知一个直角三角形中 3 条边 x、y、z 的长度均为整数，其中 1 条直角边 x 的长度已确定，斜边 y 的长度不能超过某个整数 n，输出满足条件的所有直角三角形，x 和 n 的值由用户从键盘输入。

15. 输出以下图形：

```
    *
  * * *
* * * * *
  * * *
    *
```

项目 3　学生成绩管理

——数组、函数与指针的应用

能力与知识目标

1. 能使用数组存储数据，并对数组进行操作。
2. 能调用系统函数，并自定义函数。
3. 能较熟练使用指针。
4. 掌握一维数组、二维数组和字符型数组的定义。
5. 掌握通过循环结构对数组进行高效处理。
6. 掌握函数的定义和调用。
7. 掌握函数的参数使用。
8. 掌握变量的作用域与生存期。
9. 掌握指针的定义。
10. 掌握指针与数组的使用。
11. 掌握指针与函数的使用。

项目任务

本项目完成学生成绩信息的管理，具体功能有查询特定学生的成绩，求总分、平均分，显示所有学生的成绩、总分和平均分，查询成绩为优秀的学生信息。

例如，存储了四个学生的成绩，根据用户输入的学生学号 001，输出该学生的成绩，包括总分和平均分；显示所有学生的信息；显示成绩为优秀的学生信息。

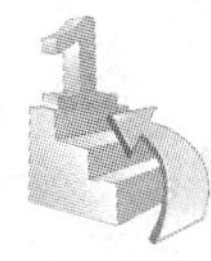

项目分析

要实现该项目的各个功能，并与用户有较为友好的交互，该项目可以分为四个步骤：用数组存储学生的成绩；使用函数来实现计算总分和平均分的功能；使用指针数组实现存储数据和函数功能的连接；设计良好的用户交互界面。根据这四个步骤，我们将该项目分解成五个任务。

根据知识学习的规律，我们将五个任务按下列顺序进行讲解：学生成绩存储、计算总分和平均分、程序功能分配，到最后再按照输入、计算、输出的形式综合应用。

任务 1　学生成绩的存储

3.1.1　问题情景及其实现

某班有 1 名学生参加了 4 门考试，已经将成绩存储在计算机中，请输出他的成绩。具体实现代码如下：

```
#include<stdio.h>
void main( )
{
  float score[4] = {60,70,80,90};
  int i;
  for( i = 0;i<4;i ++ )
  printf("该学生的第 %d 科成绩为: %5.2f\n",i + 1,score[i]);
}
```

程序运行结果如下：

```
该学生的第 1 科成绩为:60.00
该学生的第 2 科成绩为:70.00
该学生的第 3 科成绩为:80.00
该学生的第 4 科成绩为:90.00
```

要记录全班所有同学的考试成绩（为方便数据显示，这里假定班上只有 4 名学生），并且输出，具体实现代码如下：

```
#include<stdio.h>
void main( )
{
  float score[4][4] = {{60,70,80,90},{90,70,60,90},{50,70,80,80},{60,60,80,70}};
  int i,j;
  for(i = 0;i<4;i ++ )
  {
    printf("第 %d 位学生的成绩为:",i + 1);
    for(j = 0;j<4;j ++ )
      printf(" %5.2f\t",score[i][j]);
    printf("\n");
  }
}
```

程序运行结果如下：

```
第 1 位学生的成绩为:60.00   70.00   80.00   90.00
第 2 位学生的成绩为:90.00   70.00   60.00   90.00
第 3 位学生的成绩为:50.00   70.00   80.00   80.00
第 4 位学生的成绩为:60.00   60.00   80.00   70.00
```

在前面项目的实例设计中，程序需要存储和处理多个数据时，我们就要在程序中定义多个不同的变量来存储和处理数据，这种处理方式只适合处理数据较少的程序。如果程序中需要处理大量的且具有相同数据类型的数据时，我们应该怎样定义这些数据呢？例如上面的实例，要描述 1 个学生 4 门课程的成绩，需要定义 4 个变量，那么，如果学生有 10 门课程、20 门课程，甚至更多门数的课程又当如何呢？如果用前面项目所讲的处理方式就会显得非常麻烦，程序不仅难以阅读，而且容易出错，有时甚至无法实现程序的应有功能。例如，输出 100 个整数中的最大数；求一个班 50 个学生本学期各门课程的平均分等，均属于这种情况。

在前面的项目中，我们已经讨论过基本数据类型，如整型、实型和字符型等数据类型，为了解决上述问题，C 语言中提供了一种构造数据类型来处理一批具有相同数据类型的数据，这种数据类型就是本任务讲解的重点——数组。

那么数组类型的变量在程序中是怎样来表示和存储的呢？又该用什么样的方法来处理这些数据呢？带着这些问题我们来学习数组这一构造数据类型。

3.1.2　相关知识：一维数组、二维数组的定义与使用

数组是一种集合性质的构造数据类型，由一批相同数据类型的变量组成，这些变量在内存中具有连续分配的存储单元，因为这些内存单元的连续性，我们为这些变量命名具有特殊的方式：相同的名称，不同的下标，变量之间通过下标进行区分。对于每一个这样的变量，我们称其为数组元素或下标变量。由于数组元素通过下标进行区分，而下标可以表示为变量或表达式，所以在程序设计中，可以通过循环结构来高效地处理具有相同类型的一批数据。

数组按照其下标个数（维数）进行分类，可以分为一维数组和多维数组；按数组元素的数据类型进行分类，可以分为整型数组、实型数组和字符型数组。

1. 一维数组

（1）一维数组的概念。

一维数组是指只有一个下标的数组。一维数组适合用于存储一组具有相同数据类型的数据。一维数组定义后，在内存中为数组元素分配连续的存储空间，用于存放各数组元素的值。若已定义一个一维数组 a［10］，则一维数组 a 的内存存储空间分配情况如图 3—1 所示。

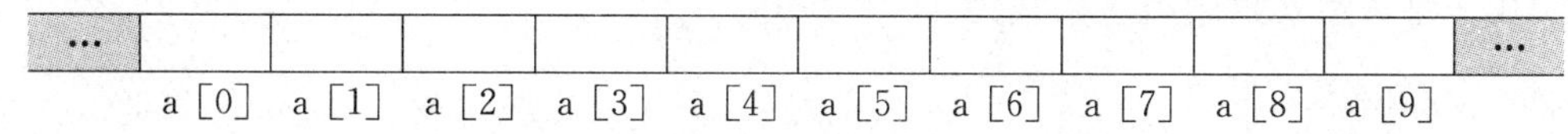

图 3—1　数组内存存储空间分配示意

（2）一维数组的定义。

一维数组定义的一般语法格式为：

```
数据类型说明符 数组名[常量表达式];
```

例如：

```
int arr[9];
```

该语句定义了一个一维整型数组，数组名为 arr，arr 数组中共有 9 个元素，每个数组元素的数据类型都是 int。也可以先定义一个常量，例如：

```
#define N 9
```

```
int arr[N];
int arr[2*(N+1)];
float arr[N];
double arr[N];
char arr[N]
```

说明：

●“数据类型说明符”用于说明数组中各数组元素的数据类型。可以是基本数据类型（整型、实型或字符串型），也可以是构造数据类型，如指针（将在任务五中讨论）或结构体类型（将在项目四中讲解）。

●“数组名”是标识符，应遵循标识符的命名原则。应特别注意数组名后的常量表达式必须使用方括号括起来，而不能使用圆括号。

●“常量表达式”决定数组的长度，即数组中数组元素的个数。应注意只能是整型常量或整型常量表达式，而不能是变量或包含了变量的表达式。

下面定义数组的方式是错误的：

```
int n=10;
int arr[n];  /*n为变量*/
```

●“数组名”具有特殊含义，代表数组所分配的内存空间的首地址，是一个地址常量，可以理解为数组名 arr 等价于 &arr [0]。

注意：数组一旦定义，数组元素在内存空间的位置以及空间的大小就被确定下来。

（3）一维数组元素的引用

数组和变量一样，必须先定义后使用，特别需要注意的是，在C语言中不能整体引用数组，而只能对数组中的每个数组元素单独引用，也就是说对数组的处理，实际上是对数组元素的处理。

引用一维数组元素的语法格式为：

```
数组名[下标表达式]
```

格式中的下标表达式为整型表达式，如 a [n]、a [4]、a [2*4]。

说明：

●引用数组元素时，下标表达式用方括号“[ ]”括起，“[ ]”在C语言中的含义是下标运算符。

●C语言中一维数组元素的下标值从0开始，到数组长度值减1，其下标值代表数组元素相对于起点元素的元素位移量。例如：

```
int a[5];
a[3]=5;
```

这个数组的第一个元素引用为 a [0]，即相对起点元素的位移量为0；第二个元素为 a [1]，即相对起点元素的位移量为1，依此类推，共计5个元素。

注意：数组元素本质上仍是变量，所以可以按变量的方式对数组元素进行处理。由于C语言在编译时并不检查下标越界，所以引用数组元素时应特别注意避免下标越界，即引用下标不能超过数组元素个数的定义范围。

例如，下面程序段中出现了下标越界的情况：

```
int a[10],i;
for(i=0;i<=10;i++)
  a[i]=i;
```

这里下标的引用从0到10，注意下标10的引用，即a［10］。

a［10］代表相对起点元素的位移量为10，即第11个元素，超出了定义的10个元素范围，我们称它为下标越界。

（4）一维数组的初始化

1）一维数组初始化的概念。

可以在定义一维数组的同时给一维数组的各个数组元素赋初值，称为一维数组的初始化。通过一维数组的初始化，可以确定一维数组的长度（数组元素的个数），并给各元素赋初值。

2）对一维数组进行初始化有以下几种形式。

◆ 定义数组时对全部数组元素赋初值。例如：

```
int a[10]={0,1,2,3,4,5,6,7,8,9};
```

采用这种初始化形式也可以省略数组长度，即数组长度由初值个数决定。例如：

```
int a[ ]={0,1,2,3,4,5,6,7,8,9};
```

◆ 定义数组时只对一部分数组元素赋初值，未赋初值的元素由系统自动赋初值为0。例如：

```
int a[10]={0,1,2,3,4}
```

数组a有10个元素，但只给前5个元素提供了初值，那么后5个元素由系统自动赋初值为0。应该注意的是，在这种情况下，数组长度与初值个数不一致，因此不能省略数组长度。

说明：

● 如果没有进行一维数组的初始化，则各个数组元素的值不确定（为随机数），直接使用会产生错误。

● 如果进行一维数组的初始化时，提供的初值个数大于数组长度则会造成编译错误。

【例3—1】 键盘输入10个整数，找出其中的最大数和最小数并将其对调，然后将10个整数进行输出。

定义一个10个元素的一维整型数组arr存放10个整数，然后再定义2个变量max、min，max和min分别用来记录数组中的最大数下标和最小数下标。首先假定第一个数组元素数既是最大数又是最小数，记下它的下标，即max＝min＝0，然后使用循环语句将其他所有数组元素分别与下标为 max 和 min 的元素进行比较。如果比 max 下标的数组元素值大则使用 max 记下它的下标值，如果比 min 下标的数组元素值小则使用 min 记下它的下标值……依此类推，循环结束时，max 和 min 中记录的就是数组中最大值元素和最小值元素的下标，然后交换这两个数即可。

```
#include<stdio.h>
#define N 10
void main( )
{
  int arry[N],max,min,i,t;
  for(i=0;i<N;i++)
    scanf("%d",&arry[i]);
  max=min=0;
  for(i=1;i<N;i++)
    if(arry[i]>arry[max]){max=i;}
    else if(arry[i]<arry[min]){min=i;}
  t=arry[max];arry[max]=arry[min];arry[min]=t;/*交换数组中的最大最小值*/
  for(i=0;i<N;i++)
    printf("%d",arry[i]);
  printf("\n");
}
```

程序运行结果如下：

```
1  2  3  4  5  6  7  8  9  10↙
10 2  3  4  5  6  7  8  9  1
```

【例 3—2】 将一个 10 个元素的一维数组中的元素值按逆序存放，然后输出这个数组。

若数组有 N 个元素，使用变量 i 和 j 分别记下数组第一个元素的下标 0 和最后一个元素的下标 N−1，交换以变量 i 和 j 作为下标的元素，然后 i 的值加 1，j 的值减 1，继续交换以变量 i 和 j 作为下标的元素……依此类推，直到 i>=j 为止，不再进行交换，具体交换过程使用循环语句实现，其交换方法如图 3—2 所示。实现这种算法的程序代码如下：

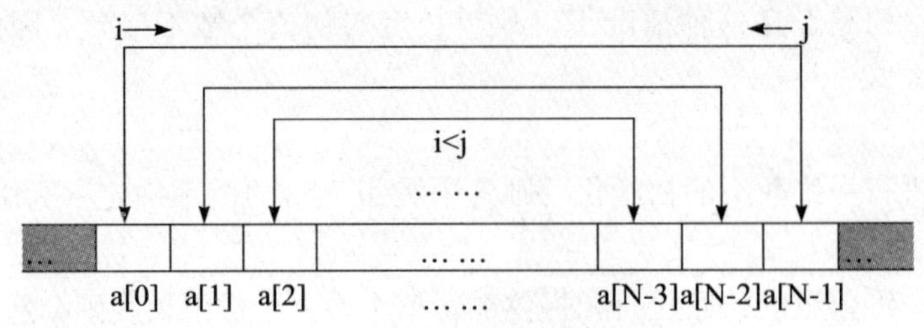

图 3—2　数组元素逆序存放交换图

```
#include<stdio.h>
#define N 10
void main( )
{
```

```
    int i,j,temp,arry[N];
    for(i=0;i<N;i++)
      scanf("%d",&arry[i]);
    for(i=0;i<N;i++)
      printf("%-5d",arry[i]);
    printf("\n");
    for(i=0,j=N-1;i<j;i++,j--)
    {
      temp=arry[i];
      arry[i]=arry[j];
      arry[j]=temp;
    }
    for(i=0;i<N;i++)
      printf("%-5d",arry[i]);
    printf("\n");
}
```

程序运行结果如下：

```
1 2 3 4 5 6 7 8 9 10↙
1    2    3    4    5    6    7    8    9    10
10   9    8    7    6    5    4    3    2    1
```

2. 二维数组

(1) 二维数组的概念。

二维数组就是具有两个下标的数组，其中第一个下标称为行标，第二个下标称为列标。二维数组适合于处理逻辑上具有行列结构的一批相同数据类型的数据。

(2) 二维数组的定义

二维数组定义的一般语法格式为：

数据类型说明符 数组名[常量表达式][常量表达式]

例如：float a [4] [5]；

定义了一个单精度数组 a，a 数组共有 20 个元素，每个数组元素的数据类型都是单精度数据类型，逻辑上该数组表现为行列形式，即具有 4 行，每行有 5 个元素。

(3) 二维数组存储空间的分配。

定义二维数组后，二维数组在逻辑上表现为行列结构，如定义数组 int a [2] [3]，则二维数组 a 逻辑上表现为如图 3—3 所示的行列结构。

a[0][0]	a[0][1]	a[0][2]
a[1][0]	a[1][1]	a[1][2]

图 3—3　二维数组矩阵示意

数组 a 在逻辑上表现为行列结构，但编译系统在给二维数组 a 各元素分配存储空间时，各元素所分配的内存存储单元却是按行顺序连续排列的，具体内存存储单元分配情况如图 3—4 所示。

…	a[0][0]	a[0][1]	a[0][2]	a[1][0]	a[1][1]	a[1][2]	…

图 3—4　二维数组内存存储单元分配示意

说明：

● 二维数组的行标和列标值下限均固定为0。

● 定义二维数组后，编译系统为该二维数组分配连续的内存空间，在C语言中，二维数组元素在内存中“按行存放”，先存放第一行各元素，再存放第二行各元素，依此类推。

● 二维数组可以看做特殊的一维数组，它的每一个元素即是二维数组的一行，即每一个元素是一个一维数组。如上例的二维数组 a [2] [3] 可以看作一维数组 a [2]，其元素 a [0] 表示二维数组的第一行，元素 a [1] 表示二维数组的第二行，如图 3—5 所示。

a[0]	→	a[0][0]	a[0][1]	a[0][2]
a[1]	→	a[1][0]	a[1][1]	a[1][2]

图 3—5　二维数组的矩阵表示空间分配

● 二维数组名代表二维数组的首地址，是一个地址常量，其值等于二维数组第一行第一个元素的地址。如定义二维数组 int a [2] [3]，则数组名 a 表示二维数组 a 的首地址，其值等于 &a [0] [0]。

（4）二维数组元素的引用

1）二维数组元素的引用方式。

二维数组和一维数组一样，不能整体引用而只能引用每一个数组元素。引用二维数组元素的语法格式为：

```
数组名[行下标表达式][列下标表达式]
```

格式中的行下标表达式和列下标表达式可以为整型常量、变量或其他的整型表达式，例如：

```
int a[2][3],b[4][5],m = 0,n = 1;
a[1][2] = b[0][1] + b[1][2 * 2];
a[0][1] = b[m][n] + b[m + 1][n + 1];
```

2）引用二维数组元素时应注意的问题。

◆ 二维数组元素本质上也是变量，因此凡可以使用普通变量的地方也可以使用相同数据类型的二维数组元素。二维数组元素与普通变量一样能够进行输入、输出、运算和赋值。

◆ 语句 int a [4] [5] 和 语句 a [3] [4] =12 不同，前者是定义二维数组，4 和 5 用于指定两维的长度；后者是对二维数组元素的引用，3 和 4 为行、列下标表达式。

◆ 引用二维数组元素时应该注意避免下标越界的情况。

（5）二维数组的初始化

二维数组的初始化和一维数组的初始化类似，可以在定义二维数组的同时给二维数组的各个数组元素赋初值，称为二维数组的初始化。对二维数组进行初始化有以下几种形式：

1）按行对二维数组各元素赋初值。

例如：int a [3] [4] = {{0，1，2，3}，{4，5，6，7}，{8，9，10，11}}；该方法比较直观，一个内层花括号对应一行初值。

2）按数组元素在内存中的排列顺序对二维数组各元素赋初值。

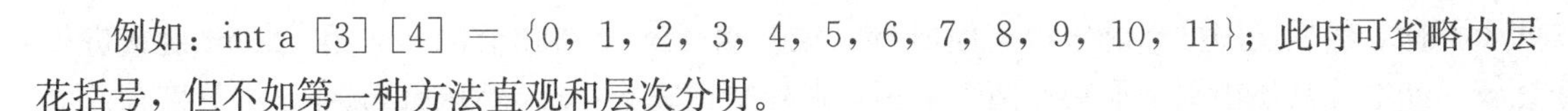

例如：int a［3］［4］＝｛0，1，2，3，4，5，6，7，8，9，10，11｝；此时可省略内层花括号，但不如第一种方法直观和层次分明。

3）仅对二维数组部分元素赋初值。

例如：int a［3］［4］＝｛｛1｝，｛2｝，｛3｝｝；该初始化语句中，只对二维数组 a 中各行第一列的元素赋初值，其余元素值自动赋初值为 0。

int a［3］［4］＝｛1，2，3｝；该初始化语句中，只对二维数组 a 中前 3 个元素赋初值，其余元素值自动为 0。可以发现，如果二维数组中非零元素的个数比零元素的个数少得多，则可以使用这种初始化方法，以有效减少数据的输入量。

4）如果提供全部初值，则二维数组初始化时，第一维的长度可以省略，第二维的长度不能省略。

例如：int a［ ］［4］＝｛0，1，2，3，4，5，6，7，8，9，10，11｝；这种情况下由于提供了二维数组中全部元素的初值，编译系统会根据初值个数和数组每行元素个数（列标）计算出数组行数，并为每个数组元素分配内存空间。

这种初始化方式等价于：

```
int a[3][4] = {0,1,2,3,4,5,6,7,8,9,10,11};
```

注意：

（1）如果没有进行二维数组的初始化，则各个数组元素的初值不确定，导致程序运行结果出错。

（2）如果进行二维数组的初始化时，提供的初值个数大于数组长度（元素个数）则会造成编译错误。

例如，错误的初始化方式：

```
int a[3][4] = {0,1,2,3,4,5,6,7,8,9,10,11,12};
```

（3）采用第 4 种初始化方式时，应注意在数组未赋全部初值的情况下数组的行标和列标均不能省略；在提供全部初值的情况下，只能省略行标而不能省略列标，如果省略列标，则编译系统无法判断二维数组每行元素的个数。

例如，以下两种错误的二维数组初始化方式：

```
int a[ ][ ] = {0,1,2,3,4,5,6,7,8,9,10,11};
int a[4][ ] = {0,1,2,3,4,5,6,7,8,9,10,11};
```

【例 3—3】输入整型数据到一个 4 行 5 列的二维数组中，然后输出该二维数组本身和二维数组中值最小的元素及其行标和列标。

1）二维数组元素具有两个下标，分别是行标和列标，因此二维数组往往使用双重 for 循环遍历每一个元素并对其进行输入、输出和运算的处理。其中，外循环控制元素的行标变化，内循环控制元素的列标变化。

2）求二维数组中值最小的元素及其两个下标的算法与一维数组类似，定义 2 个变量 row 和 colum 分别保存最小值的行标和列标，首先假定二维数组第 1 个元素最小，记下它的两个下标，然后使用循环语句将其他所有二维数组元素分别和下标 row 和 colum 变量进行比较，如果比其还小则记下它的两个下标，循环执行完毕，row 和 colum 变量中分别存放的是最小值元素的两个下标。

```
#define  M  4
#define  N  5
#include<stdio.h>
void main( )
{
   int i,j,row = 0,colum = 0,arry[M][N];
   for(i = 0;i<M;i ++ )
      for(j = 0;j<N;j ++ )
         scanf(" %d",&arry[i][j]);
   for(i = 0;i<M;i ++ )
      for(j = 0;j<N;j ++ )
         if(arry[i][j]<arry[row][colum])
            {
               row = i;colum = j;
            }
   for(i = 0;i<M;i ++ )
      {
         for(j = 0;j<N;j ++ )
            printf(" % - 5d",arry[i][j]);
         printf("\n");/ * 实现按行输出 * /
      }
   printf("min = %d,row = %d,colum = %d\n",arry[row][colum],row,colum);
}
```

程序运行结果如下：

```
12 34 65 45 23↙
21 44 16 41 15↙
37 16 56 76 11↙
86 35 17 18 28↙
12    34    65    45    23
21    44    16    41    15
37    16    56    76    11
86    35    17    18    28
min = 11,row = 2,colum = 4
```

说明：

● 在输出二维数组时，为实现按行输出，在内外层循环之间加入 printf（“\ n”）语句，作用是每输出一行元素就输出一个回车换行符进行换行操作。应特别注意该语句添加的位置在内外层循环之间，之所以加在这一位置，原因是外循环执行一次，内循环将执行 N 次（列数），输出二维数组的一行元素。

● 通过键盘给二维数组各元素赋值的时候，可以每输入空格分隔的一行数据后按一次回车键，也可以输入空格分隔的所有数据后只按一次回车键。

例如，给上例的二维数组 arry [4] [5] 各元素通过键盘输入赋值时，下面两种输入方式都是正确的：

输入方式1：

```
12 34 65 45 23↙
21 44 16 41 15↙
37 16 56 76 11↙
86 35 17 18 28↙
```

输入方式2：

```
12 34 65 45 23 21 44 16 41 15 37 16 56 76 11 86 35 17 18 28↙
```

【例3—4】 编程求一个4×4方阵的两条对角线元素之和。

行数和列数相等的矩阵称为方阵，一个方阵有左右两条对角线。可以使用二维数组存放方阵，设已定义二维数组 arry [N] [N] 存放该N行N列的方阵，则方阵左对角线上的元素可表示为 a [i] [i]（即行列下标相等），下标i的取值范围是0到N−1；右对角线上的元素可表示为 a [i] [N−1−i]（行列下标之和为N−1），下标i的取值范围也是0到N−1。因此，使用for循环分别对左右对角线上的元素求和即可。例如：有如图3—6所示4×4的方阵。

1	2	4	3
7	6	8	9
11	12	15	13
16	5	3	7

图3—6 方阵图

该方阵左对角线元素之和为1+6+15+7=29，右对角线之和为3+8+12+16=39。

```
#define  M  4
#include<stdio.h>
void main( )
{
  int i,j,arry[M][M],Ldiagonal = 0,Rdiagonal = 0;      /* Ldiagonal 代表左对角线,Rdiagonal 代表右对角线 */
  printf("请输 %d 行 %d 列矩阵数据:\n",M,M);
  for(i = 0;i<M;i ++ )
    for(j = 0;j<M;j ++ )
      scanf(" %d",&arry[i][j]);
  for(i = 0;i<M;i ++ )
    {
      Ldiagonal + = arry[i][i];
```

```
            Rdiagonal + = arry[i][M - i - 1];
        }
    printf("Ldiagonal = %d,Rdiagonal = %d\n",Ldiagonal,Rdiagonal);
}
```

程序运行结果如下：

请输入4行4列矩阵数据：

```
1 2 4 3↙
7 6 8 9↙
11 12 15 13↙
16 5 3 7↙
Ldiagonal = 29,Rdiagonal = 39
```

3.1.3 知识扩展：将n个数按从小到大进行排序

所谓排序就是将无序排列的数据转换为有序排列的数据，是程序中一种经常使用的基本算法，解决实际问题过程中也得到普遍运用。常用的排序方法有冒泡排序法和选择排序法。

1. 冒泡排序法

基本算法思想：将包含n个数据的数组依次排列，从第一个元素开始，依次将相邻的两个元素进行大小比较，即第1个元素和第2个元素比较，然后第2个元素和第3个元素进行比较……依此类推，直到第n−1个元素和第n个元素比较。

比较的原则：相邻两个元素在比较的过程中，保证小数在前，大数在后，如果不满足这一要求，就将两个元素的值进行交换。

经过第1轮比较，最大的数组元素被排在这n个元素的最后（沉底），较小的数组元素不断前移；然后继续进行第2轮比较，除最大元素不参与比较外，将剩余的n−1个元素从第1个元素开始继续进行两两比较……第2轮比较的结果是第二大元素被排在n−1个元素的最后（沉底）……依此类推，在进行n−1轮排序后，当只剩下1个元素时，该元素就是最小元素，排序结束。

就冒泡排序法的算法思想可以总结出，n个数组元素进行排序，需要进行n−1轮比较，在每轮比较过程中，参与比较的元素中总会有一个最大的数组元素沉底，而较小的数组元素像气泡一样逐步上浮，因此这种排序方法称为“冒泡法”。

例如，按冒泡排序法将3、2、5、4、1按升序进行排列的基本过程如下：

第1轮比较：5个数两两比较4次，其中最大数5沉底。

待排序列：

3	2	5	4	1

2	3	5	4	1
2	3	5	4	1
2	3	4	5	1
2	3	4	1	**5**

第2轮比较：4个数两两比较3次，其中最大数4沉底。

待排序列：

2	3	4	1	5

2	3	4	1	5
2	3	4	1	5
2	3	1	**4**	5

第 3 轮比较：3 个数两两比较 2 次，其中最大数 3 沉底。

待排序列：

2	3	1	4	5

2	3	1	4	5
2	1	**3**	4	5

第 4 轮比较：2 个数两两比较 1 次，其中最大数 2 沉底，由于只剩一个数 1，不需进行比较，整个排序过程结束。

待排序列：

2	1	3	4	5

1	**2**	3	4	5

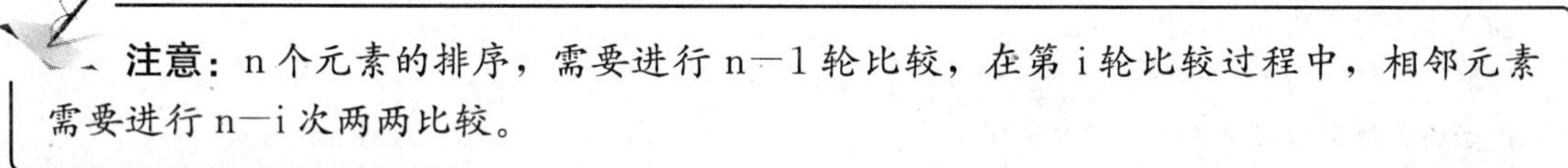

注意： n 个元素的排序，需要进行 n－1 轮比较，在第 i 轮比较过程中，相邻元素需要进行 n－i 次两两比较。

程序代码如下：

```
#include<stdio.h>
#include<conio.h>
#include<stdlib.h>
#define N 20
void main( )
{
  int arry[N],i,j,n,temp;
  do
  {
    printf("输入排序的个数 n(2-20):");
    scanf("%d",&n);
    if(n<2||n>20)
    {
      printf("排序个数不正确,按任意键重新输入!\n");
      getch( );
      system("cls");/*清除显示器屏幕字符命令*/
    }
    else
      break;
  }while(1);
 printf("请输入待排序的%d个数:",n);
```

```
    for(i = 0;i<n;i ++ )
      scanf(" % d",&arry[i]);
  for(i = 1;i<n;i ++ )/ * 控制比较的轮数 * /
    for(j = 0;j<n - i;j ++ )        / * 每轮相邻元素两两比较的次数 * /
      if(arry[j]>arry[j + 1])
        {
          temp = arry[j];
          arry[j] = arry[j + 1];
          arry[j + 1] = temp;
        }
      printf("排序后的数据为:");
      for(i = 0;i<n;i ++ )
        printf(" % d",arry[i]);
      printf("\n");
  }
```

程序运行结果如下：

```
输入排序的个数n(2 - 20):10↙
请输入待排序的10个数:7 2 4 8 1 5 10 6 3 9↙
排序后的数据为:1 2 3 4 5 6 7 8 9 10
```

2. 选择排序法

基本算法思想：将包含 n 个数据的数组按升序排列，从 n 个元素中找出最小元素和第 1 个元素交换，再从后面的 n－1 个元素中找出最小元素和第 2 个元素交换，依此类推……

找最小值原则：先假定第 1 个元素为最小元素，用一个变量 t 记录下当前最小元素的下标 1，然后用这个下标 t 对应的元素依次与后面的 n－1 个元素进行比较，比较过程中保证比较过的元素中，最小元素的下标在变量 t 中，最后将变量 t 与第 1 个元素下标进行比较，相同则不交换，不同则进行交换，此时第 1 个元素是这 n 个元素的最小元素。

依此类推，在进行若干轮比较后，当只剩下 1 个元素时，该元素就是最大元素，排序过程结束。

就选择排序法的算法思想可以总结出，n 个元素进行排序，需要进行 n－1 轮比较，每轮比较过程中，参与比较的元素中总会有一个最小元素下标在变量 t 中，而每一轮最多只进行一次交换，是有选择的交换，故称为“选择法”。

例如，按选择法将 3、2、5、4、1 按升序进行排列的基本过程如下：

第 1 轮比较：假设 5 个数两两比较 4 次，其中最小数 1 放在了第 1 个元素位置上。

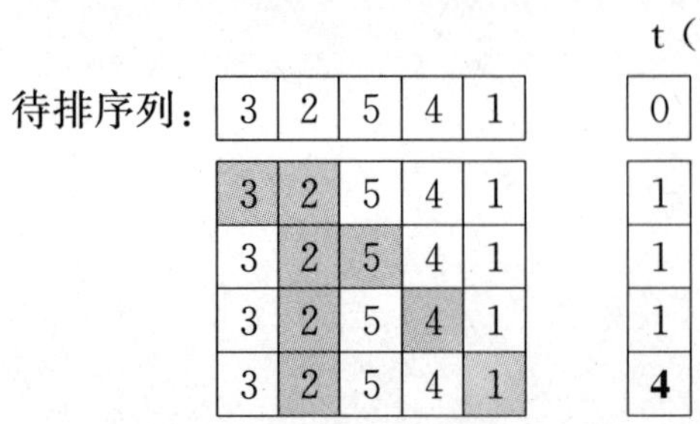

						t（下标变量）
待排序列：	3	2	5	4	1	0
	3	2	5	4	1	1
	3	2	5	4	1	1
	3	2	5	4	1	1
	3	2	5	4	1	**4**

实现交换

1	2	5	4	3

t: 4

第 2 轮比较：4 个数两两比较 3 次，其中最小数 2 放在了第 2 个元素位置上。

						t（下标变量）
待排序列：	**1**	2	5	4	3	1
	1	2	5	4	3	1
	1	2	5	4	3	1
	1	2	5	4	3	1
不交换	**1**	**2**	5	4	3	1

第 3 轮比较：3 个数两两比较 2 次，其中最小数 3 放在了第 3 个元素位置上。

						t（下标变量）
待排序列：	**1**	**2**	5	4	3	2
	1	**2**	5	4	3	3
	1	**2**	5	4	3	4
实现交换：	**1**	**2**	3	4	5	4

第 4 轮比较：2 个数两两比较 1 次，其中最大数 2 沉底，由于只剩一个数 1，不需进行比较，整个排序过程结束。

						t（下标变量）
待排序列：	**1**	**2**	**3**	4	5	3
	1	2	3	4	5	3
实现交换：	**1**	**2**	**3**	**4**	5	3

程序代码如下：

```
#include<stdio.h>
#include<conio.h>
#include<stdlib.h>
#define N 20
void main( )
{
  int arry[N],i,j,n,temp,t;
  do
  {
    printf("输入排序的个数 n(2-20):");
    scanf("%d",&n);
    if(n<2||n>20)
      {
        printf("排序个数不正确,按任意键重新输入!\n");
        getch( );
        system("cls");           /*清除显示器屏幕字符命令*/
```

```
        }
        else
            break;
    }while(1);
  printf("请输入待排序的%d个数:",n);
  for(i=0;i<n;i++)
    scanf("%d",&arry[i]);
  for(i=0;i<n-1;i++)       /*控制比较的轮数 */
   {
    t=i;
    for(j=i+1;j<n;j++)     /*每轮假设的最小元素(下标为t的)与它后面的元素两两比较的次数 */
      if(arry[t]>arry[j])t=j;
    if(t!=i)
     {
      temp=arry[t];
      arry[t]=arry[i];
      arry[i]=temp;
    }
   }
   printf("排序后的数据为:");
   for(i=0;i<n;i++)
     printf("%d",arry[i]);
   printf("\n");
}
```

程序运行结果如下：

```
输入排序的个数n(2-20):10↙
请输入待排序的10个数:7 2 4 8 1 5 10 6 3 9↙
排序后的数据为:1 2 3 4 5 6 7 8 9 10
```

任务2 学生等级成绩存储

3.2.1 问题情景及其实现

在实际考试中，考试的最终成绩不一定都是用一个具体的数值来表示的，例如，等级制（优秀、良好、中等、及格、不及格）的表示形式。现在我们需要用等级制来表示学生的成绩。

程序设计如下：

```
#include<stdio.h>
void main()
{
  char a[][10]={"优秀","良好","中等","及格","不及格"};
  int i;
```

```
    for( i = 0;i<5;i ++ )
      printf(" % s\t",a[i]);
}
```

程序运行结果如下：

优秀　　良好　　中等　　及格　　不及格

在这个任务中，每一种等级都由多个字符表示，我们可以将其看成字符串形式（字符串形式在前面项目一中曾经讨论过），这里需要存放多个字符串型数据。C语言没有提供一种专门存储字符串的数据类型，而是用字符数组来存放字符串。那么字符数组是怎样处理字符串的呢？对于字符串的处理有什么特殊之处吗？对于用来处理字符串的字符数组的定义、初始化和引用方式又是怎样的呢？带着这些疑问，我们来学习字符数组与字符串。

3.2.2　相关知识：字符数组的定义、引用和初始化

用来处理字符串的字符数组的定义、初始化和引用方式和整型数组、实型数组类似。但需要注意的是，一个字符数组中可以存放其长度相等的字符，也可以存放小于字符数组长度的一个字符串，由于C语言中字符串具有一个结束标志字符‘\0’，所以判断字符数组中是否存放字符串的基本原则是：字符数组中是否存放了字符‘\0’，若字符数组中某个数组元素中存放了字符‘\0’，则该字符数组中就存放了字符串，否则存放的是若干单个字符。

1. 字符数组的定义

定义字符数组的方法与定义数值型数组的方法类似。

定义字符数组的语法格式为：

```
char 数组名[常量表达式];
```

或

```
char 数组名[常量表达式][常量表达式];
```

例如：

```
char a[5];
```

定义一维字符数组a，该数组可以存放5个字符或1个长度（字符数）不大于4的字符串。

```
char b[4][5];
```

定义二维字符数组a，该数组可以存放20个字符或4个长度（字符数）不大于4的字符串。

2. 字符数组的引用

字符数组的引用与整型数组、实型数组的引用有所不同，字符数组既可以引用数组元素，也可以整体引用数组，具体采用何种引用方式取决于字符数组中存储的是若干个字符还是字符串，只有在字符数组中存储的是字符串的前提下才可以整体引用字符数组。

（1）引用字符数组元素。

如果字符数组中存放的是若干单个字符，则只能引用字符数组中的单个数组元素，此时字符数组中的数组元素相当于字符型的普通变量，所以在这种情况下字符数组元素的引用与整型数组和实型数组的引用方式类似。

【例3—5】字符数组c1赋值为‘A’～‘Z’，字符数组c2赋值为‘a’～‘z’后，输出字符数组c1、c2。

定义26个元素的字符数组c1和c2分别用于存储26个大写字母和26个小写字母，然后分别使用for语句遍历每一字符数组元素，对各元素分别进行赋值和输出操作。本例中的字符数组用于存放若干单个字符。

```
#include<stdio.h>
void main( )
{
  char c1[26],c2[26];
  int i;
  for(i=0;i<26;i++)
  {
    c1[i]='A'+i;
    c2[i]='a'+i;
  }
  for(i=0;i<26;i++)
    printf("%c",c1[i]);
  printf("\n");
  for(i=0;i<26;i++)
    printf("%c",c2[i]);
  printf("\n");
}
```

程序运行结果如下：

```
ABCDEFGHIJKLMNOPQRSTUVWXYZ
abcdefghijklmnopqrstuvwxyz
```

（2）整体引用字符数组。

对字符数组可以引用数组元素也可以整体引用整个数组，但整体引用字符数组的前提是字符数组中存放的是一个字符串，如果字符数组中存放的是若干单个字符，则只能引用字符数组中的各个数组元素。

1）输入字符串并存放在字符数组中。例如：

```
char s1[10];
scanf("%s",s1);
```

键盘输入：

```
Chongqing↙
```

则字符数组s1中存储了字符串“Chongqing”，注意s1［9］＝‘\0’，如图3—7所示。

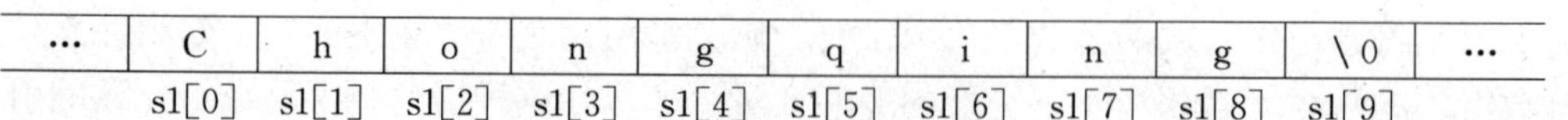

…	C	h	o	n	g	q	i	n	g	\0	…
	s1[0]	s1[1]	s1[2]	s1[3]	s1[4]	s1[5]	s1[6]	s1[7]	s1[8]	s1[9]	

图3—7　字符串的存储形式

又例如：

```
char s1[10],s2[10],s3[10];
scanf("%s%s%s",s1,s2,s3);
```

键盘输入以空格分隔的三个字符串：

```
class1 class2 class3↙
```

则字符数组 s1、s2、s3 中分别存储了字符串"class1"、"class2"、"class3"。

scanf 函数的作用是将键盘送入的字符串以格式符%s 对应的参数地址位置开始顺序存入，直到送入空格符、Tab 符或回车符终止，并且会将最后送入的空格符、Tab 符或回车符自动改为字符'\0'作为该字符串存储的结束位置。

注意：

(1) 这里%s 格式符对应的参数是一个地址值，参数 s1 为字符数组名，代表字符数组的首地址，注意不能写为 &s1 的形式。

(2) 使用 scanf 语句同时输入多个字符串时，如果格式说明符之间没有普通字符分隔，各字符串间要使用空白符（如空格符、Tab 符或回车符）分隔。

(3) 使用 scanf 语句同时输入一个字符串时，该字符串中一定不能包含空白符（如空格），否则空白符后面的字符会被忽略掉。这种情况可以使用字符串处理函数 gets (str) 处理，这一函数我们后面再进行讨论。

例如：

```
char s1[10];
scanf("%s",s1);
```

键盘输入：

```
China Chongqing↙
```

则只有"China"被存储在字符数组 s1 中，而空格符后的部分则被忽略掉了。

2) 输出存放在字符数组中的字符串。例如：

```
char s2[] = "student";
printf("%s",s2);
```

屏幕输出：

```
student
```

注意：输出字符数组中存储的字符串可以使用 printf 函数，也可以使用字符串处理函数 puts (str)，本例 printf 函数参数中的 s2 为字符数组名，代表字符数组的首地址，其值等于字符数组第 1 个数组元素的地址。程序执行 printf 语句时，从 s2 的首元素开始输出直到输出'\0'元素为止。

又例如：

```
char s2[] = "I am\0 a student";
printf("%s",s2);
```

屏幕输出：

```
I am
```

注意：使用 printf 函数或 puts（str）函数输出字符数组中存储的字符串时，从该字符串的第一个字符开始输出，直到遇到字符串结束标志‘\0’时结束输出。

3. 字符数组的初始化

在定义字符数组的同时，给字符数组的各数组元素赋初值称为字符数组的初始化。字符数组的初始化有多种形式。

（1）使用若干个字符常量逐一给各个数组元素赋初值。

例如：

```
char c[7] = {'s','t','u','d','e','n','t'};
```

字符数组 c 中存放 7 个字符。

又例如：

```
char c[8] = {'s','t', 'u','d','e','n','t','\0'};
```

字符数组 c 中存放一个字符串。

注意：这种初始化方式下，如果初值个数大于字符数组长度，则属于编译错误；如果初值个数小于字符数组长度，则未提供初值的数组元素自动赋值为‘\0’。

（2）使用字符串常量给数组赋初值。

例如：

```
char s[7] = {"school"};
```

字符数组 s 中，前 6 个数组元素依次存放字符串“school”中的各个字符，最后一个元素存放字符串结束标志‘\0’。

又例如：

```
char s[3][6] = {"red","green","blue"};
```

二维字符数组 s 共有 3 行，各行依次存放一个字符串常量。

（3）字符数组初始化时数组长度的省略。

如果为字符数组的全部数组元素都提供了初值，则字符数组的长度可以省略。例如：

```
char a[] = {'p','r','o','g','r','a','m','\0'};
```

这种初始化方式下，字符数组长度由初值个数决定。又例如：

```
char s[][6] = {"red","green","blue"};
```

二维字符数组初始化时，如果为字符数组的全部数组元素都提供了初值，则字符数组的第一维长度可以省略，而第二维长度则不能省略。

【例 3—6】 从键盘上输入一个字符串，要求统计并输出该字符串中各位数字、大写字母、小写字母、空格和其他字符出现的次数。

定义字符数组，使用 gets 函数要求用户输入字符串并存储在该字符数组中，接着使用循环语句遍历字符数组中存储的各个字符（数组元素），对每一字符使用多分支选择结构判断该字符是数字、大写字母、小写字母、空格还是其他字符，并相应设置多个计数器变量进行统计，然后输出各种类型字符的出现次数即可。

```
#include<stdio.h>
void main( )
{
  char str[100];
  /* Space 表示空格,Capital 代表大写字母, Lowercase 代表小写字母,Other 代表其他字符 */
  int i,Num = 0,Space = 0,Capital = 0,Lowercase = 0,Other = 0;
  gets(str);
  for(i = 0;str[i]! = '\0';i ++ )
    if(str[i]> = '0'&&str[i]< = '9')Num ++ ;
    else if(str[i] = = ' ')Space ++ ;
      else if(str[i]> = 'A'&&str[i]< = 'Z')Capital ++ ;
        else if(str[i]> = 'a'&&str[i]< = 'z')Lowercase ++ ;
          else Other ++ ;
  printf("数字字符数量: % 2d\t 大写字母数量: % 2d\t 小写字母数: % 2d\n", Num, Capital, Lower-
case);
  printf("空格字符数量: % 2d\t 其他字符数量: % 2d\n",Space,Other);
}
```

程序运行结果如下：

请输入一行字符串：

```
CHINA Chongqing 1994.072011.05↙
数字字符数量:12 大写字母数量: 6 小写字母数: 8
空格字符数量:2 其他字符数量: 2
```

说明： 这里运用了前面讲过的穷举法，设计了 5 个变量作为 5 种字符的计数器变量，其初值为 0，通过循环顺序检测字符串中的每一个字符，对每种字符出现次数用计数器自增的方式进行计数，检测完字符串之后，按照题目要求输出各计数器变量的值。

3.2.3　知识扩展：编写简单密码检测程序

编程实现简单密码检测程序，对用户输入的密码进行检测，检测正确才能执行后续程序段，否则要求用户重新输入密码，输入三次错误密码后退出程序（假定正确的用户密码为 1234）。

定义一个字符数组用于存放用户输入的密码字符串，然后使用循环语句检测用户输入的密码，即将用户输入的密码和用户预设的正确密码进行比较。如果用户三次内未输入正确密码则退出此循环。具体检测过程为：获取用户输入密码并与正确密码比较（使用 strcmp 函数），如果一致则立即终止循环；如果不一致则输出提示信息并继续进行循环，输入三次错误密码后（使用计数器变量统计错误次数，取值为 4 时即表示已输入了 3 次错误密码），提示错误，终止程序运行。

```
#include<stdio.h>
#include<stdlib.h>
#include<string.h>
#include<conio.h>
void main( )
{
  char pass_str[80];/*定义字符数组 passstr*/
  int i=1;
  system("cls");
  while(1)/*检验密码*/
    {
      if(i>3)break;/*如果输入三次错误的密码,退出程序*/
      printf("请输入第%d次密码:",i);
      gets(pass_str);/*输入密码*/
      if(strcmp(pass_str,"1234")!=0)/*判断密码是否匹配*/
      {
        printf("错误的密码!,按任意键继续!\n");
        i++;
        getch( );
        continue;
      }
      else
        break;/*输入正确的密码,中止循环*/
  }
  if(i>3)
    printf("对不起,你已三次错误,拜拜!\n");
  else
    printf("密码正确,欢迎登录!\n");
}
```

测试 1：

程序运行结果如下：

```
请输入第 1 次密码:1231↙
错误的密码!,按任意键继续!
请输入第 2 次密码:1232↙
错误的密码!,按任意键继续!
请输入第 3 次密码:1326↙
```

```
错误的密码!,按任意键继续!
对不起,你已三次错误,拜拜!
```

测试 2：

程序运行结果如下：

```
请输入第 1 次密码:1233↙
错误的密码!,按任意键继续!
请输入第 2 次密码:1234↙
密码正确,欢迎登录!
```

说明：

● system(“cls”）语句为清屏命令，使用该命令时需要注意两个问题，一是应添加编译预处理命令＃include <stdlib. h>，包含 stdlib. h 头文件；二是该语句应位于变量定义语句后，关于预处理命令将在项目四中进行讲解。

● strcmp（str1，str2）函数用于比较两个字符串是否相等，取值为 0 时表示两个字符串相等，否则不相等，该命令需要添加预处理命令＃include <string. h>。

● getch（ ）函数是直接从键盘获取键值，不等待用户按回车，只要用户按键盘上的一个键，getch（ ）函数就立刻返回，getch（ ）函数的返回值是用户输入的 ASCII 码值，出错返回－1。该函数所获取的输入字符不会显示在屏幕上。getch（ ）函数常用于程序调试。在程序调试中，希望程序暂停以便对关键信息进行查看，就用 getch（ ）函数暂停程序运行，当按键盘上任意键之后程序将继续运行，该命令需要添加预处理命令＃include <conio. h>。

任务 3 学生成绩统计，求平均分和总分

3.3.1 问题情景及其实现

存储完学生的成绩后，我们常常还会对学生的成绩进行统计，本任务中要求计算学生的平均分和总分。

1. 直接计算总分和平均分

```
#include<stdio.h>
void main( )
{
  float cj1 = 80,cj2 = 70;
  float sum = 0,average = 0;
  sum = cj1 + cj2;
  average = sum/2;
  printf("该学生的总分为:%5.2f,平均分为:%5.2f\n",sum,average);
}
```

程序运行结果如下：

```
该学生的总分为:150.00,平均分为:75.00
```

2. 通过函数计算一个学生的总分和平均分

将上面例中的求总分和平均分的方法改写为函数。

```
#include<stdio.h>
/*求总分的函数*/
float sum(float cj1,float cj2)
{
    return(cj1+cj2);
}
/*求平均分的函数*/
float average(float cj1,float cj2)
{
    return(cj1+cj2)/2;
}
/*函数的调用*/
void main( )
{
  float cj1=80,cj2=70;
  float sum1=0,average1=0;
  sum1=sum(cj1,cj2);
  average1=average(cj1,cj2);
  printf("该学生的总分为:%5.2f,平均分为:%5.2f\n",sum1,average1);
}
```

程序运行结果如下：

```
该学生的总分为:150.00,平均分为:75.00
```

值得一提的是，在上一个任务中，我们用的是等级来表示成绩，在具体计算的时候，可以将等级转换成相应的具体分数再进行计算，读者可以自己思考，并完成有关等级成绩的数据转换及统计计算。

上面实例中给出了两个函数 sum 和 average，分别完成数据的求和与平均值的求解功能。这是我们自己定义的函数，C 语言中该怎样自定义函数？程序对于自定义的函数的使用又该如何处理？这种函数式的定义和处理方式有什么好处？带着这些问题，我们来了解函数的概念，以及学习函数的定义与函数的调用方法。

3.3.2 相关知识：函数概述、函数的定义与调用、函数的参数与返回值、函数声明与原型、函数的嵌套调用

函数是实现特定程序功能的代码段，在 C 语言中，函数主要分为两大类：一类是系统函数，也称为“标准库函数”，这类函数是由系统定义的函数，直接通过函数名进行调用；另一类是用户自定义的函数，这类函数是用户为实现特定程序功能而自己定义的函数。

1. 函数概述

（1）函数的概念。

函数是实现特定程序功能的代码段。使用函数基于以下两个原因：

1）结构化程序设计的需要。结构化程序设计思想的核心是：“自顶向下，逐步细化和模块化。”结构化程序设计思想最重要的一点就是把一个复杂问题分解成很多小而独立的问题，即把一个大程序按功能分为若干个小程序（模块），每个小程序（模块）完成一部分程序功

能。对于每个模块，需详细定义模块功能及其接口（参数列表），一个程序员编制其中的一个或多个模块，并把每个模块编写成函数。然后通过函数之间的相互调用来完成相应的功能。这样，各函数就组装成了我们需要的应用程序。

2）可以提高代码的复用性。可以把经常用到的完成某种相同功能的程序段编写成函数，并将该函数放在函数库中以供选用。这样做的好处在于：每当需要完成这一功能时只要调用这个函数即可，而不需重复编写代码；如果需要修改这一段代码，只要修改该函数本身（函数体）即可，而调用该函数的语句不必修改。

（2）通过函数定义和调用的简单实例认识函数。

【例3—7】求两个整数中的较大数。

本例定义了一个整型函数用于求两个整数中的大数，并返回给主调函数，然后在主函数中调用该函数，求出用户键盘输入的两个数中的大数并输出。

```
#include<stdio.h>
/*函数定义*/
int max(int x,int y)
{
  int z;
  z=x>y?x:y;
  return z;
}
/*函数调用*/
void main( )
{
  int a,b;
  printf("请输入两个整数:");
  scanf("%d %d",&a,&b);
  printf("大的一个数是:%d",max(a,b));
}
```

程序运行结果如下：

```
请输入两个整数:23  15↙
大的一个数是:23
```

说明：通过该实例我们对函数的定义和调用有了感性认识，C语言源程序文件是由1个或多个函数组成的，每个函数都是能够实现特定程序功能的代码段，各个函数间通过相互调用以实现整个程序功能。理解和使用函数时应注意以下几个方面：

● 一个C语言的源程序由1个或多个源程序文件组成，而一个源程序文件又由1个或多个函数组成。C语言的编译系统在对C语言的源程序进行编译时是以文件为单位的，而不是以函数为单位的。一个源程序文件可以被多个C语言程序共用。

● 一个C语言的源程序文件由1个或多个函数组成。这些函数的地位是平等且独立的，函数之间不存在隶属关系。除main函数外，函数间可以相互调用，每个函数都既可以做主调函数调用其他函数，又可以做被调函数被其他函数调用。主函数较为特殊，可以认为主函数是系统定义并调用的。

● C 程序的执行总是从 main 函数开始，调用其他函数后程序流程返回 main 函数，并在 main 函数中结束整个程序的运行。

● 函数不能嵌套定义，即不能在一个函数中定义另一个函数；但函数可以嵌套调用，即一个函数在调用另一个函数时，被调函数又调用了其他函数。

（3）函数的分类。

从不同的角度看，函数有不同的分类方式。

1）从函数定义者的角度来看，函数可以分为：

◆ 标准函数（系统库函数）。由系统提供的数学函数、字符串函数和输入输出函数等，直接调用即可，如 pow 函数、strcat 函数和 printf 函数。

◆ 用户自定义函数。用户根据程序设计需要自己定义的函数，如上例的 max 函数。

2）从函数的定义形式来看，函数可以分为：

◆ 有参函数：调用此类函数需要主调函数提供数据。

◆ 无参函数：调用此类函数不需要主调函数提供数据。

3）从函数间的调用关系来看，函数可以分为：

◆ 主调函数：调用其他函数的函数，如上例的 main 函数。

◆ 被调函数：被其他函数调用的函数，如上例的 max 函数。

2. 函数的定义形式

（1）函数定义的语法格式。C 语言中函数定义的一般形式为：

```
函数类型 函数名(数据类型名 形式参数 1,数据类型名 形式参数 2…)
{
  说明性语句
  可执行语句
}
例如:定义一个求矩形面积的函数 area
int area(int l,int w)
{
  int s;
  s = l * w;
  return(s);
}
```

该语句定义了一个函数名为 area 的函数，函数类型为整型，有两个整型形式参数 l 和 w，分别表示矩形的长和宽，调用该函数可以求出矩形的面积。

（2）无参函数和空函数。

1）如果函数没有参数，则该函数为无参函数，无参函数的定义形式为：

```
函数类型 函数名( )
{
  说明性语句
  可执行语句
}
```

无参函数在调用时不需要从主调函数接收数据，定义时函数名后的圆括号为空，且该圆括号不能省略。

2）如果函数既没有参数，函数体中又没有任何语句则称为空函数，空函数的定义形式为：

```
函数类型 函数名( )
{ }
```

调用空函数时，什么工作也不做。空函数的作用体现在：结构化程序设计的思想是自顶向下逐步细化和模块化，按这一思想，在软件开发过程中，将一个大的任务划分成若干模块，然后每一模块通过编写一个或多个函数进行实现，如果该模块中的某一函数还没有编写或由其他人负责编写，那么可以将该函数先定义为空函数，这样做既不影响程序结构的完整性，又便于对模块进行单独的调试。

（3）函数的组成结构。

1）函数定义的第一行称为函数首部。如上例 area 函数定义的首部为 int area（int l，int w），其中，函数类型表示函数返回值的类型，如果省略函数类型则函数的默认类型为整型，如果函数返回值的类型和函数类型不一致，则系统自动将函数返回值的类型转换为函数类型，即函数类型决定返回值的类型。

如对上例 area 函数定义的代码做如下改动：

```
long area(int l,int w)
{
  int s;
  s = l * w;
  return(s);
}
```

在函数定义中，函数 area 返回值 s 的类型为 int 型，而函数的类型为 long 型，这种情况下，系统自动将函数返回值 s 的类型转换为函数类型 long（只转换返回值类型，并不改变变量 s 的类型）。

函数名属于用户自定义标识符，应符合标识符的命名规则，且不能与变量名或数组名等已定义的标识符重名。

函数名后圆括号中的形式参数也属于用户自定义标识符，如果函数有多个形式参数，则参数间以逗号分隔，每个形式参数都需要单独指定其数据类型。应该深入理解的是，函数形式参数的作用发生在函数调用时，被调函数通过其形式参数接收由主调函数传递过来的数据并在函数体中进行处理。

2）函数首部后面用花括号括起来的部分称为函数体，函数体中包含若干条用于实现函数功能的语句。特别需要注意的是，函数中使用到的变量定义语句等说明性语句应写在函数体前部，可执行语句写在函数体后部。

3）C 语言中函数的地位都是平等且相互独立的。函数不能嵌套定义，即不允许在一个函数的函数体内定义另一个函数。除 main 函数外，函数间可以相互调用。

3. 函数调用的一般形式

C 语言编写的程序以函数为单位。一个用 C 语言编写的程序一般由一个或多个函数组成，通过函数之间的相互调用来实现程序功能。那么，什么是函数调用？程序执行时，当函数 1 调用函数 2 时，函数 1 称为主调函数，函数 2 称为被调函数，程序执行的流程在调用时就转入到被调函数 2 中去执行，当函数 2 执行完后即返回函数 1 中调用该语句的位置，这就是函数的调用。

（1）函数调用的语法格式。函数调用的一般形式为：

```
函数名(实参列表);
```

在调用函数时，函数名后圆括号内的参数称为实际参数（简称实参），实参的作用是在函数调用时将实际的数据传递给被调函数的形式参数（简称形参）。对无参函数来说，调用时不需要提供实参列表，圆括号内为空，但圆括号本身不能省略；对有参函数来说，调用时实参的个数、顺序和类型应该与形参的个数、顺序和类型保持一致，如果有多个实参，则实参之间用逗号进行分隔。

（2）函数调用的三种常见方式。

C 语言中，函数调用实质上属于表达式的一种，所以凡是可以使用表达式的地方都可以使用函数调用。按照函数调用在程序中出现的位置，有如下三种函数调用形式：

1）函数调用单独构成一条语句，即将函数调用作为一个语句使用。例如：

```
welcome( );
```

这种情况下，不要求函数返回值，调用函数的目的是为了完成某一特定的操作。

2）函数调用作为表达式的一部分，参与表达式运算。函数调用出现在表达式中，作为表达式中的一个运算对象，这时要求函数返回值以参加表达式运算。例如：

```
c = 2 * min(a,b);
```

3）函数调用作为另一个函数调用的实参。也就是将函数调用的返回值作为实际参数调用另一个函数。例如：

```
minnum = min(a,min(b,c));
```

假设已定义函数 min（int x，int y）用于求两个数中的最小数，那么上面的函数调用能够求得 a、b、c 三个数中的最小值，其中作为实参的 min（b，c）是一次函数调用，其返回值作为实参又一次调用了 min 函数。由于表达式可以做函数参数，这里实际上是把函数调用以表达式形式作为函数参数使用。

注意：

（1）函数需要先定义再调用。即被调用的函数一定是已经定义过的函数。

（2）如果调用的函数属于系统标准库函数，一般应在源文件开头处使用编译预处理命令＃include 将该标准库函数所属的头文件包含到本源文件中。

例如，要使用 printf 函数或 scanf 函数时，应在源文件开头处使用编译预处理命令：

```
#include<stdio.h>
```

要使用数学库函数时，应在源文件开头处使用编译预处理命令：

```
#include<math.h>
```

下面举两个函数调用的例子。

【例3—8】 编写一个函数，求整数m到n之间所有奇数的和，其中m和n由用户指定。调用该函数验证其功能。

函数分为函数头和函数体，定义一个函数时应首先考虑函数头，而函数头的定义包括：函数名、函数的返回值类型、函数的参数个数及参数类型。

在定义函数时，我们首先为函数命名（命名应该尽量做到见其名而知其意），然后确定该函数是否需要向主调函数返回值的类型，再接着确定函数的形参列表，即该函数应有几个形参（需要从主调函数中获取的信息数量），各形参的类型是什么，最后着手编写实现函数功能的函数体。

分析本例，设计一个函数，求整数m到n之间所有奇数的和，要求自定义函数完成求和功能，故定义函数的函数名为sum；然后判断该函数功能是返回整数m到n间所有奇数的和，故该函数的返回值类型应该为整型；接着再判断函数的形参列表，这里是求m到n之间的所有奇数的和，需要知道m和n的值，所以该函数需要设计两个形参变量用于获取m和n的值，最后设计函数体，求m到n之间的所有奇数之和。这里使用循环语句对m到n之间的所有奇数进行累加求和，最后将累加结果作为函数的返回值。

```
#include<stdio.h>
int sum(int x,int y)
{
  int i,s=0;
  for(i=x;i<=y;i++)
    if(i%2)s+=i;
  return(s);
}
void main( )
{
  int s,m,n,t;
  printf("\n请输入m=");
  scanf("%d",&m);
  printf("请输入n=");
  scanf("%d",&n);
  if(m>n)
    {t=m;m=n;n=t;}
  s=sum(m,n);
  printf("\nsum=%d",s);
}
```

程序运行结果如下：

```
请输入m=50↙
请输入n=150↙
sum=5000
```

【例 3—9】编写一个判断素数的函数。在主函数中输入一个整数，调用该函数判断这个数是不是素数并输出判断结果。

所谓素数是指这个数只能被 1 和其本身整除的数。对于一个数 n，则它的因子一定在 2 到 n 之间，因此，要判断 n 是否是素数，只需要将 n 除以 2 到 n－1 中的每个数，其中只要有一个数能被 n 整除，则 n 不是素数；如果 2 到 n－1 中所有的数都不能被 n 整除，则 n 是素数。

基于上述分析，可以定义判断一个数是否是素数的函数，该函数有一个形式参数，该形式参数为待判断的整数，函数体采用上述算法判断一个数是否是素数，如果是素数则函数返回值为 1，否则为 0，因此函数的数据类型定义为 int 型。

```
#include<stdio.h>
int prime(int n)
{
  int i;
  for(i=2;i<=n-1;i++)
    if(n%i==0)return 0;
  return 1;
}
void main( )
{
  int m;
  printf("请输入一个整数:");
  scanf("%d",&m);
  if(prime(m))printf("\n%d是素数!",m);
  else printf("\n%d不是素数!",m);
}
```

程序运行结果如下：

```
请输入一个整数:11↙
11是素数!
```

4. 函数的参数与函数的返回值

一般情况下，在调用函数时，在主调函数和被调函数之间会发生数据传递。这种数据传递由函数参数来实现。函数参数的作用是：在进行函数调用时，将主调函数中的数据传递给被调函数，在被调函数的函数体中对传入的数据进行处理并将处理结果返回主调函数。

(1) 形式参数和实际参数。

在定义函数时，函数名后圆括号中的参数称为形式参数；在调用函数时函数名后圆括号中的参数称为实际参数。

C 语言中发生函数调用时，主调函数中实参的值会传递给被调函数相应的形参，在被调函数中对形参进行处理，函数调用结束后，无论形参的值是否发生改变都不会影响实参的值，因此这种数据传递是一种“单向值传递”，即实参能够把值传递给形参，但形参值不能回传给实参。

【例 3—10】 编写一个 swap 函数用来交换两个变量的值，在主函数中调用 swap 函数交换用户通过键盘输入的两个整数，并输出交换后的两个整数。

定义一个 swap 函数，该函数有两个整型的形式参数，函数功能是要求交换并输出两个形参变量的值。对于该例，应着重理解函数调用时参数传递的过程。

程序代码如下：

```
#include<stdio.h>
void swap(int x,int y)
{
  int temp;
  temp=x;x=y;y=temp;
  printf("\n交换后:x=%d,y=%d",x,y);
}
void main( )
{
  int a,b;
  printf("请输入a和b:");
  scanf("%d,%d",&a,&b);
  swap(a,b);
  printf("\n交换后:a=%d,b=%d",a,b);
}
```

程序运行结果如下：

```
请输入a和b:5,8↙
交换后:x=8,y=5
交换后:a=5,b=8
```

注意： 源代码中在定义函数 swap 时，函数类型应指定为 void 型，原因是该函数的功能只是为了实现特定的操作（交换并输出形参变量 x 和 y 的值），而没有返回值，对于没有返回值的函数其函数类型应定义为 void 型。

说明：

● 分析程序运行结果发现，发生函数调用时被调函数 swap 的形参变量 x、y 的值被交换过来，而主调函数中实参变量 a、b 的值却并没有交换过来。在本程序中，当 main 函数调用 swap 函数时，主调函数 main 中的实参变量 a 和 b 将值 5 和 8 传递给被调函数 swap 中的形参变量 x 和 y，然后 x、y 和 a、b 就不再有任何联系，在函数体中交换了形参变量 x、y 的值对实参变量 a、b 没有任何影响，实参变量 a、b 的值并没有交换过来。造成这一现象的原因是：

函数的形参变量在定义函数时，并未分配内存单元；只有当发生函数调用时，才为函数的形参变量分配内存单元。函数调用结束后，形参变量所占用的内存单元被释放，形参变量不复存在。因此，形参变量和实参变量占用不同的内存单元，是不同的变量，所以在被调函数的函数体中改变形参变量的值不会影响主调函数中实参变量的值。

实参可以是常量、变量或表达式，但要求它们有确定的值，而形参只能是变量。在函数调用时，实参的值将会赋给形参，并且这种值传递属于“单向值传递”。具体来说，当调用函数时，编译系统才给形参变量分配存储单元，并将实参的值赋给相应的形参，调用结束后返回主调函数时，形参变量的内存单元已被释放，而实参的内存单元仍然保留并保持原值。

● 函数调用时，要求实参的个数、顺序和类型与形参严格保持一致，否则可能发生编译错误。需要注意的是，由于整型和字符型相互兼容，所以实参为整型或字符型表达式时，与其对应的形参变量可以为字符型或整型变量。

● 如果实参为数组名，由于数组名代表数组的首地址，实质上是一个地址常量，所以相应的形参必须是数组名或指针变量（可以接收地址值的特殊变量，在后面的任务五中将进行讲解）。

（2）函数的返回值。

非 void 类型的函数在被调用后会返回一个值，该值称为函数返回值或简称为函数值。函数返回值与函数类型密切相关，函数类型决定了函数返回值的类型。

1）函数类型。

定义函数时，函数首部中应指明函数的类型，函数的类型决定了调用函数后函数返回值的类型。C 语言中规定，凡未指定类型的函数，其函数类型默认为整型（int）。例如：

```
int max(x,y)          /*整型函数*/          等价于:int max(int x,int y)
max(x,y)              /*整型函数*/          等价于:int max(int x,int y)
char fun(c1,c2)       /*字符型函数*/        等价于:char fun(int c1,int c2)
float min(x,y)        /*单精度型函数*/      等价于:float min(int x,int y)
```

【例 3—11】 定义一个函数用于计算指定半径的圆面积。在主函数中调用该函数，计算并输出圆面积。

根据题意定义函数，调用该函数能够求出指定半径的圆面积，该函数的类型应该定义为 double 型，有一个单精度类型形参，用于接收半径的值。在函数体中计算出圆面积值，并使用 return 语句将其带回主调函数。

```
#include<stdio.h>
long area(float r)
{
  double s;
  s=3.14*r*r;
  return(s);
}
void main( )
{
  float r;
  printf("\n请输入半径r=");
  scanf("%f",&r);
```

```
  printf("\nr = %.2f,area = %ld",r,area(r));
}
```

程序运行结果如下：

```
请输入半径 r = 5.3↙
r = 5.30,area = 88
```

说明： 本例中，area 函数的类型本应定义为 double 型，但这里却定为 long 型，而 return 语句返回的变量 s 的值为 double 型，在这种情况下，return 语句返回值的类型 double 被自动转换为函数类型 long 后返回，该函数返回值的类型为 long 型。

【例 3—12】 无返回值函数的定义和调用。要求定义一个显示欢迎信息的函数并在主函数中进行调用。

根据题意定义 welcome 函数，函数被调用时输出两行 * 号包含的欢迎信息，由于该函数的功能是完成输出欢迎信息的指定操作，而没有返回值，所以应定义为 void 类型函数。

```
#include<stdio.h>
void welcome( )
{
  char str[50];
  printf("请输入你的名字:");
  gets(str);
  printf("******************************\n");
  printf(" %s,欢迎你来到中国重庆!\n",str);
  printf("******************************\n");
}
void main( )
{
  welcome( );
}
```

程序运行结果如下：

```
请输入你的名字:李明↙
******************************
李明,欢迎你来到中国重庆!
******************************
```

注意： 指定为 void 类型的函数没有返回值，因此使用时应注意，void 类型函数在调用时只能以函数调用语句的形式出现，绝对不能出现在赋值语句中，否则会出现编译错误。

例如，假定 fun 函数的函数类型为 void，则下面的调用形式是错误的：

```
c = fun(a,b);
```

2）返回函数值的方法。

一般情况下，主调函数调用非 void 类型函数时会得到一个确定的值，这个值称为函数的返回值。函数的返回值是通过被调函数的函数体中的 return 语句返回主调函数的。当函数被调用时，程序流程开始执行被调函数的函数体，当执行到 return 语句时，终止被调函数的执行并返回主调函数，并且如果被调函数有返回值，则 return 语句将被调函数的返回值也带回到主调函数中去。

return 语句的功能：终止函数的运行，并返回主调函数，如果函数有返回值则将返回值带回主调函数。

return 语句的语法格式为：

```
return(表达式);
```

或

```
return 表达式;
```

说明：

● 如果被调函数有返回值则必须包含 return 语句；如果被调函数不需要返回值则可以不要 return 语句，此时被调函数执行完毕自动返回主调函数（也可写一条不带表达式的 return 语句 return）。

● 函数中可以写多条 return 语句，但只有执行到的那条 return 语句才起作用。

● return 语句中的表达式带不带圆括号都可以。

● return 语句中表达式的类型和函数类型不一致时，系统自动将表达式的类型转换为函数类型。

5. *函数声明和函数原型*

C 语言中，要求变量要先定义后使用，函数也如此。因此，一般来说，被调函数的定义应该出现在主调函数的定义之前，但有一种特殊情况是：允许整型被调函数或字符型被调函数的定义出现在主调函数之后。除以上情况外，如果其他被调函数在主调函数之后定义，则应在主调函数中或主调函数之前对被调函数进行声明。通过声明，编译系统可以知道该被调函数已经定义过，并可以确定被调函数的函数类型、形式参数类型和形式参数个数，从而避免发生编译错误。

对被调函数进行声明的一般语句格式为：

```
函数类型 函数名(参数类型 1 参数名 1,参数类型 2 参数名 2,…);
```

或

```
函数类型 函数名(参数类型 1,参数类型 2,…);
```

第二种形式的声明省略了参数名而只保留参数类型，这种声明形式简洁明了，也称为函数原型，提倡使用。

下面举几个实例来说明函数声明的具体方式。

【例 3—13】 定义一个双精度型函数，求两个双精度实数的和。

```
#include<stdio.h>
```

```
double add(double,double);
void main( )
{
  double a,b,sum;
  printf("请输入两个实数a和b(用逗号分隔):");
  scanf("%lf,%lf",&a,&b);
  sum=add(a,b);
  printf("\n%f+%f=%f",a,b,sum);
}
double add(double x,double y)
{
  double z;
  z=x+y;
  return(z);
}
```

程序运行结果如下：

```
请输入两个实数a和b(用逗号分隔):2.71,5.34↙
2.710000+5.340000=8.050000
```

说明：这里将自定义函数add定义在了主调函数之后，就需要在函数调用语句前对被调用的函数进行声明。声明主要是告诉编译器本程序存在这样一个函数，只是其定义在后面。然后就可以在主调函数中正常调用该函数。具体声明方式可以采用前述两种声明方式之一，本例采用的是函数第二种声明方式。

注意：在主调函数中对被调函数进行声明和在主调函数外对被调函数进行声明是有区别的。如果一个函数只有一个主调函数，则在主调函数内外声明被调函数均可；但如果一个函数被多个函数调用，也就是在有多个主调函数的情况下，则应该在所有主调函数前声明被调函数，这样就不必在每个主调函数内对被调函数进行声明了。例如下例中对被调函数的声明位置：

```
#include<stdio.h>
void print(int);
void max(int,int);
void min(int,int);
void main( )
{
  int m,n;
  printf("\nInput m & n:");
  scanf("%d%d",&m,&n);
  max(m,n);
  min(m,n);
}
```

```
void max(int x,int y)
{
  int z;
  z = x>y?x:y;
  printf("最大值:");
  print(z);
}
void min(int x,int y)
{
  int z;
  z = x<y?x:y;
  printf("最小值:");
  print(z);
}
void print(int x)
{
  printf("%d\n",x);
}
```

程序运行结果如下：

```
Input m & n:5 7↙
最大值:7
最小值:5
```

说明：在本例中，max 函数和 min 函数均在主调函数 main 后定义，所以在主调函数 main 前声明了 max 函数和 min 函数。在 main 函数中调用 max 函数和 min 函数时，这两个函数均又调用了 print 函数，也就是说 print 函数要被 max 函数和 min 函数这两个函数调用，此时在 max 函数和 min 函数前声明 print 函数即可。

6. 函数的嵌套调用

C 语言中不允许嵌套的函数定义。因此各函数之间是平行的，不存在上一级函数和下一级函数的问题。但是 C 语言允许在一个函数的定义中出现对另一个函数的调用。这样就出现了函数的嵌套调用。即在被调函数中又调用其他函数。这与其他语言的子程序嵌套的情形是类似的。其关系如图 3—8 所示。

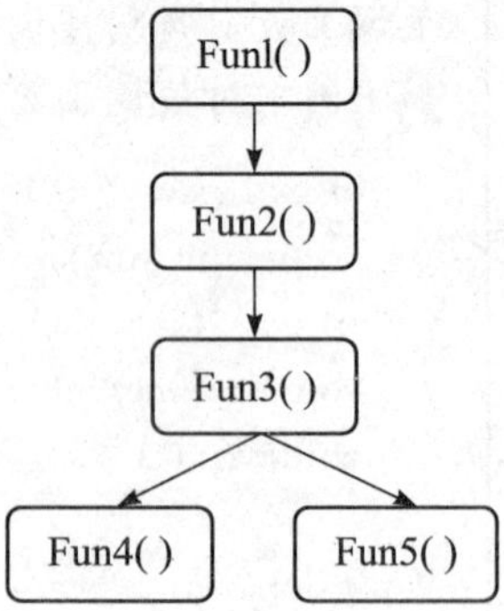

Funl( ) → Fun2( ) → Fun3( ) → Fun4( ), Fun5( )

图 3—8　函数的嵌套调用

【例 3—14】 使用函数的嵌套调用实现求 $1^2+2^2+3^2+$，…，$+n^2$的值，其中 n 由用户键盘输入。

本程序通过编程求 $1^2+2^2+3^2+$，…，$+n^2$的值，定义了两个函数，一个函数用于对 1^2 到 n^2 中的每一项进行累加求和；另一个函数用于求累加项 i^2，通过两个函数间的嵌套调用，体现了典型的函数嵌套调用的情况，对于本程序中函数嵌套调用的使用，读者应着重理解其执行流程。

```
#include<stdio.h>
int fun1(int n);    /*求1到n的平方和*/
int fun2(int n);    /*求n的平方*/
void main( )
{
  int n;
  printf("\n请输入一个数:");
  scanf("%d",&n);
  printf("1～%d的平方和是:%d\n",n,fun1(n));
}
int fun1(int n)
{
  int i,s=0;
  for(i=1;i<=n;i++)
    s+=fun2(i);
  return(s);
}
int fun2(int n)
{
  return(n*n);
}
```

程序运行结果如下：

```
请输入一个数:5↙
1～5的平方和是:55
```

说明：

● 在程序执行过程中，主函数调用了 fun1 函数，在执行 fun1 函数的过程中，fun1 函数又调用了 fun2 函数，这是典型的两层函数嵌套调用。

● 程序中函数嵌套调用的执行流程为：主函数 main 调用 fun1 函数，程序流程转而执行 fun1 函数，在 fun1 函数的执行过程中又调用了 fun2 函数，程序流程转而执行 fun2 函数，当 fun2 函数执行到 return 语句时，程序流程返回到主调函数 fun1 中顺序执行调用 fun2 函数语句的下一条语句，fun1 函数执行到 return 语句时，程序流程返回到主调函数 main 中，顺序执行调用 fun1 函数语句的下一条语句，直到主函数执行完毕。

3.3.3 知识扩展：Hanoi（汉诺）塔问题

古代有一个梵塔，塔内有三个座 A、B、C，开始时，A 座上有 64 个盘子，盘子大小不等，大的在下，小的在上，如图 3—9 所示，有一个老和尚想把 64 个盘子从 A 座移到 C 座，但每次只允许移动一个盘子，且在移动过程中在 3 个座上都始终保持大盘在下，小盘在上。在移动过程中可以利用 B 座，要求编程序输出移动步骤。

对于圆盘数量，我们先不用考虑 64 个盘子那么多，先考虑用一个变量 n 来代表盘子数，它可以是 5 个，当然也可以是 64 个。

假设 A 座上只有一个圆盘，即 if（n=1），那么只需要将 A 座上的这一个圆盘直接移到

C 座上即可。程序中的可以使用函数 printf（"%c→%c \ n"，A，C）；就是把移动的方向打印出来显示在屏幕上。

否则（即 A 座上不止一个圆盘）：

我们先把 A 座上面的（n－1）个圆盘看成一个整体，移到 B 座（记住 B 座本来就是做中转用的）上（不用去考虑 n－1 个圆盘怎么移到 B 座上，我们先假设能办到）。move（n－1，A，C，B）；注意此时 A、B、C 的角色变了。我们要从 A 座上移动圆盘到 B 座上了。你不妨这样标记一下 move 形参；move（圆盘数，来源座，中转座，目标座）。就是说现在 A 座的角色是来源座，B 座的角色是目标座，我们要把 A 座上的 n－1 个圆盘移到 B 座上。

这一步完成之后，我们就该把剩在座 A 座上的那个最大的圆盘移到 C 座上了。即：printf（"%c→%c \ n"，A，C）；

现在我们的状态是最大的圆盘已经在 C 座上，其余的 n－1 个在 B 座上，A 座上没有圆盘。

我们在交换一下 A、B、C 的角色：move（n－1，B，A，C）；对照 move（圆盘数，来源座，中转座，目标座），我们要把 B 座剩余的 n－1 个圆盘移到 C 座上。自此，n 个圆盘全都从 A 座上移到了 C 座上，以此类推，5 个盘子，乃至 64 个盘子的 Hanoi 塔的问题也是如此解决。

假设这里 A 座上的盘子数为 n，n=5，设计如图 3—9 所示。

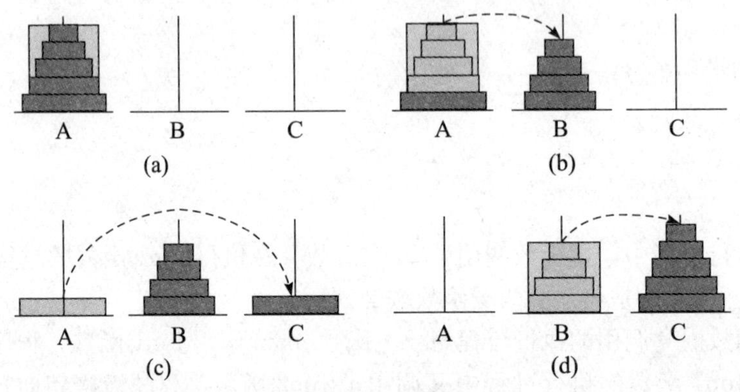

图 3—9　汉诺塔移动示意图

（1）将 A 座的 n 个盘分解成底座的 1 个盘和顶上的 n－1 个盘（见图 3—9（a））；

（2）将 A 座顶上的 n－1 盘即 4 个盘由 A 座移动到 B 座（见图 3—9（b））；

（3）将 A 座上的 1 个盘直接移动到 C 座（见图 3—9（c））；

（4）将 B 座上的 n－1 盘即 4 个盘由 B 座移动到 C 座（见图 3—9（d））。

这样就将 n 个盘的移动转变成了：两次对 n－1 个盘的移动和一次 1 个盘的移动。再对 n－1 个盘进行简化，以此类推，直至简化到 1 个盘的移动。

这种从原始问题 n 个盘的移动出发，由后向前，由复杂到简单，逐步分解细化为 n－1 个盘的移动、n－2 个盘的移动……直至基本问题 1 个盘的移动，再逐层向上一级返回 1 个盘移动的确定值，每一步都等待下一步的结果，最后得到所求问题的解的方法我们称为递归算法，用这种方法设计的函数称为递归函数。

```
#include<stdio.h>
int i=0;               /*记录移动的次数*/
/*一个盘的直接移动输出*/
void move(char x,char y)
{
  if(i%4==0)printf("\n");              /*移动输出结果每4次换行*/
  i++;
  printf("%d:%c->%c\t",i,x,y);
}
/*n个盘移动的递归函数*/
void hanoi(int n,char one,char two,char three)
{ if(n==1)move(one,three);
  else
  {
    hanoi(n-1,one,three,two);          /*n-1个盘的移动*/
    move(one,three);                   /*1个盘的移动*/
    hanoi(n-1,two,one,three);          /*n-1个盘的移动*/
  }
}
void main( )
{
  int n;
  printf("请输入圆盘的数量:");
  scanf("%d",&n);
  printf("移动 %3d个圆盘的步骤是:\n",n);
  hanoi(n,'A','B','C');
}
```

程序运行结果如下：

```
请输入圆盘的数量:5↙
移动 5个圆盘的步骤是:
1:A->C        2:A->B        3:C->B        4:A->C
5:B->A        6:B->C        7:A->C        8:A->B
9:C->B        10:C->A       11:B->A       12:C->B
13:A->C       14:A->B       15:C->B       16:A->C
17:B->A       18:B->C       19:A->C       20:B->A
21:C->B       22:C->A       23:B->A       24:B->C
25:A->C       26:A->B       27:C->B       28:A->C
29:B->A       30:B->C       31:A->C
```

递归函数总结：

（1）如果在定义函数时，在该函数的函数体内存在调用该函数自身的语句，则这样的函数称为递归函数。许多实际问题在编程时可以采用定义递归函数的方式解决。

（2）函数的递归调用是指一个函数在执行过程中直接或间接地调用了它本身。C语言允许函数的递归调用，根据具体调用方式，函数的递归调用分为直接递归和间接递归两种类型。函数在被调用时又调用了自身，称为函数的直接递归；函数在被调用时调用了其他函数，在其他函数执行过程中又调用了自身，称为函数的间接递归。无论是直接递归还是间接递归，函数在每次调用自身后均使得问题变得更为简单，并且多次递归后，问题简化直至有确定的值。

任务 4　数组作为函数的参数

3.4.1　问题情景及其实现

用数组存储学生的成绩，并用函数来输出总分和平均分的代码如下：

```
#include<stdio.h>
/*求总分函数*/
float sum(float a[4])
{
  float sum=0;
  int i;
  for(i=0;i<4;i++)
  {
    sum=sum+a[i];
  }
  return sum;
}
/*求平均分函数*/
float average(float a[4])
{
  float average=0,sum=0;
  int i;
  for(i=0;i<4;i++)
  {
    sum=sum+a[i];
  }
    return average=sum/i;
}
/*主函数*/
void main( )
{
    float score[4]={60,70,80,90};
    printf("该学生的总分为:%6.2f,平均分为:%5.2f\n",sum(score),average(score));
}
```

程序运行结果如下：

```
该学生的总分为:300.00,平均分为:75.00
```

本例是要求设计两个函数，分别用于求学生成绩的总分和平均分。函数中需要学生成绩的变量值来进行处理，而学生的成绩是用数组的形式设计的。要将数组的元素值传递到函数中，除了变量可以作函数参数以外，数组也可以作函数参数。本例采用的是数组作为函数的参数。数组作为函数的参数时，数组中的各元素值是怎样传递到函数中去的，在函数中又是怎样处理数组中的元素呢？每个函数中都存在各自变量的定义，我们怎么来区别这些不同函数的变量呢？带着这些疑问，我们来看看数组与函数、常用字符串处理函数、作用域以及变量的存储类别和生存期。

3.4.2 相关知识：数组与函数、常用字符串处理函数、作用域以及变量的存储类别和生存期

1. 一维数组做函数参数

（1）一维数组元素做函数参数。

一维数组元素可以做函数实参。由于数组元素本质上相当于普通变量，所以数组元素也可以作函数实参。与变量做实参一样，函数调用时作为实参的数组元素传递给形参的是数组元素的值，即也属于单向值传递的情况。数组元素作函数实参时要求与数组元素相对应的形参为相同数据类型的变量。

【例3—15】使用一维数组存放10个整数，要求定义并调用函数求10个整数中的最大值和最小值并输出最大值和最小值。

定义两个函数，分别用于求两个数中的最大值和两个数中的最小值，然后在主函数中定义并初始化一个10个元素的整型数组，用于存放10个整数，假定第一个数组元素既是最大值又是最小值，使用两个变量maxnum和minnum保存第一个数组元素值，使用循环语句调用已定义的两个函数，将数组的其他元素分别与两个变量进行比较，循环结束后求出最大值和最小值，该算法我们已经很熟悉。这里应注意的是，函数的形式参数为变量，而对应的实参为一维数组的数组元素。

```
#include<stdio.h>
#define N 10
/*x,y的最大值*/
int max(int x,int y)
{return(x>y?x:y);}
/*x,y的最小值*/
int min(int x,int y)
{return(x<y?x:y);}
/*主函数*/
void main( )
{
  int arry[N],i,maxnum,minnum;
  for(i=0;i<N;i++)
  scanf("%d",&arry[i]);
  maxnum=minnum=arry[0];
  for(i=1;i<N;i++)
{
```

```
        maxnum = max(maxnum,arry[i]);
        minnum = min(minnum,arry[i]);
    }
    printf("max = %d,min = %d\n",maxnum,minnum);
}
```

程序运行结果如下：

```
1 2 3 4 5 6 7 8 9 10↙
max = 10,min = 1
```

（2）一维数组名做函数参数。

一维数组名也可以做函数实参。函数调用时，作为实参的一维数组名将数组的首地址传递给形参，这种情况下要求形参也为一维数组的形式或形参为指向一维数组的指针变量（任务五中再进行讨论）。实际上，无论函数形参为一维数组形式还是指针变量形式，系统均将其作为可以接收地址值的指针变量对待。应特别注意的是，函数形参为一维数组形式时数组长度可以省略不写。

【例 3—16】一维数组中存放了 10 个学生的 C 语言课程成绩，要求定义函数求这 10 个学生 C 语言课程的平均成绩并输出。

根据题意，定义一个 10 个元素的一维整型数组用于存放 10 个学生的 C 语言成绩，然后定义一个 average 函数用于求平均分。这里为了实现主调函数向被调函数一次传递一批数据（存放在一维数组中的 10 个成绩数据）的功能，采用一维数组做 average 函数的形式参数。

```
#include<stdio.h>
float average(float arr[10])
{
    int i;
    float aver,sum;
    aver = sum = 0.0;
    for(i = 0;i<10;i++)
        sum += arr[i];
    aver = sum/10;
    return(aver);
}
void main( )
{
    float score[10];
    int i;
    printf("请输入分数:");
    for(i = 0;i<10;i++)
        scanf("%f",&score[i]);
    printf("平均分数是:%6.2f\n",average(score));
}
```

程序运行结果如下：

```
请输入分数:67 54 76 78 69 87 72 93 66 83↙
平均分数是:74.50
```

说明：

● 程序中定义了函数 average 用于求一维数组中各元素的平均值，average 函数的形参是一维数组形式。主调函数中定义了一个 10 个元素的一维数组用于存储 10 个学生的 C 语言成绩，然后通过调用 average 函数求出 10 个数组元素的平均值并输出。

主函数在调用 average 函数时，提供的实参为一维数组名 score，average 函数的形参为一维数组形式，编译系统将其处理为能够接收地址值的指针变量。average 函数被调用时，由于数组名代表数组的首地址，所以一维实参数组 score 的首地址值被传递给形参数组 arr，发生地址传递后，实参数组和形参数组的首地址相同，占用相同的内存存储单元，实际上成为同一个数组。在这种情况下，被调函数中对形参数组 arr 进行了什么样的处理，就相当于对 score 数组进行了相同的处理。

注意： 在理解一维数组名做函数实参时，当发生函数调用时，不是实参一维数组 score 每个数组元素的值被分别传递给了形参一维数组 arr 的每个元素，而是实参一维数组 score 的首地址值被传递给了形参数组 arr。由于内存地址是唯一的，因而它们实际上成为了同一数组，在这种情况下，在被调函数中对形参数组 arr 进行了某种处理就相当于对主调函数中的实参数组 score 进行了同样的处理。

● 在定义一维形参数组时，数组长度可以省略，这时函数中应增加一个整型形参变量用于接收实参数组的长度。如例 3－16 中的函数 average 也可以定义为：

```
float average(float arry[ ],int n)
{
  int i,aver,sum;
  aver = sum = 0;
  for(i = 0,i<n;i ++ )
    sum + = arr[i]
  aver = sum/n;
  return(aver);
}
```

主函数中调用 average 函数的语句相应改为：

```
aver = average(score,10);
```

2. 多维数组做函数参数

同一维数组作函数参数的情况类似，多维数组元素和多维数组名均可以作函数实参。多维数组元素做函数实参相当于有确定值的变量做函数实参，与一维数组元素做函数实参类似，这里不再讨论。下面主要以二维数组为例讨论多维数组名做函数实参的情况。

二维数组名做函数实参时，对应的形参也应该定义为二维数组形式或指向二维数组的指针变量。应特别注意的是，形参为二维数组形式时可以指定形参二维数组每一维的长度，也可以省略形参二维数组第一维的长度。

二维数组做函数实参的情况下，当函数被调用时，二维实参数组的首地址被传递给函数形参，函数形参无论是数组形式或指针变量形式均被编译系统作为指针变量处理，用于存放实参二维数组名传递过来的数组首地址。在进行地址传递后，形参二维数组和实参二维数组首地址相同，占用的内存存储空间相同，实际上成为同一数组，因此，在被调函数的函数体中对形参数组进行了某种处理相当于对实参数组进行了同样的处理。

【例 3—17】定义函数实现求整型二维数组 a［4］［5］中最大数组元素的值并进行输出。

根据题意，定义一个函数求二维数组中最大数组元素的值，该函数中定义一个二维数组作为函数的形参，以便从主调函数中接收二维实参数组的首地址，并求出该二维实参数组中最大数组元素的值，同时进行输出。具体算法这里不再讨论，本例中应关注的是二维数组名做函数实参时，具体的参数传递方式。

```
#include<stdio.h>
int maxarr(int arr[4][5])
{
  int i,j,max;
  max=arr[0][0];
  for(i=0;i<4;i++)
  for(j=0;j<5;j++)
    if(arr[i][j]>max)max=arr[i][j];
  return(max);
}
void main( )
{
  int a[4][5]={{10,18,61,4,22},{13,34,52,73,91},{22,43,66,87,14},{21,51,80,49,72}};
  printf("数组中的最大值是:%d",maxarr(a));
}
```

程序运行结果如下：

```
数组中的最大值是:91
```

说明：

● 在程序代码中定义了 maxarr 函数求二维数组中最大数组元素的值，形参为二维数组形式 int arr［4］［5］。main 函数中定义并初始化了整型二维数组 a［4］［5］，并使用二维数组名 a 调用了 maxarr 函数，发生函数调用时，作为实参的二维数组名 a 将二维数组 a［4］［5］的首地址传递给二维数组形式的形参 arr［4］［5］，参数传递后，实参数组 a［4］［5］和形参数组 arr［4］［5］首地址相同，实际上是同一数组，求出的形参数组 arr［4］［5］中的最大值就是实参数组 a［4］［5］的最大值。

● 作为函数 maxarr 形参的二维数组 arr［4］［5］实际上被编译系统处理为可以接收地址值的指针变量。

● 作为形参的二维数组 arr［4］［5］可以指定数组每一维的长度，也可以省略数组第一维的长度，因此，程序代码中 maxarr 函数的首部也可写为：

```
int maxarr(int arr[][5])
{…}
```

3. 常用字符串处理函数

为增强对字符串的处理能力，C语言提供了若干个字符串处理函数专门用于处理字符串。字符串处理函数属于C语言中的系统函数，专门用于处理字符串，主要包括用于字符串输入、输出的函数；求字符串长度的函数；实现字符串连接的函数；比较字符串大小的函数；实现字符串复制的函数。

注意：

(1) 在程序中调用字符串处理函数时，应在程序代码的开始处加上编译预处理命令#include<stdio.h>或#include "string.h"。

(2) 凡以字符数组名（表示字符数组的首地址）做形式参数的字符串处理函数，均可以使用指针变量做函数形式参数。

(1) puts ( ) 函数。

语法格式：

```
puts(str);
```

函数功能：该函数用于实现字符串的输出。将作为参数的字符串输出到屏幕上，输出到字符串结束标志'\0'为止，并且在输出时将'\0'自动替换为'\n'，即输出字符串后自动换行。

其参数可以为字符数组名或字符串常量。

例如：

```
char s1[] = "China\nChongqing";
puts(s1);
```

屏幕输出：

```
China
Chongqing
```

(2) gets ( ) 函数。

语法格式：

```
gets(str);
```

函数功能：该函数用于实现字符串的键盘输入。将从键盘输入的字符串存储在参数字符数组名指定的字符数组中，以回车符代表输入结束，并且在输入时将'\n'自动替换为'\0'，即在输入的字符串后自动添加字符串结束标志。函数的返回值为字符数组的首地址。

其参数为字符数组名。

例如：

```
char s1[30],s2[30];
```

```
gets(s1);gets(s2);
puts(s1);puts(s2);
```

键盘输入及屏幕输出情况：

```
thank you!↙
you are welcome.↙
thank you!
you are welcome.
```

（3）strlen（str）函数。

语法格式：

```
strlen(str);
```

函数功能：该函数用于求字符串的长度，即字符串中包含的有效字符个数，应特别注意有效字符不包含字符串结束标志‘\0’在内。函数的返回值为字符数组的长度值。

其参数为字符数组名或字符串常量。

例如：

```
char s1[10] = "Student";
printf("%d\n",strlen(s1));
```

屏幕输出：

```
7
```

注意：在一个存储了字符串的字符数组中，要注意字符串长度、字符串所占字节数和字符数组的长度这几个概念的区别。如上例中，s1 中存储的字符串长度为 7，该字符串所占字节数为 8，字符数组 s1 的长度为 10。

（4）strcat（）函数。

语法格式：

```
strcat(str1,str2);
```

函数功能：也称为“字符串连接函数”。该函数用于将两个字符串连接成一个字符串，即把参数 str2 的字符串连接到字符数组 str1 后面，连接成的字符串放在参数 str1 形成的字符数组中。函数的返回值为字符数组 str1 的首地址。

其参数 str1 一般为字符数组名，参数 str2 可以为存放字符串的字符数组名或字符串常量。

例如：

```
char s1[20] = "I am";
char s2[] = " a Student.";
printf("%s",strcat(s1,s2));
```

屏幕输出：

```
I am a Student.
```

注意：

（1）在使用 strcat（）函数时，作为参数的字符数组 str1 的长度必须足够大，以便能容纳连接后的字符串。

（2）字符数组 str1 和 str2 的结束标志字符‘\0’在字符串连接后，只在结果字符串中保留一个，即只保留 str2 中字符串的结束标志‘\0’。

【例 3—18】 编写程序，实现在不使用 strcat 函数的情况下将两个字符串连接起来。

定义两个字符数组 str1 和 str2 用于存放两个字符串，使用 gets 函数要求用户用键盘输入两个字符串并存储在字符数组中。使用一个循环找出字符数组 str1 中存放‘\0’元素（字符串结束标志）的位置，该位置即为连接位置。在确定连接位置后，从该元素位置开始存放 str2 中的字符串。然后，再使用一个循环分离出存储在字符数组 str2 中字符串的每一个字符并连接到 str1 中。最后需要手工添加连接后的字符串的结束标志‘\0’。

```
#include<stdio.h>
void main( )
{
  char str1[100],str2[50];
  int i=0,j=0;
  printf("请输入第一个字符串:");
  gets(str1);
  printf("\请输入第二个字符串:");
  gets(str2);
  while(str1[i]!='\0')
    i++;
  while(str2[j]!='\0')
    str1[i++]=str2[j++];
  str1[i]='\0';
  printf("\n");
  printf("连接后的字符串:");
  puts(str1);
}
```

程序运行结果如下：

```
请输入第一个字符串:CHINA↙
请输入第二个字符串:Chongqing↙
连接后的字符串:CHINAChongqing
```

注意： 字符数组 str1 用来存储连接后的字符串，所以数组长度应定义得大一些，以确保能够容纳连接后的字符串。

说明： 使用循环将存储在 str2 中的字符串连接到存储在 str1 中的字符串后，由于缺少字符串结束标志，所以还需要在最后一个字符后连接字符串结束标志‘\0’（str [i] =‘\0’;），否则 str1 中存储的不是字符串而是若干个单字符。

（5）strcpy（ ）函数。

语法格式：

```
strcpy(str1,str2);
```

函数功能：也称为“字符串拷贝函数”。该函数用于将一个字符数组 str2 中存放的字符串复制到另一个字符数组 str1 中。函数的返回值为字符数组 str1 的首地址。

其参数 str1 为字符数组名，而参数 str2 可以为已存放字符串的字符数组名或字符串常量。

例如：

```
char s1[10];
char s2[ ] = "Student ";
strcpy(str1,str2);
puts(str1);
```

屏幕输出：

```
Student
```

其中 strcpy（str1，str2）；也可以写为：strcpy（s1，“Student”）；

注意：

（1）作为参数的字符数组 str1 的长度必须足够大以容纳被复制的字符串，即字符数组 str1 的长度至少应大于或等于 str2 的长度。

（2）作为参数的字符数组 str2 的结束标志‘\0’也会被复制到字符数组 str1 中去。

（3）除字符数组的初始化外，一定不能使用赋值运算符将字符串常量或字符数组名赋给一个字符数组，而只能使用 strcpy 函数。如下面的两种情况均是错误的：

```
char s1[10],s2[ ] = "Student";
s1 = "Student";
s1 = s2;
```

字符数组名代表字符数组的首地址，是地址常量不能被赋值。

正确的做法是：

```
char s1[10];s2[] = "Student";
strcpy(str1,str2);
```

（6）strcmp（ ）函数。

语法格式：

```
strcmp(str1,str2);
```

函数功能：也称为“字符串比较函数”。该函数用于将一个字符数组 str1 和另一个字符数组

str2 中存放的字符串进行比较，比较的方法是：两个字符串从第一个字符开始自左至右逐个字符比较其 ASCII 码值，直到出现不同字符或所有字符比较完毕。函数的返回值有三种情况：

1）为 0，表示两个字符串长度相等且每个字符的 ASCII 码值相等；

2）为一正整数，表示 str1 大于 str2；

3）为一负整数，表示 str1 小于 str2。

其参数为字符数组名或字符串常量。

例如：

```
char s1[5] = "ABCD";
char s2[5] = "ABCd";
strcmp(s1,s2);
```

注意： 两个字符串比较大小，只能使用 strcmp（ ）函数而不能使用关系运算符。如果使用关系运算符比较两个字符数组的大小，实际上是在比较两个字符串首地址的大小，这样的比较是没有意义的。

例如下面的做法是错误的：

```
char s1[5] = "ABCD";
char s2[5] = "ABCd";
if(s1>s2)printf("s1>s2");
```

屏幕输出：

```
-1
```

（7）strupr（ ）函数和 strlwr（ ）函数。

语法格式：

```
strupr(str);strlwr(str);
```

函数功能：strupr（ ）函数用于将字符串中的小写字母转换为大写字母，strlwr（ ）函数的功能刚好相反，用于将字符串中的大写字母转换为小写字母。

其参数为字符数组名或字符串常量。

例如：

```
char s1[5] = "ABCD";
char s2[5] = "abcd";
strlwr(s1);
strupr(s2);
puts(s1);
pts(s2);
```

屏幕输出：

```
abcd
ABCD
```

4. 作用域与变量的存储类别和生存期

(1) 作用域

1) 变量的作用域。

变量定义的位置和方式不同，能够使用该变量的程序段也有所不同。变量在程序中可以被使用的范围称为变量的作用域。变量的作用域都是通过它在程序中的位置隐式说明的，因此初学者必须对变量的作用域有所了解。C语言中的变量按照作用域的范围不同可以分为两种，局部变量和全局变量。

◆ 局部变量。

局部变量是指在一个函数内或复合语句中定义的变量，也称内部变量。

局部变量的作用域在定义该局部变量的函数内或复合语句中，也就是说，只有在定义局部变量的函数内或复合语句中才能使用它们，在此函数外或复合语句外是不能使用这些变量的，因此称为“局部变量”。需要特别注意的是，函数的形参也属于局部变量，只能在该函数范围内使用。

例如，下面代码段中各局部变量的作用域：

```
int f1(int x,int y)
{
  int i,j,c;  } 局部变量x、y、i、j、c的作用域
  …
}
void main( )
{                 }
int a,b,c;        }
{                 }
  int c;  } 局部变量c的作用域 } 局部变量a、b、c的作用域
  c=a+b   }       }
}                 }
…                 }
}
```

说明：

● 函数形参也属于局部变量。如 x、y 的作用域为函数 f1。

● 主函数中定义的变量也属于局部变量，如 a、b、c 的作用域仅为主函数内。

● 不同函数中可以定义同名变量，它们的作用域分别限于定义它们的函数中，它们是不同的变量。如主函数中定义的局部变量 c 和函数 f1 中定义的局部变量 c 是作用域不同的两个局部变量。

● 主函数中定义了局部变量 c，而主函数中的复合语句中又定义了同名变量 c，这种情况下，复合语句中的变量 c 会屏蔽外层同名变量 c 的作用域，换句话说就是复合语句外的变量 c 在复合语句内不起作用。

◆ 全局变量。

全局变量是指函数外定义的变量。C语言程序中的一个源文件可以包含一个或多个函数，在函数内定义的变量是局部变量（也称内部变量），而在函数外定义的变量称为全局变

量（也称外部变量）。全局变量可以为本源文件中其作用域内的多个函数所共用。

全局变量作用域是从定义全局变量的位置开始到本源文件结束。如果在其作用域内的函数或复合语句中定义了同名局部变量，则在局部变量的作用域内，同名全局变量暂时不起作用。

例如，下面代码段中各全局变量的作用域：

```
int p = 5,q = 10;
double f1(int x,int y)
{
  int z;
  …
}
char c1,c2;
char f2(char c)
{
  int m,n;
  …
}
void main( )
{
  int a,b,c;
  …
}
```

（从 char c1,c2; 到代码结束：全局变量 c1、c2 的作用域；从 int p = 5,q = 10; 到代码结束：全局变量 p、q 的作用域）

本例中全局变量 p、q 的作用域从其定义语句“int p，q;”开始直到源文件结束，在其作用域内的函数 f1、函数 f2 和主函数都可以使用全局变量 p、q。全局变量 c1、c2 的作用域从其定义语句“char c1，c2;”开始直到源文件结束，在其作用域内的函数 f2 和主函数可以使用全局变量 c1、c2，而函数 f1 则不能使用全局变量 c1、c2。

说明：

● 一个函数中既可以使用有效的全局变量，又可以使用本函数中的局部变量。如函数 f2 中可以使用的变量包括 p、q、c1、c2、c。

● 全局变量提供了函数间数据共享的渠道。通过前面的知识，我们知道在函数调用时通过实参和形参间的数据传递，函数间可以传递数据，现在全局变量也能实现这一目的。因为同一源文件中的多个函数都可以访问已在它们前面定义过的全局变量，所以如果在一个函数中改变了全局变量的值，就会影响到所有使用了该全局变量的函数，相当于提供了函数间数据传递的通道。

● 一次函数调用只能得到一个返回值，如果要得到多个返回值，可以使用全局变量实现。

【例 3—19】 一维数组中存放了 10 个学生的 C 语言课程成绩，定义函数求这 10 个学生 C 语言课程的平均成绩及最高成绩和最低成绩。

根据题意定义 average 函数，求 10 个学生的平均成绩及最高分和最低分，该函数的形参为一维数组，用来接收主函数中存放 10 个学生成绩的一维实参数组的首地址，函数体中求出形参数组元素的平均值（平均成绩）及最大值和最小值（最高分和最低分）。由于调用函数只能得到一个返回值，所以 average 函数体中使用 return 语句返回平均成绩，而最高分和最低分通过设置两个全局变量在主函数中进行输出，本例中应注意分析两个函数间是怎样通过全局变量共享数据的。

```
#include<stdio.h>
float max,min;
float average(float arr[10])
{
  int i;
  float aver,sum;
  aver = sum = 0.0;
  max = min = arr[0];
  for(i = 0;i<10;i ++ )
  {
    if(arr[i]>max)max = arr[i];
    else if(arr[i]<min)min = arr[i];
    sum + =arr[i];
  }
  aver = sum/10;
  return(aver);
}
void main( )
{
  float score[10],aver;
  int i;
  printf("\nInput score:");
  for(i = 0;i<10;i ++ )
    scanf(" %f",&score[i]);
  aver = average(score);
  printf("average score: %6.1f,max = %6.1f,min = %6.1f",aver,max,min);
}
```

程序运行结果如下：

```
Input score:77 56 67 78 75 69 89 73 92 76
average:75.2,max = 92.0,min = 56.0
```

说明：该程序代码中调用 average 函数求出学生的平均成绩即最高分和最低分，函数只能返回一个返回值平均分，为了在主函数中得到最高分和最低分，在程序代码中所有函数之前定义全局变量 max 和 min 存放最高分和最低分，它们的作用域从定义语句开始一直到源文件结束，因此，average 函数和 main 函数都可以共享这两个变量。

注意：全局变量的这种数据共享方式有其优点，但也存在潜在的危险，当多个函数共享这个全局变量时，我们将很难确切把握在引用这个全局变量时，它的值是否已被其他函数修改。

2）函数的作用域。

◆ 外部函数。

● 外部函数的定义方法。如果一个函数既可以被本源文件中的其他函数调用，又可以被本程序其他源文件中的函数调用，那么该函数称为外部函数。外部函数使用 extern 关键字定义，可以显式定义也可以隐式定义。

外部函数的显式定义方法：

```
extern int fun(int x, int y)
{…}
```

外部函数的隐式定义方法：

```
int fun(int x, int y)
{…}
```

● 外部函数的声明方法。一个C语言程序一般包含多个C语言源文件，如果一个源文件中的函数需要调用另一个源文件中定义的函数时，需要在函数调用前，在主调函数所在的源文件中对被调函数进行声明，声明被调函数是一个外部函数，即通知编译系统该被调函数在另一个源文件中定义过，可以进行调用。

可见，可以通过声明外部函数以扩展外部函数的作用域。需要注意的是，声明外部函数时，extern 关键字可以省略。例如：

```
extern int fun(int, int);
```

或

```
int fun(int, int);
```

【例 3—20】 声明外部函数以扩展其作用域。

```
file1.c 源文件代码:
#include<stdio.h>
void main( )
{
  void fun1( ),fun2( ),fun3( );
  fun1( );
  fun2( );
  fun3( );
}
void fun1( )
{
  printf("file1\n");
}
file2.c 源文件代码:
void fun2( )
{
  printf("file2\n");
```

```
}
file3.c 源文件代码：
void fun3( )
{
  printf("file3\n");
}
```

程序运行结果如下：

```
file1
file2
file3
```

说明：对外部函数 fun2 和 fun3 也可以单独使用一条语句声明为 extern void fun2（ ），fun3（ ）。在本程序的源文件 file1 中，主函数调用了在它后面定义的非整型函数 fun1，所以需要在主函数中声明 fun1 函数。主函数还调用了 fun2 函数和 fun3 函数，这两个函数定义在源文件 file2. c 和 file3. c 中，所以也需要对这两个函数进行声明，将它们声明为外部函数，使它们的作用域扩展到源文件 file1. c，这样就可以在源文件 file1. c 中调用它们了。

◆ 静态函数。

如果一个函数只能被本源文件中的其他函数调用，不允许被本程序其他源文件中的函数调用，那么该函数称为静态函数。静态函数使用 static 关键字定义并且只能显式定义。

将函数定义为静态函数，既可以禁止本源文件中函数被其他源文件中的函数调用，同时也避免了不同源文件中出现同名函数而引发的错误。此外，由于不同源文件中可以出现同名静态函数，这为多人同时编制一个大型程序提供了便利，即只要将函数定义为静态函数，那么该函数不和其他源文件共用，给函数命名时就不用考虑重名问题。

【例 3—21】静态函数的作用域。

```
file1.c 源文件代码：
#include<stdio.h>
void main( )
{
  void fun1( ),fun2( ),fun3( );
  fun1( );
  fun2( );
  fun3( );
}
static void fun1( )
{
  printf("file1_fun1\n");
}
file2.c 源文件代码：
#include<stdio.h>
void fun1( )
{
```

```
  printf("file2_fun1\n");
}
void fun2( )
{
  fun1( );
}
file3.c 源文件代码:
#include<stdio.h>
void fun3( )
{
  printf("file3_fun3\n");
}
```

程序运行结果如下：

```
file1_fun1
file2_fun1
file3_fun3
```

说明：在本程序的源文件 file1 中，主函数调用了在它后面定义的非整型静态函数 fun1，所以需要在主函数前声明 fun1 函数，需要注意的是，源文件 file1 中定义的静态函数 fun1 只能被本源文件中的其他函数调用。主函数还调用了 fun2 函数和 fun3 函数，这两个函数定义在源文件 file2. c 和 file3. c 中，所以也需要对这两个函数进行声明，将它们声明为外部函数。fun2 函数中调用的 fun1 函数是源文件 file2. c 中定义的 fun1 函数而不是 file1. c 中定义的非整型静态函数 fun1。

（2）变量的存储类别。

C 语言中的变量和函数都具有两个属性：数据类型和存储类别。前面已讨论过数据类型，这里提出了存储类别的概念。存储类别是指数据在内存中的存储方法，存储类别决定了变量的生存期和其所分配的内存存储区。学习了存储类别的相关知识后，在定义变量和函数时除了需要指定它们的数据类型外，还应该指定它们的存储类别。

完整变量定义语句的语法格式为：

```
存储类别 数据类型 变量名 1,变量名 2,…,变量名 n;
```

变量的存储类别具体包含四种类型的标识符：auto（自动的）、static（静态的）、extern（外部的）和 register（寄存器的）。

1）自动变量（auto 类别）。

局部变量可以显式或隐式定义为自动变量，自动变量的存储类别标识符为 auto 关键字。可以在局部变量前加 auto 关键字将其显式定义为自动变量；如果局部变量前省略存储类别标识符，则隐式定义为自动变量。局部变量可以定义为自动变量，如前面定义局部变量时都省略了存储类别标识符，实际上是将其隐式定义为自动变量。

例如，在函数中定义自动变量：

```
显式定义:auto int a,b,c;
隐式定义:int a,b,c;
```

◆ 自动变量的内存存储空间分配。调用函数或执行分程序时，在内存的动态存储区为自动变量分配存储单元，函数或分程序执行结束，自动变量所占的内存空间立即释放。

◆ 自动变量的初值。定义自动变量时如果没赋初值，则变量的初值不确定；如果赋初值，则每次函数被调用时执行一次赋初值操作。

◆ 自动变量的生存期。在函数或分程序执行期间，自动变量占用内存存储单元，函数或分程序执行结束后，自动变量释放所占的内存存储单元。

◆ 自动变量的作用域。自动变量的作用域是其所在的函数内或分程序内。

总之，自动变量实质上就是局部变量，只不过提出这两个概念的角度不一样：局部变量是从变量作用域的角度提出的，自动变量是从变量存储类别的角度提出的。

【例 3—22】 自动变量的定义和使用实例。

本例中 main 函数通过循环 3 次调用了 fun 函数，每次函数调用时 fun 函数中的自动变量均重新分配内存存储单元并进行初始化。

```
#include<stdio.h>
int fun(int a)
{
  auto int b=1,c=2;
  c++;b++;
  return(a+b+c);
}
void main( )
{
  int a=3,i;
  for(i=0;i<3;i++)
    printf("%5d\n",fun(a));
  printf("\n");
}
```

程序运行结果如下：

```
8
8
8
```

说明： 本例中，函数 fun 中的变量 a、b、c 和主函数中的变量 a、i 均为自动变量。主函数中三次调用了 fun 函数，第一次函数调用时，主函数中实参 a 的值 3 被传递给 fun 函数的形参 a，然后系统为自动变量 b、c 分配内存空间并执行函数体，函数返回值为 3+2+3=8，函数调用结束后变量 b、c 的内存空间被释放，它们的值也就不存在了。第二次函数调用时，实参 a 的值 3 又被传递给形参 a，系统又重新为自动变量 b、c 分配内存空间并再次执行函数体，函数返回值仍为 3+2+3=8，然后变量 b、c 的内存空间又被释放。以此类推，第三次函数调用的返回值仍为 8。

2）静态变量（static 类别）。

除函数形参外，其他变量都可以定义为静态变量，静态变量的存储类别标识符为 static

关键字。静态变量分为两种类型：局部静态变量和全局静态变量。

◆ 静态变量的内存空间分配。程序编译时，将静态变量分配在内存的静态存储区中，程序运行结束释放静态变量所占用的内存存储单元。

◆ 静态变量的初值。若定义时静态变量未赋初值，在编译时，系统自动为静态变量赋初值为 0；若定义时赋了初值，则仅在编译时赋初值一次，程序运行后不再给静态变量赋初值。

◆ 静态变量的生存期。静态变量的生存期是整个程序的执行期。因为局部静态变量在整个程序运行期间始终占用分配给它的内存单元，保存其变量值，所以函数调用结束后，局部静态变量的值仍然存在，当再次调用该函数时，局部静态变量的值为上次函数调用结束时变量的值。

◆ 静态变量的作用域。局部静态变量的作用域是它所在的函数或分程序。全局静态变量的作用域是从定义处开始到本源文件结束。需要注意的是，全局静态变量的作用域仅限于本源文件，在同一程序的其他源文件中不起作用。

【例 3—23】静态变量的定义和使用实例。

本例中定义了一个全局静态变量和一个 fun 函数，fun 函数中定义了一个局部静态变量，在源文件编译时全局静态变量和局部静态变量进行初始化。程序执行时，main 函数通过循环方式 3 次调用了 fun 函数，第一次函数调用时，fun 函数中全局静态变量和局部静态变量的值均为初值，其他各次调用时，全局静态变量和局部静态变量均保持上次函数调用结束时的值，这是由静态变量的生存期决定的。

```
#include<stdio.h>
static int b = 1;
int fun(int a)
{
  static int c = 2;
  c ++ ;b ++ ;
  return(a + b + c);
}
void main( )
{
  int a = 3, i;
  for(i = 0;i<3;i ++ )
    printf(" % 5d\n",fun(a));
  printf("\n");
}
```

程序运行结果如下：

```
8
10
12
```

说明：本例对例 3—22 进行了一些修改，函数 fun 中的变量 b、c 分别定义为全局静态变量和局部静态变量，主函数中的变量 a、i 仍为自动变量。系统在编译时为静态变量 b、c

在静态存储区分配内存空间并分别赋初值为1和2，它们的生存期为整个程序运行期。主函数中三次调用了fun函数，第一次函数调用时，主函数中实参a的值3被传递给fun函数的形参a，然后执行函数体，函数返回值为3+2+3=8，函数调用结束后变量b、c仍然占用内存存储单元，它们的值仍然存在。第二次函数调用时，实参a的值3又被传递给形参a，再次执行函数体，静态变量b、c的值是上次函数调用结束时的值，函数返回值为3+3+4=10，函数调用结束后变量b、c继续占用内存存储单元，它们的值仍然存在。以此类推，第三次函数调用的返回值为12。

注意：

（1）函数的形式参数不能定义为静态变量。请思考这是为什么？

（2）使用全局静态变量时应特别注意，如果一个C语言程序由多个源文件组成，则全局静态变量的作用域仅限于本源文件。有时在程序设计时有这样的需要，希望某些全局变量只限于在本源文件中使用而不能被同一程序中其他源文件使用，这时应将这些全局变量定义为静态全局变量。

3）外部变量（extern类别）。

在函数外定义的变量称为全局变量，全局变量前冠以static关键字说明，则称为静态全局变量，其作用域局限在本源文件之内。全局变量前没有static关键字说明，即为外部变量，其作用域可以扩展到源文件之外。

外部变量只能隐式定义而不能显式定义，即不能使用extern关键字定义，但可以使用extern关键字扩展外部变量的作用域。

◆ 外部变量的内存存储空间分配。程序编译时，将外部变量分配在静态存储区，程序运行结束释放外部变量所占用的内存存储单元。

◆ 外部变量的初值。若定义外部变量时未赋初值，在编译时，系统自动赋初值为0；若定义时赋了初值，则仅在编译时赋初值一次，程序运行后不再给外部变量赋初值。

◆ 外部变量的生存期。外部变量的生存期是整个程序的执行期。

◆ 外部变量的作用域。外部变量的作用域从定义处开始到本源文件结束。此外，还可以用extern关键字对外部变量进行声明，以使外部变量的作用域扩大到本文件中外部变量定义前或该程序的其他文件中。

注意： 全局静态变量的作用域是不能扩展到其他文件的。此外，声明外部变量和定义外部变量的作用不同：定义外部变量时，编译系统为外部变量分配内存空间，而声明外部变量的作用是通知编译系统，该外部变量已经在其他位置定义过，不必再次为其分配内存空间。

外部变量声明的一般格式为：

```
extern 数据类型 变量名1,变量名2,…,变量名n;
```

或者

```
extern 变量名 1,变量名 2, …,变量名 n;
```

在程序设计中经常声明外部变量以扩展外部变量的作用域，具体来说有两种应用，一是在源文件中声明外部变量，以扩展外部变量在本源文件中的作用域；二是如果一个 C 语言程序由多个源文件组成并且已经在一个源文件中定义了某个外部变量，这种情况下希望在另一个源文件中使用这个外部变量，也可以在一个源文件中声明外部变量，将其作用域从另一个源文件中扩展至声明的源文件中。下面举例说明。

【例 3—24】在一个源文件中声明外部变量以扩展外部变量的作用域。

如果 C 语言程序由一个源文件组成，则全局变量的作用域由全局变量定义处开始到源文件结束位为止，但可以通过将全局变量声明为外部变量来扩展全局变量在本源文件中的作用域，本例演示了这种应用。

```
double f1(int x, int y)
{
  extern char c1,c2;
  int z;
  …
}
char c1,c2;
char f2(char c)
{
  int m,n;                    全局变量 c1、c2 的作用域
  …
}
void main( )
{
  int a,b,c;
  …
}
```

说明：在本例中，全局变量 c1、c2 定义在函数 f1 后面，它们的作用域从定义处开始到源文件结束，因此函数 f2 和主函数可以访问变量 c1、c2，但函数 f1 不能访问 c1、c2，如果要在 f1 中访问 c1、c2，可以在函数 f1 中或函数 f1 前将 c1、c2 声明为外部变量，从而使全局变量 c1、c2 的作用域扩展到函数 f1，这时就可以在函数 f1 中使用变量 c1、c2 了。

> **注意：**如果源文件中有多个函数需要使用同一外部变量，最好将该外部变量定义在所有这些函数之前，以避免在每个函数中使用 extern 声明外部变量。

【例 3—25】跨源文件声明外部变量以扩展全局变量的作用域。要求：用户从键盘输入变量 x 和 n 的值，输出 x^n 的值。

如果 C 语言程序由多个源文件组成，则全局变量的作用域仅限于本源文件，这种情况下若其他源文件中也要使用该全局变量，可通过在该源文件中声明全局变量为外部变量的方

式将全局变量的作用域扩展到其他源文件。

```
file1.c 源文件代码:
#include<stdio.h>
#include "math.h"
int x;
void main( )
{
  extern int power(int n);
  int n;
  printf("\ninput x&n:");
  scanf("%d,%d",&x,&n);
  printf("\nx^n = %d",power(n));
}
file2 源文件代码:
extern int x;
int power(int n)
{
  int i,p = 1;
  for(i = 1;i<= n;i++)
    p *= x;
  return(p);
}
```

程序运行结果如下：

```
input x&n:5,3↙
5^3 = 125
```

说明：

● 在本例中，在源文件 file1 中定义了全局变量 x，x 的作用域仅限于源文件 file1，而源文件 file2 中需要使用 file1 中定义的全局变量 x，这时在 file2 中将全局变量 x 声明为外部变量，通知编译系统变量 x 是一个在其他文件中定义过的外部变量，使全局变量 x 的作用域由源文件 file1 扩展到 file2。

● 在多个源文件构成的程序中，这种做法可以方便地将在一个源文件中定义的全局变量的作用域扩展到其他源文件中，使多个源文件中的函数共享数据，但其副作用也很明显，只要在一个源文件的函数中改变了该全局变量的值，就可能影响到其他源文件中使用此全局变量的函数执行结果，因此应慎重使用。

总之，外部变量实质上就是全局变量（除全局静态变量外），不能使用 extern 关键字显式定义而只能隐式定义，最常见的应用是使用 extern 关键字将全局变量声明为外部变量以扩展其作用域。

4）寄存器变量（register 类别）。

只有局部变量（即函数内定义的变量或形参，不包括局部静态变量）可以定义为寄存器变量，寄存器变量使用 register 关键字进行说明。寄存器变量的值保存在 CPU 的寄存器中。

由于 CPU 中寄存器的读写速度比内存的读写速度快得多，所以通常将程序中需要频繁访问的局部变量定义为寄存器变量，以提高程序的执行速度。由于寄存器空间与内存空间相比通常小得多，为节省寄存器空间，寄存器变量通常只能是 char、int 和指针类型的变量。当寄存器空间用完后，编译系统将寄存器变量作为自动变量处理。

【例 3—26】 寄存器变量的定义和使用实例。

```
#include<stdio.h>
void main( )
{
  long s = 1;
  register int i;
  for(i = 1;i< = 10;i ++ )
    s * = i;
  printf("s = %ld\n",s);
}
```

程序运行结果如下：

```
s = 3628800
```

说明： 程序中 for 循环将进行 10 次，循环变量 i 被频繁访问（读写），因此把循环变量 i 定义为寄存器变量可以有效提高程序执行效率。

（3）变量的生存期。

前面讨论了变量的作用域，即变量在程序中可以使用的范围。从作用域的角度来看变量可分为局部变量和全局变量。从另一角度来看，还可以从变量所分配内存存储单元存在的时间（即生存期）对变量进行分类，从生存期的角度来看，变量可分为静态存储变量和动态存储变量。变量的生存期和变量的存储方式和存储空间密切相关。

变量的存储方式分为静态存储方式和动态存储方式两种。静态存储方式是指在程序运行期间为变量分配固定内存空间的方式。动态存储方式是指在程序运行期间根据需要为变量动态分配内存空间的方式。

内存中供用户程序使用的存储空间分为 3 个部分，即程序代码区、静态存储区和动态存储区。其中程序代码区用于存放程序代码，静态存储区和动态存储区用于存放程序中使用的数据。

变量的生存期是指变量在内存中占用存储空间的时间。如果变量在全部程序运行期间始终占用存储空间，则是分配在静态存储区中的变量，如只在程序运行的某段时间占用存储空间，则是分配在动态存储区中的变量或 CPU 寄存器中的变量。

1）静态存储变量。

分配在内存静态存储区中的变量称为静态存储变量。静态存储变量在编译时分配内存存储空间，在整个程序运行期间变量的值始终存在，直到程序运行结束时其所占用的内存存储空间才被释放。静态存储变量的生存周期为整个程序的执行期间。

静态存储变量如果在定义的同时赋了初值，则该初值是在编译时赋值的，且只赋一次初值，程序执行时不再赋初值；如果定义时不赋初值，则编译系统自动给静态存储变量赋初值为 0。

2）动态存储变量。

分配在内存动态存储区中的变量称为动态存储变量。系统在函数调用时为变量在动态存储区中分配内存存储空间，函数调用结束时其所占用的内存存储空间被释放，生存周期为函数的执行期间。

动态存储变量如果在定义时未赋初值，则初值不确定；如果在定义时赋了初值，则每次函数调用时重新执行一次赋初值的操作。

3.4.3　知识扩展：骑士遍历问题

编写递归函数并使用数组做函数参数求解骑士遍历问题。骑士遍历问题就是我们俗称的跳马问题：在 6＊6 方格的棋盘上，从任意指定的方格出发，为中国象棋"马"寻找一条走遍棋盘每一格后回到起点，并且每一格只经过一次的一条路径（当为 M＊N 方格的棋盘时，若 M＊N 是奇数，则一定无解）。该问题的示意图如图 3—10 所示。

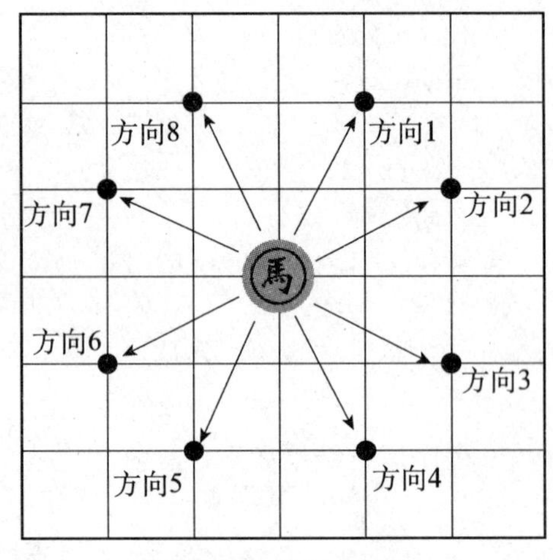

图 3—10　跳马示意图

本程序要求设计递归函数实现，前面在汉诺塔问题的求解中我们了解了递归算法，用递归算法设计的函数称为递归函数，即一个函数的定义中又直接或间接地调用了它自身，这样的函数称为递归函数。此外，该递归函数以数组作为函数参数，使得函数被调用时一次可以接收主调函数传来的一批数据并进行处理。

解决跳马问题的思路是：一只马在棋盘的某一方格，它可以朝 8 个方向前进，8 个方向的方向向量分别是：（2，1）、（2，−1）、（1，2）、（1，−2）、（−2，1）、（−2，−1）、（−1,2）、（−1，−2）。从中任意选择一个方向前进，到达新的位置。再从新的位置任意选择一个方向前进，继续，直到无法前进为止。无法前进可能有如下两个原因：下一位置超出棋盘边界、下一位置已经被访问过。当马已经无法前进时，就回退到上一位置，从新选择一个新的方向前进；如果还是无法前进，就再回退到上一位置……以此类推，直到找出符合要求的一条路径。

为此，我们设计一个递归函数，从棋盘任一方格出发，测试马可以跳动的 8 个方向，如果该方向可以跳动就递归调用自身，跳动到下一方格，继续测试下一方格的 8 个方向，以此类推，这是一个不断递归的过程，如果递归到某一方格的 8 个方向均不能继续跳动，则返回上一次递归调用，测试上一方格的其他方向，这一过程有可能一直返回到第一个方格。该递归函数的递归结束条件是走满 36 步且下一步回到起点方格。

该问题实现代码如下：

```
#include<stdio.h>
#define N 6                /*表示棋盘的行和列*/
static int SN;             /*步数,代表跳马的顺序号*/
int OK=0;                  /*跳马是否成功完成的标志*/
int StartLine,StartColumn;   /*代表起始的位置行与列*/

/*输出跳马顺序的布局图*/
void Output(int ChessBoard[N+1][N+1])
```

```
{
  int i,j,i1;
  printf("\t");
  for(i1 = 1;i1< = N;i1 ++ )
    printf(" %d列\t",i1);
  for(i = 1;i< = N;i ++ )
{
    printf("\n");
    printf(" %d行\t",i);
    for(j = 1;j< = N;j ++ )
    {
      printf(" %d\t",ChessBoard[i][j]);
    }
  printf("\n");
}
}

/*设计在棋盘数组中存储跳马顺序号,x代表行号,y代表列号*/
void JumpHorse(int x,int y,int ChessBoard[N+1][N+1])
{
  if (OK = = 1)return;if(SN = = N * N&&((x - 2 = = StartLine&&y + 1 = = StartColumn)||(x - 1 = =
    StartLine&&y + 2 = = StartColumn)||(x + 1 = = StartLine&&y + 2 = = StartColumn)||(x + 2 = =
    StartLine&&y + 1 = = StartColumn)||(x + 2 = = StartLine&&y - 1 = = StartColumn)||(x + 1 = =
    StartLine&&y - 2 = = StartColumn)||(x - 2 = = StartLine&&y - 1 = = StartColumn)||(x - 1 = =
    StartLine&&y - 2 = = StartColumn)))
{
  Output(ChessBoard);
  OK = 1;
  return;
}
/*测试马可以跳动的8个方向*/
/*第1个方向*/
if((x + 2< = N)&&(y + 1< = N)&&(ChessBoard[x + 2][y + 1] = = 0))
{
  ChessBoard[x + 2][y + 1] = ++ SN;
  JumpHorse(x + 2,y + 1,ChessBoard);
}
/*第2个方向*/
if(x + 1< = N&&y + 2< = N&&ChessBoard[x + 1][y + 2] = = 0)
{
  ChessBoard[x + 1][y + 2] = ++ SN;
  JumpHorse(x + 1,y + 2,ChessBoard);
}
```

```
/*第 3 个方向 */
if(1<=x-1&&y+2<=N&&ChessBoard[x-1][y+2]==0)
{
  ChessBoard[x-1][y+2]=++SN;
  JumpHorse(x-1,y+2,ChessBoard);
}
/*第 4 个方向*/
if(1<=x-2&&y+1<=N&&ChessBoard[x-2][y+1]==0)
{
  ChessBoard[x-2][y+1]=++SN;
  JumpHorse(x-2,y+1,ChessBoard);
}
/*第 5 个方向*/
if(1<=x-2&&1<=y-1&&ChessBoard[x-2][y-1]==0)
{
  ChessBoard[x-2][y-1]=++SN;
  JumpHorse(x-2,y-1,ChessBoard);
}
/*第 6 个方向*/
if(1<=x-1&&1<=y-2&&ChessBoard[x-1][y-2]==0)
{
  ChessBoard[x-1][y-2]=++SN;
  JumpHorse(x-1,y-2,ChessBoard);
}
/*第 7 个方向*/
if(x+1<=N&&1<=y-2&&ChessBoard[x+1][y-2]==0)
{
  ChessBoard[x+1][y-2]=++SN;
  JumpHorse(x+1,y-2,ChessBoard);
}
/*第 8 个方向*/
if(x+2<=N&&1<=y-1&&ChessBoard[x+2][y-1]==0)
{
  ChessBoard[x+2][y-1]=++SN;
  JumpHorse(x+2,y-1,ChessBoard);
}
/*当 8 个方向都不通时,在返回上一次递归调用前,顺序号复原,且棋盘位置置 0 回复原状*/
SN--;
ChessBoard[x][y] = 0;
}
void main()
{
  int ChessBoard[N+1][N+1]={0};      /*记录棋盘是否被跳过*/
```

```
    printf("请输入马在 %d* %d棋盘上行列的初始位置:\n",N,N);
    printf("起始行号:");
    scanf(" %d",&StartLine);
    printf("起始列号:");
    scanf(" %d",&StartColumn);
    SN = 1;
    ChessBoard[StartLine][StartColumn] = 1;
    JumpHorse(StartLine,StartColumn,ChessBoard);
    if(OK! = 1)
    { printf("\n当 N= %d时无回路\n",N); }
}
```

程序运行结果如下：

请输入马在 6*6 棋盘上行列的初始位置:
起始行号:1
起始列号:1

	1 列	2 列	3 列	4 列	5 列	6 列
1 行	1	14	21	30	35	12
2 行	22	29	36	13	20	31
3 行	15	2	23	32	11	34
4 行	28	5	8	17	24	19
5 行	7	16	3	26	33	10
6 行	4	27	6	9	18	25

说明：

● 数组做函数形式参数的情况下，当函数被调用时形参数组接收的是主调函数传递来的实参数组的首地址，通过参数传递使得实参数组和形参数组实际上成为同一数组，因此在函数体中对形参数组做了什么处理相当于对实参数组也做了同一处理。本程序中 Output 函数和 JumpHorse 函数均使用数组做函数参数。

● 编写递归函数时应注意两点，一是递归函数的定义中一定要直接或间接地调用自身，如本程序中 JumpHorse 函数的定义，二是一定要设置递归条件，否则递归过程将永远继续下去而无法结束。

● 解决本问题的算法思想也适用于其他的迷宫寻路问题。

任务 5 指针型参数应用于函数

3.5.1 问题情景及其实现

查询有不及格记录的学生，并显示其信息。具体实现代码如下：

```
#include〈stdio.h〉
/*求总分函数*/
void nopass(float(*pointer)[4],int n)
{
```

```
    int i,j,flag;
    for(j=1;j<n+1;j++)
    {
      flag=0;
      for(i=0;i<4;i++)
        if(*(*(pointer+j)+i)<60)
            flag=1;
      if(flag==1)
        {
          printf("序号为%d的学生有不及格记录\n",j);
          for(i=0;i<4;i++)
          printf("%5.2f\t",*(*(pointer+j)+i));
          printf("\n");
        }
      }
}
/*主函数*/
void main()
{
  float score[4][4]={{60,70,80,90},{90,70,60,90},{50,70,80,80},{60,60,40,70}};
  nopass(score,3);
}
```

程序运行结果如下：

```
序号为2的学生有不及格记录
50.00  70.00  80.00  80.00
序号为3的学生有不及格记录
60.00  60.00  40.00  70.00
```

本例要求用函数完成对4个学生4门课程分数的按要求查询，查询出有不及格记录的学生，并显示其信息。从前面学过的知识我们不难判断，对于4个学生4门课程分数应该使用二维数组来存放，那么这个二维数组中的数据信息可以通过数组方式传递到函数中，而数组传递方式是使用数组名的形式进行传递，数组名代表数组的首地址，前面我们也经常谈到地址这个概念。它代表的是内存单元的位置，在C语言中对于地址类型的数据，我们称为指针类型。本例就是通过指针类型作为参数，来完成函数功能设计的。那么对于指针类型的量我们应该怎样来定义？有哪些指针类型的量？对这些量又该怎样进行处理？带着这些问题，我们来学习一下指针。

3.5.2 相关知识：指针概述、指针的应用

指针是C语言中广泛使用的一种数据类型。合理运用指针来编程是C语言最主要的风格之一。利用指针变量可以表示各种数据结构；能很方便地使用数组和字符串；并能像汇编语言一样处理内存地址，从而编出精练而高效的程序。指针极大地丰富了C语言的功能。学习指针是学习C语言中最重要的一环，能否正确理解和使用指针是我们是否已掌握C语

言的一个标志。同时，指针也是C语言中最为困难的一部分，在学习中除了要正确理解基本概念，还必须要多编程，多上机调试。只要做到这些，指针也是不难掌握的。

1. 指针概述

（1）指针的概念。

首先，我们需要明确一下指针的概念。指针是一种数据类型，用来存储指针数据类型的变量称为指针变量。

在计算机中，所有的数据都是存放在存储器中的。一般把存储器中的一个字节称为一个内存单元，不同的数据类型所占用的内存单元数不等，如长整型量占4个单元，字符型量占1个单元等。

其实，计算机的内存就像一个旅馆，而内存中的一个单元就像旅馆里的一个房间，每个房间都有一个房间编号，通过房间编号就能找到这个房间的位置，同理，为了正确地访问这些内存单元，必须为每个内存单元编号。根据一个内存单元的编号即可准确地找到该内存单元。内存单元的编号称为地址。既然根据内存单元的编号或地址就可以找到所需的内存单元，这个地址具有一种指导方向的作用，所以通常也把这个地址称为指针。

但是，值得我们注意的是，内存单元的指针和内存单元的内容是两个不同的概念。我们可以用一个简单的例子来说明它们之间的关系。我们到银行去存取款时，银行工作人员根据我们的账号去找我们的存款单，找到之后在存单上写入存款、取款的金额。在这里，账号就是存单的指针，存款数是存单的内容。对于一个内存单元来说，单元的地址即为指针，其中存放的数据才是该单元的内容。在C语言中，允许用一个变量来存放指针，这种变量称为指针变量。因此，一个指针变量的值就是某个内存单元的地址或称为某内存单元的指针。

实际上，可以把指针变量看成一种特殊的变量，它用来存放某种类型变量的地址。简单地说，指针就是内存地址，它的值表示被存储的数据在内存中的位置，而不是被存储的内容。

打个比方，如图3—11所示，有A、B两个带锁的盒子，为了打开一个A盒子，拿出里面的帽子，有两种办法。

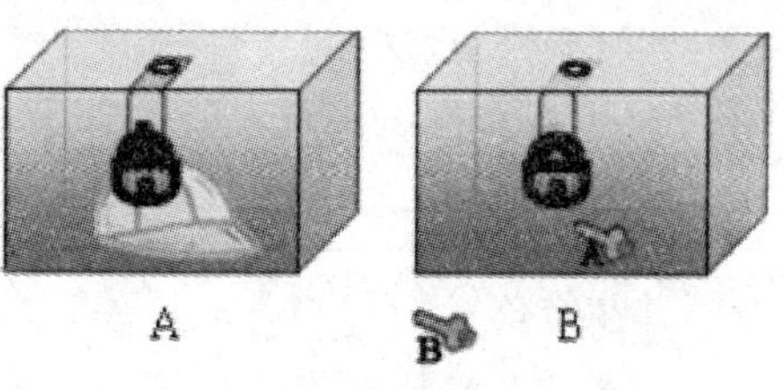

图3—11　指针的间接访问

一种是将A盒子的钥匙带在身上，需要时直接找出该钥匙打开A盒子，取出里面的帽子，这是“直接访问”。

另一种办法是，为安全起见，将该A盒子的钥匙放在B盒子中锁起来。如果需要打开A盒子，就需要先找出B盒子中的钥匙，打开B盒子，取出A盒子的钥匙，再打开A盒子，取出A盒子中的帽子，这就是“间接访问”。

在间接访问中，A钥匙是A盒子的指针，A盒子中的帽子，相当于A盒子中的内容。B钥匙是B盒子的指针，而A钥匙存储在B盒子中，A钥匙即是该B盒子的内容，B盒子相当于指针变量。

（2）指针变量的定义与引用。

1）指针变量的定义。

我们知道，指针类型的变量用来存放内存的地址。定义一个指针类型的变量，就可以在该变量中存放其他变量的地址。如果我们将变量 x 的地址存放在指针变量 p 中，就可以通过 p 访问到 x，我们也说，指针 p 指向变量 x。

对指针变量的定义包括三个内容：

◆ 指针类型说明符（*），即定义当前变量为一个指针变量；

◆ 指针变量名，即指针变量的名字；

◆ 指针变量所指向变量的数据类型。

其一般形式为：

```
数据类型 * 变量名;
```

其中，* 表示这是一个指针变量，变量名即为定义的指针变量的名字，数据类型表示本指针变量所指向变量的数据类型。

例如：

```
int * ptr1;
char * ptr2;
```

这个定义说明：ptr1 和 ptr2 是指针变量，它们可以保存变量的地址，且 ptr1 可以保存整型变量地址，ptr2 可以保存字符型变量的地址。

下面都是指针定义的例子：

```
float * pf;  /* 定义了一个指向 float 型变量的指针 pf */
char * pc;  /* 定义了一个指向 char 型变量的指针 pc */
long * pl[10];  /* 定义了一个包含 10 个指针变量的指针数组 pl,变量都指向 long 型的变量 */
char( * pch)[10];  /* 定义了一个 char 型指针变量 pch,它指向 10 个 char 型元素组成的数组 pch */
int( * pi)( );  /* 定义了一个函数的指针 pi,该函数返回值为 int 型 */
double * * pd;  /* 定义了一个指向指针的指针 pd,被指向的指针指向一个 double 型的变量 */
```

注意：

在定义指针变量时：

(1) 变量名前面的“*”，表示该变量为指针变量，但“*”不是变量名的一部分。

(2) 一个指针变量只能指向同一个类型的变量。如前面定义的 pf 只能指向 float 变量，不能时而指向一个 float 变量，时而又指向一个 int 变量。

在定义了一个指针变量后，系统会为指针变量分配内存单元。各种类型的指针变量被分配的内存单元大小是相同的，因为每个指针变量存放的是内存地址值，所需要的存储空间当然相同。

下面通过实例说明指针的含义：

```
int n = 100;
int * p = &n;
```

这里首先定义一个 int 型变量 n，并初始化为 100，然后定义一个指针变量 p，它指向

int 型变量。假设变量 n 的地址是 1000，是通过取地址运算符“&”得到的，并赋给指针变量 p。也就是说，&n 就表示 int 型变量 n 的地址，并把它作为 p 的初值。这样，p 就成为指向变量 n 的指针，如图 3—12 所示。

2）指针变量的引用。

```
int a, * pa = &a;
```

如上定义，pa 指向 a（如图 3—13 所示），＊pa 是获取 pa 指向的变量，即为 a。在本例中，＊ 是类型说明符，说明变量 pa 是一个指针变量类型。

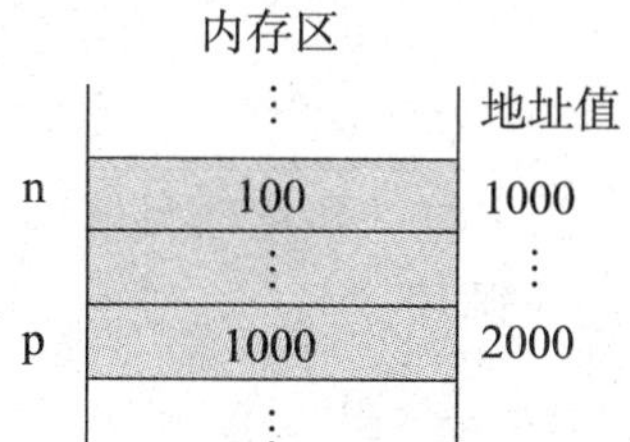

图 3—12　指针与指针变量的存储方式

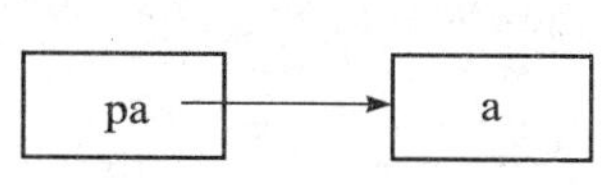

图 3—13　指针变量的指向

＊pa 也能作为左值，即给 pa 指向变量的内容赋值。

例如：

```
int a, * pa = &a;
* pa = 10;
```

在本例的第二条语句“＊pa=10;”中，＊ 称为间接存取运算符。它是单目运算符，变量 pa 作为它的右操作数，其功能是获取或存储指向变量的值，该语句与“a=10;”的效果是一样的。

注意： 这里的＊号是运算符，而定义指针变量中的＊号是一个说明符，含义是不同的。

C 语言编译器能够检查数据类型，如果把某个变量赋给一个类型不匹配的数据，可能会出现错误，指针也不例外。例如，有如下定义：

```
int i, * ptr1 = &i;
char * ptr2;
```

下面的语句就会出现编译错误：

```
ptr2 = ptr1;
```

如果我们把 ptr1 强制转换成 char＊类型，再赋给 ptr2，就可以得到：

```
ptr2 = (char * )ptr1;
```

如果指针类型是 void＊类型，则可以与任意数据类型匹配。

void 指针在被使用之前，必须转换为正确的类型。例如：

```
int i = 99;
void * vp = &i;
```

而下面的语句会产生一个编译错误：

```
* vp = 3;
```

如果我们没有为指针变量赋值，指针指向的内容并没有意义。在 C 语言中，有几个头文件定义了一个常量 NULL（它的值为 0），表示指针不指向任何内存单元。我们可以把 NULL 常量赋给任意类型的指针变量，初始化指针变量。例如：

```
int * ptr1 = NULL;
char * ptr2 = NULL;
```

NULL 常用于带有指针的数据结构（如链表）的末尾（参见项目四），处理这样的数据结构，通常运用循环语句。遇到 NULL 指针时，终止循环。

注意：全局指针变量会被自动初始化为 NULL，局部指针变量没有初始化，其初值是随机的。我们编程的错误常常出现在没有对指针初始化。未初始化的指针可能是一个非法的地址，导致程序运行时出现“segmentation fault”、“system error”、“bus error”等错误，而使程序运行终止。

【例 3—27】指针变量的定义与引用。

```
#include<stdio.h>
void main( )
{
   int  * p1, * p2;
   int  a1 = 11,a2 = 22;
   p1 = &a1;
   p2 = &a2;
   printf(" %d, %d\n",a1,a2);
   printf(" %d, %d\n", * p1, * p2);
}
```

程序运行结果如下：

```
11,12
11,12
```

说明：本例中定义了两个整型变量 a1、a2 和两个整型的指针变量 p1、p2；接着将 a1 变量的地址赋给指针变量 p1，将 a2 变量的地址赋给指针变量 p2；最后通过两个 printf 函数，一个先直接访问 a1 和 a2 输出其值，另一个通过访问 p1 和 p2 来间接访问并输出 a1 和 a2 的值，其变量间的关系如图 3—14 所示。

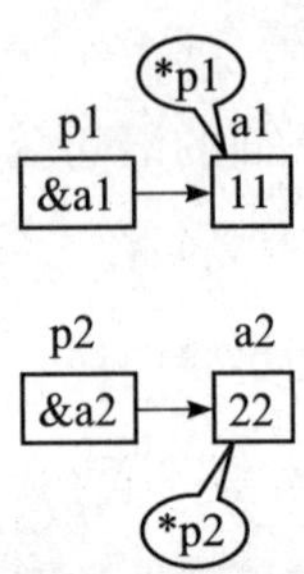

图 3—14　指针变量的引用

注意：

在运用指针变量间接访问变量时：

（1）指针变量的类型与要访问变量的类型要一致。

（2）指针变量的指向要明确，即运用指针变量进行访问前，需要给指针变量赋予相应的地址值（未赋值的指针变量初值不为空）。

2. 指针与数组

（1）指向数组的指针与数组元素的指针变量。

一个变量有一个地址，一个数组包含若干元素，每个数组元素都在内存中占用存储单元，它们都有相应的地址。所谓数组的指针是指数组的起始地址，数组元素的指针是数组元素的地址。

一个数组是由连续的一块内存单元组成的。数组名就是这块连续内存单元的首地址。一个数组也是由各个数组元素（下标变量）组成的。每个数组元素按其类型不同占有几个连续的内存单元。一个数组元素的首地址也是指它所占有的几个内存单元的首地址。

定义一个指向数组元素的指针变量的方法，与以前介绍的指针变量相同。

例如：

```
int a[10];/*定义 a 为包含 10 个整型数据的数组*/
int *p;/*定义 p 为指向整型变量的指针*/
```

在此，因为数组为 int 型，所以指针变量也应该是指向 int 型的指针变量。下面是对指针变量赋值：

```
p=&a[0];
```

把 a［0］元素的地址赋给指针变量 p。也就是说，p 指向 a 数组的第 0 号元素，如图 3—15 所示。

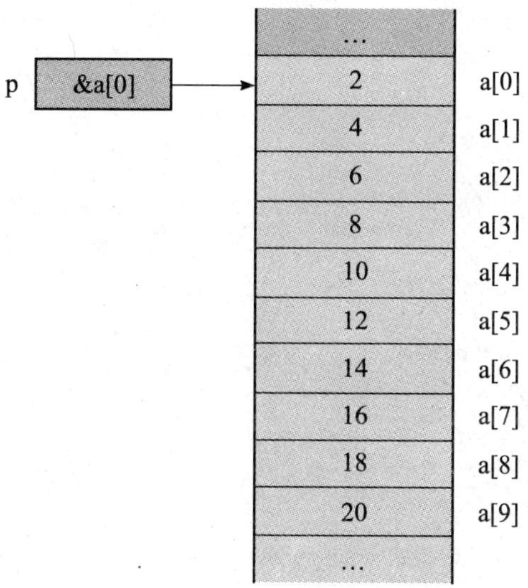

图 3—15　指针变量指向数组元素

C 语言规定，数组名代表数组的首地址，也就是第 0 号元素的地址。因此，下面两个语句等价：

```
p=&a[0];        /* 将 a[0]元素的地址赋给指针变量 p */
p=a;            /* 将 a 数组的首地址(即第一个元素 a[0]的地址)赋给指针变量 p */
```

在定义指针变量时可以赋给初值（即初始化）：

```
int *p=&a[0];
```

它等效于：

```
int *p;
p=&a[0];
```

当然定义时也可以写成：

```
int *p=a;
```

从图 3—15 中我们可以看出有以下关系：

p、a、&a [0] 均指向同一单元，它们是数组 a 的首地址，也是 0 号元素 a [0] 的首地址。应该说明的是 p 是变量，而 a、&a [0] 都是常量。在编程时要特别注意。

数组指针变量说明的一般形式为：

```
数据类型 * 变量名;
```

其中数据类型表示所指向数组的类型。从一般形式可以看出指向数组的指针变量和指向普通变量的指针变量的说明是相同的。

【例 3—28】 指针变量访问数组元素。

```
#include<stdio.h>
void main( )
{
  int a[10],*p=a,i;
  for(i=0;i<10;i++)
    a[i]=i;
  for(i=0;i<10;i++)
    printf("%d\t",*p++);
    printf("\n");
    p=&a[8];
    printf("a[8]=%d\n",a[8]);
    printf("a[8]=%d\n",*p);
}
```

程序运行结果如下：

```
0  1  2  3  4  5  6  7  8  9
a[8]=8
a[8]=8
```

说明：这个程序首先声明了一个元素长度为 10 的整型数组 a 和一个整型指针变量 p，并且把数组的首地址赋给指针变量 p，如图 3—16 所示。接着，运用循环结构对各数组元素赋值，并用指针 p 输出该数组元素。＊p 实现了对 p 所指向的数组元素的访问，p++使 p 指向下一个数组元素，＊p++就是访问下一个数组元素。最后，将a［8］的地址赋给 p，然后运用 printf 先直接访问输出 a［8］的值，然后间接访问＊p 输出 a［8］的值，它们的结果是一样的，都是对数组元素 a［8］的访问。

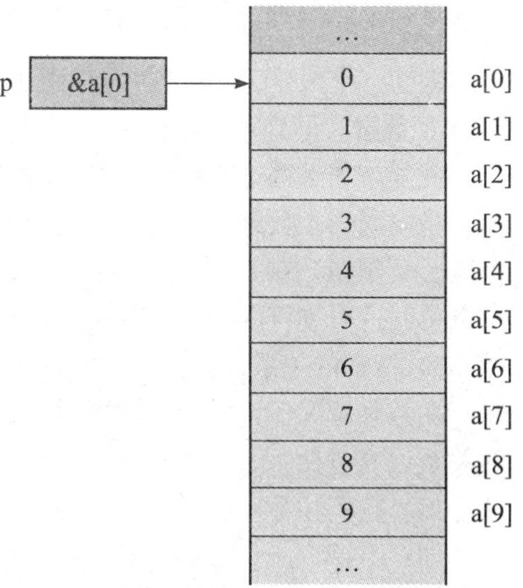

图 3—16　指针变量访问数组元素

（2）指针的基本运算。

在 C 语言中，指针也能与整数作加减运算，即让指针变量加一个整数或减一个整数。但指针运算与整数的运算并不相同，它与指针所指向的变量的位置有关。

指针是一种特殊的变量，它所允许的运算有下面几种：赋值运算、算术运算和关系运算。

1）指针的赋值运算。

可以将一个变量的地址赋给一个指针变量，也可以将一个数组的首地址或一个函数的入口地址赋给指针变量，但所赋的地址值必须与指针变量的类型匹配。另外，相同类型的指针之间也可以相互赋值。例如：

```
int a, *p, *q;
p = &a;
q = p;
```

这样就使 q 与 p 指向同一个变量 a，即 p 和 q 都是指向变量 a 的指针。

另外，为了安全起见，可以将 NULL（即 0）赋给暂时不用的指针，使它不指向任何变量，该指针称为空指针。

2）指针的算术运算。

由于指针存放的都是内存地址，所以指针的算术运算都是整数运算。

一个指针可以加上或减去一个整数值，包括加 1 和减 1。根据 C 语言地址运算规则，一个指针变量加（减）一个整数并不是简单地将其地址量加（减）一个整数。而是根据其所指的数据类型的长度，计算出指针最后指向的位置。例如，p+i 实际指向的地址是：

```
p+i*m;
```

其中 m 是数据存储所需的字节数，一般情况下，字符型数据 m=1，长整型数据 m=4，双精度浮点型数据 m=8。例如，下面的语句说明了一个 float 型指针变量 p 进行算术运算的情况。

```
float *p,a; /* 假设 a 变量的内存地址为 3000 */
p = &a; /* 指针变量 p 获得 a 变量的地址 3000 */
```

```
p++; /*指针变量p自增运算,即p变量指向a变量后的一个float变量,其地址为3004 */
```

因为一个 float 型变量在内存中占 4 个字节的空间。p++操作是使指针 p 指向下一个 float 型数据，同理可知，p−−操作是使指针 p 指向前一个 float 型数据。

此外，如果两个指针所指的数据类型相同，在某些情况下，这两个指针可以相减。例如，指向同一个数组的不同元素的两个指针可以相减，其差便是这两个指针之间相隔元素的个数。又例如，在一个字符串里面，让指向字符串尾的指针和指向字符串首的指针相减，就可以得到这个字符串的长度。

3）指针的关系运算。

在某些情况下，两个指针可以相比较，但要求这两个指针指向相同类型的数据。指针间的关系运算包括>、>=、<、<=、==、!=。例如，比较两个指向相同数据类型的指针，如果它们相等，就说明它们指向同一个地址（即同一个数据）。

如：if(p1==p2) printf(" two pointrs are equal. \n");

指向不同数据类型的指针之间进行关系运算是没有意义的。但是，一个指针可以和 NULL（0）作相等或不等的关系运算，用来判断该指针是否为空。

【例 3—29】 指针运算。

```
#include<stdio.h>
void main( )
{
  char *str="HELLO";/*指向字符串第一个元素*/
  short int num[]={10,20,30,40},i;
  short int *ntr=&num[0];/*指向num数组第一个元素*/
  for(i=0;i<5;i++)
    printf("%c",*(str+i));
  printf("\n");
  for(i=0;i<5;i++)
    printf("%c",*str++);
  printf("\n");
  for(i=0;i<4;i++)
    printf("%d\t",*(ntr+i));
  printf("\n");
  for(i=0;i<4;i++)
    printf("%d\t",*ntr++);
  printf("\n");
}
```

程序运行结果如下：

```
HELLO
HELLO
10  20  30  40
10  20  30  40
```

说明：假定一个 char 型变量占用的内存空间是一个字节，一个 short int 型变量占用的内存空间是两个字节。在上例中，定义了一个字符型指针变量 str 指向一个字符串的第一个元素，而又定义了一个短整型数组 num，和短整型指针变量 ntr 指向数组 num，利用指针变量 str 访问字符串中的元素和利用指针变量 ntr 访问数组 num，其访问形式有两种。

第一种访问方法，通过不断改变短整型变量 i 的值，使（str+i）和（ntr+i）的指向不断发生变化，来访问字符串中的元素。

第二种访问方法，通过 str++移动一个字节来改变 str 指针变量的指向，从而顺序访问字符串“HELLO”中的元素。通过 ntr++移动一个 short int 型数（即两个字节）来改变 ntr 指针变量的指向，从而访问数组 num 中的各个元素，如图 3—17 所示。

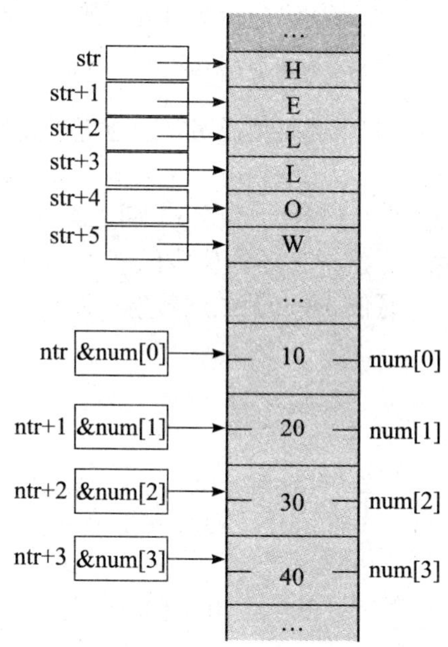

图 3—17 指针的运算

所以，“HELLO”的元素可以通过 * str、*（str+1）、*（str+2）等引用，num 的元素可以用 * ntr、*（ntr+1）、*（ntr+2）、*（ntr+3）等引用。

注意：

第一种访问方法并不改变指针变量的指向，指针变量 str 始终指向字符串“HELLO”的第一个元素，指针变量 ntr 始终指向数组 num 的第一个元素；而第二种访问方法，就是不断改变指针变量的值来改变指针变量的指向，当指针变量 str 访问字符串“HELLO”后，指针变量 str 已经不再指向第一个元素，当指针变量 ntr 访问数组 num 后，指针变量 ntr 也已经不再指向第一个元素。

根据以上叙述，引用一个数组元素可以用：

◆ 下标法：即用 num [i] 形式访问数组元素，在前面介绍数组时都是采用这种方法。

◆ 指针法：即采用 *（num+i）或 *（ntr+i）形式，用间接访问的方法来访问数组元素，其中 num 是数组名，ntr 是指向数组的指针变量，其初值为 ntr=num。

（3）指向多维数组的指针变量。

把二维数组 a 分解为一维数组 a [0]、a [1]、a [2] 之后，设 p 为指向二维数组的指针变量。可定义为：

```
int( * p)[4]
```

它表示 p 是一个指针变量，它指向包含 4 个元素的一维数组，也称为行指针，代表指向某一行。若指向第一个一维数组 a [0]，其值等于 a、a [0] 或 &a [0] [0] 等，指向第 0 行。而 p+i 则指向一维数组 a [i]，指向第 i 行。从前面的分析可得出 *（p+i）+j 是二维数组第 i 行第 j 列的元素的地址，而 *（*（p+i）+j）则是第 i 行第 j 列元素的值。

二维数组指针变量说明的一般形式为：

类型说明符（∗指针变量名)[长度]

其中“类型说明符”为所指数组的数据类型。“∗”表示其后的变量是指针类型。“长度”表示二维数组分解为多个一维数组时，一维数组的长度，也就是二维数组的列数。应注意“（∗指针变量名)”两边的括号不可少，如缺少括号则表示是指针数组（本项目后面介绍），意义就完全不同了。

【例 3—30】 二维数组指针。

```
#include<stdio.h>
void main( )
{
  int a[3][4] = {0,1,2,3,4,5,6,7,8,9,10,11};
  int(*p)[4] = a;
  int i,j;
  for(i = 0;i<3;i++)
  {
    for(j = 0;j<4;j++)
      printf("%3d",*(*(p+i)+j));
    printf("\n");
  }
}
```

程序运行结果如下：

```
0  1   2   3
4  5   6   7
8  9  10  11
```

说明： 本程序定义了一个二维数组指针 p，初始化为指向二维数组 a 的第 0 行；其中的∗（∗（p+i）+j）代表的是第 i 行第 j 列元素的值，即通过循环输出二维数组 a 中各元素的值。

(4) 指针数组。

数组元素也可以是指针类型，数组元素为指针的数组称之为指针数组。指针数组是一种很有用的数据结构，它使得数组元素可以指向不同的内存块，实现对不同大小的内存块的数据的统一管理。指针数组的一般定义形式为：

类型标识符∗指针数组[元素个数];

编译时，根据数组的大小为指针数组分配相应的内存空间。

例如：

```
int *p[4];
```

定义了有 4 个指针元素的指针数组 p，每个指针元素指向一个整型变量。给数组元素赋值时，是为每个元素赋一个整型变量的地址。指针数组的应用举例如下：

【例 3—31】指针数组。

```
#include<stdio.h>
void main( )
{
  int a[2][3]={1,3,5,7,9,11};
  int *pa[2],i,j;
  pa[0]=a[0];
  pa[1]=a[1];
  for(i=0;i<2;i++)
    for(j=0;j<3;j++,pa[i]++)
      printf("a[%d][%d]=%d\n",i,j,*pa[i]);
}
```

程序运行结果如下：

```
a[0][0]=1
a[0][1]=3
a[0][2]=5
a[1][0]=7
a[1][1]=9
a[1][2]=11
```

说明：程序中，pa [0] =a [0] 表示将数组 a 第 1 行元素的首地址赋给指针数组元素 pa [0]，所以也可以写成“pa [0] =&a [0] [0];”，使用了表达式 pa [i] ++来修改指针数组 pa 所指向的数据。例如，当 i=0 时，通过 pa [i] ++便得到数组元素 a [0] [0]、a [0] [1] 和 a [0] [2] 的地址，指针数组 pa 与数组 a 的关系如图 3—18 所示。

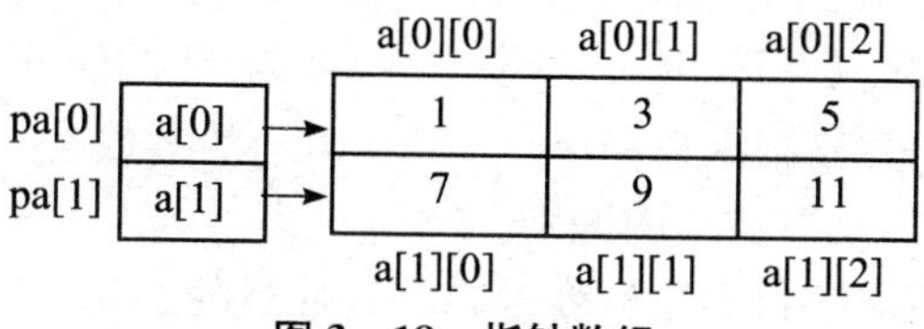

图 3—18　指针数组

3. 指针与字符串

(1) 字符串与字符串指针。

字符串是存放在字符数组中的，对字符数组中的字符逐个处理时，前面介绍的指针与数组之间的关系完全适用于字符数组。通常将字符串作为一个整体来使用，用指针来处理字符串更加方便。当用指向字符串的指针来处理字符串时，并不关心存放字符串的数组大小，而只关心是否已处理到字符串的结束符。

【例 3—32】字符串指针。

```
#include<stdio.h>
#include<string.h>
void main( )
{
```

```
    char * p1 = "I am a student";
    char s1[30],s2[30];
    char * p2 = s2;/ * 将数组 s2 首地址赋 p2 * /
    strcpy(s1,p1);/ * 用命令复制字符串 * /
    for(; * p2 ++ = * p1 ++ ;);/ * 用指针复制字符串 * /
      printf("s1 = % s\n",s1);
    printf("s2 = % s\n",s2);
}
```

程序运行结果如下：

```
s1 = I am a student
s2 = I am a student
```

说明：

● 编译系统执行定义语句 char ＊p1＝“I am a student”；时，首先为字符串“I am a student”分配内存空间，然后将该内存空间首地址赋给指针变量 p1。

● 用指针变量复制字符串的过程时，先将指针变量 p2 指向字符串数组 s2 的首地址，然后通过赋值语句“＊p2＝＊p1；”将字符由字符串 s1 中复制到 s2 中，再移动 p1、p2 到下一个字符单元，依次循环直到字符串结束符‘\0’为止。全部复制过程用一个 for 语句完成。在 for（；＊p2＋＋＝＊p1＋＋；）语句中，表达式：

```
 * p2 ++ = * p1 ++ 等价于下列三条语句，
 * p2 = * p1;          / * s2[i] = s1[i],将指针 p1 所指 s1[i]赋给指针 p2 所指 s2[i] * /
p1 ++ ;                / * 指针 p1 加 1 指向 s1 的下一个元素 * /
p2 ++ ;                / * 指针 p2 加 1 指向 s2 的下一个元素 * /
```

上述循环语句为空语句，不断循环，直到 p1 指向结束字符‘\0’，即为 0 时，for 语句因条件为假而结束。从而完成字符串 s1 复制到字符数组 s2 的任务。

● 指针变量 p1 可以作为复制函数 strcpy（s1，p1）的参数。

（2）字符型指针变量与字符数组的区别。

1）分配内存。设有定义字符型指针变量与字符数组的语句如下：

```
char * pc,str[100];
```

则系统将为字符数组 str 分配 100 个字节的内存单元，用于存放 100 个字符。而系统只为指针变量 pc 分配 4 个存储单元，用于存放一个内存单元的地址。

2）初始化赋值含义。字符数组与字符指针变量的初始化赋值形式相同，但其含义不同。例如：

```
char str[ ] = "I am a student !";
char * pc = "You are a student !";
```

对于字符数组，是将字符串放到为数组分配的存储空间去，而对于字符型指针变量，是先将字符串存放到内存，然后将存放字符串的内存起始地址送到指针变量 pc 中。

3）赋值方式。字符数组只能对其元素逐个赋值，而不能将字符串赋给字符数组名。对于字符指针变量，字符串地址可直接赋给字符指针变量。例如：

```
str = "I love China!";     /* 字符数组名 str 不能直接赋值,该语句是错误的 */
pc = "I love China!";     /* 指针变量 pc 可以直接赋字符串地址,语句正确 */
```

4）输入方式。可以将字符串直接输入字符数组，而不能将字符串直接输入指针变量。但可以将指针变量所指字符串直接输出。

例如：

```
gets(str);     /* 正确,获取字符串,存入 str 数组中 */
gets(pc);     /* 错误,因为 pc 只是一个指针变量,其指向的内容空间不确定,所以不能随便对其操作 */
puts(pc);     /* 正确,输出以 pc 指向单元开始的字符串 */
```

5）值的改变。在程序执行期间，字符数组名表示的起始地址是不能改变的，而指针变量的值是可以改变的。例如：

```
str = str + 5;     /* 错误,str 是数组的首地址,是常量,不能改变 */
pc = str + 5;     /* 正确,pc 是指针变量,可以改变其指向 */
```

小结：字符数组 s [100] ——指针变量 pc

- 分配内存：分配 100 个单元——分配 4 个单元。
- 赋值含义：字符串放到数组存储空间——先将字符串存放字符到内存，然后将存放字符串的首地址送到 pc 中。
- 赋值方式：只能逐个元素赋值——字符串地址可赋给 pc。
- 输入方式：字符串直接输入字符数组——不能将字符串直接输入指针变量。
- 值的改变：字符数组首地址不能改变——指针变量的值可以改变。

由以上区别可以看出，在某些情况下，用指针变量处理字符串，要比用数组处理字符串方便。

4. 指向指针的指针

如果一个指针变量存放的是另一个指针变量的地址，则称这个指针变量为指向指针的指针变量。

在前面已经介绍过，通过指针访问变量称为间接访问。由于指针变量直接指向变量，所以称为“单级间址”。而如果通过指向指针的指针变量来访问变量则构成“二级间址”，如图 3—19 所示。

从图 3—20 可以看到，name 是一个指针数组，它的每一个元素是一个指针型数据，其值为地址。数组名 name 代表该指针数组的首地址。name＋i 是 name [i] 的地址。name＋i 就是指向指针型数据的指针（地址）。还可以设置一个指针变量 p，使它指向指针数组元素。p 就是指向指针型数据的指针变量。

怎样定义一个指向指针型数据的指针变量呢？如下：

```
char **p;
```

p 前面有两个 * 号，相当于 * （* p）。显然 * p 是指针变量的定义形式，如果没有最前面的 *，那就是定义了一个指向字符数据的指针变量。现在它前面又有一个 * 号，表示指针变量 p 是指向一个字符指针型变量的。

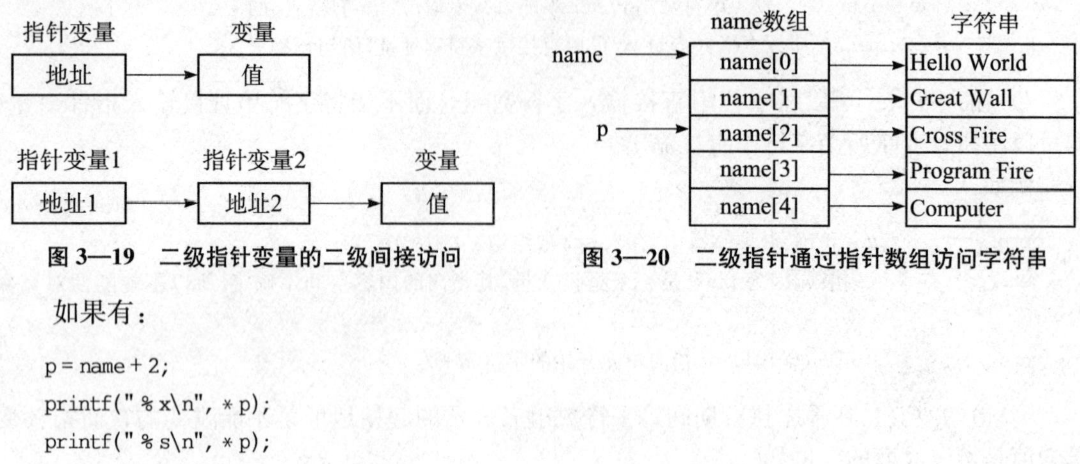

图 3—19　二级指针变量的二级间接访问　　**图 3—20　二级指针通过指针数组访问字符串**

如果有：

```
p = name + 2;
printf(" % x\n", * p);
printf(" % s\n", * p);
```

我们将指针数组 name+2 赋给 p 指针变量，p 就指向了指针数组 name 的第三个指针变量 name［2］。第一个 printf 函数语句输出 name［2］的值（它是一个地址），第二个 printf 函数语句以字符串形式（%s）输出字符串“Cross Fire”。

【例 3—33】指针数组和指向指针的指针。

```
#include<stdio.h>
void main( )
{
  char * name[] = {"Hello World","Great Wall","Cross Fire","Program File","Computer"};
  char * * p;
  int i;
  for(i = 0;i<5;i ++ )
  {
    p = name + i;
    printf(" % s\n", * p);
  }
}
```

程序运行结果如下：

```
Hello World
Great Wall
Cross Fire
Program File
Computer
```

说明：指针数组的每一个元素都只能存放某种类型的地址。本例 name 指针数组中每一个元素存放的是字符串的首地址。p 是指向指针的指针变量，本例也使用了指向指针的指针变量访问指针数组元素，然后间接通过指针数组元素访问字符串。

5. 指针与函数

(1) 指针作为函数的参数。

函数的参数不仅可以是整型、实型、字符型等数据，还可以是指针。它的作用是将一个变量的地址传送到另一个函数中。

我们知道，在函数调用的值传递方式中，形参和实参均占用不同的存储单元，形参值的变化不会影响实参的值，也就是说，值传递方式不能带回参数值。我们也知道，一个函数用 return 只能返回一个函数值，如果要求函数返回多个值，一个可行的方法是将变量的地址作为函数的参数进行传递，也就是把指针作为函数的参数。

同其他变量一样，指针变量也可以做函数的参数。我们以下面的 swap 函数为例，该函数的功能是交换两个整型变量的值。

【例 3—34】 指针作为函数的参数。

```
#include<stdio.h>
void swap(int *pa,int *pb)
{
  int temp= *pa;
  *pa= *pb;
  *pb=temp;
}
void main( )
{
  int x=10,y=20;
  printf("x= %d,y= %d\n",x,y);
  swap(&x,&y);
  printf("x= %d,y= %d\n",x,y);
}
```

程序运行结果如下：

```
x=10,y=20
x=20,y=10
```

对于 swap 函数，定义了两个整型指针 pa、pb 作为形参，在函数内部，通过对 pa、pb 的操作，改变它们所指的变量的值。

调用 swap 函数，会创建两个临时指针变量 pa、pb，并分别被初始化为实参 x、y 的地址，即相当于“int *pa=&x，*pb=&y;”。

函数中参与运算的值不是 pa、pb 本身，而是它们指向的内容，也就是实参 x、y 的值（*pa 与 x、*pb 与 y 占用相同的内存单元）。所以在 swap 函数中改变了 *pa，也就是改变了 x，改变了 *pb，也就是改变了 y。交换了 *pa 与 *pb，也就是交换了 x、y 的值。

从图 3—21 可以看到：在调用函数中，是把实参的指针传送给形参，即传送 &x、&y，这是

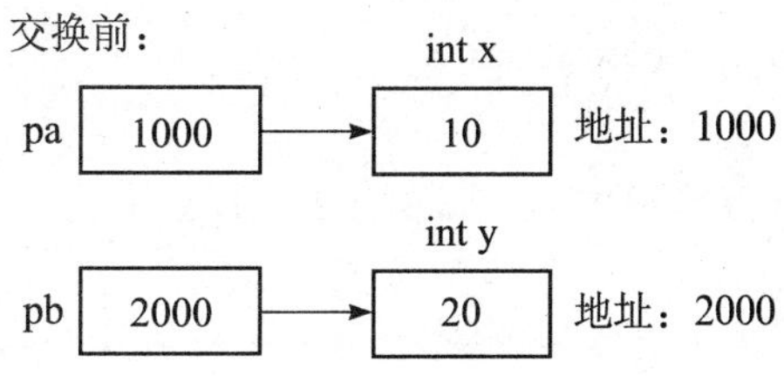

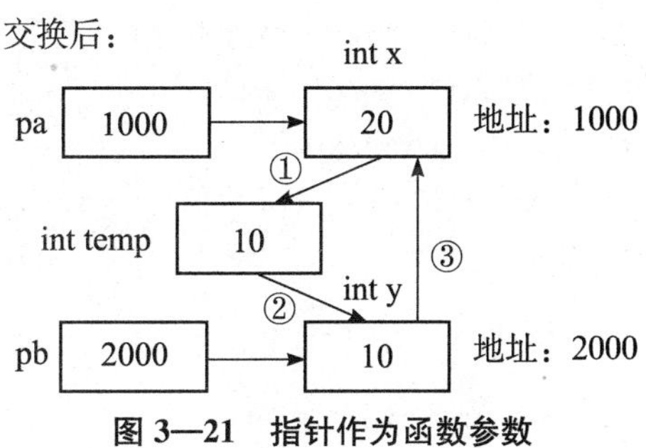

图 3—21　指针作为函数参数

函数参数的地址传递。但是，作为指针本身，仍然是函数参数的值传递方式。因为在 swap 函数中创建的临时指针变量，在函数返回时被释放，它不会影响调用函数中的实参指针（即地址）值。

例如：在调用的时候，swap（&x，&y），分别把整型变量 x、y 的地址作为参数传给 pa、pb，在 swap 函数内部，通过对 x、y 地址的引用，交换的是该地址所指向的数据，即交换了 x、y 的值。

（2）指向函数的指针变量。

在C语言中，一个函数总是占用一段连续的内存区，而函数名就是该函数所占内存区的首地址。我们可以把函数的这个首地址（或称入口地址）赋予一个指针变量，使该指针变量指向该函数。然后通过指针变量就可以找到并调用这个函数。我们把这种指向函数的指针变量称为“函数指针变量”。

函数指针变量定义的一般形式为：

```
类型说明符 (*指针变量名)();
```

其中“类型说明符”表示被指函数的返回值的类型。“(* 指针变量名)”表示“*”后面的变量是定义的指针变量。最后的空括号表示指针变量所指的是一个函数。

例如：

```
int(*pf)();
```

表示 pf 是一个指向函数入口的指针变量，该函数的返回值（函数值）是整型。

【例 3—35】 函数指针。

```
#include<stdio.h>
int max(int a,int b)
{
  if(a>b)return a;
  else return b;
}
void main()
{
  int(*pmax)();
  int x,y,z;
  pmax=max;
  printf("请输入两个整数:");
  scanf("%d%d",&x,&y);
  z=(*pmax)(x,y);
  printf("两个数的最大值是:%d\n",z);
}
```

程序运行结果如下：

```
请输入两个整数:56 34↙
两个数的最大值是:56
```

说明：

从上述程序可以看出，用函数指针变量形式调用函数的步骤如下：

- 先定义函数指针变量，如程序中第9行“int (＊pmax)();”，定义pmax为函数指针变量。
- 把被调函数的入口地址（函数名）赋予该函数指针变量，如程序中第11行“pmax=max;”。
- 用函数指针变量形式调用函数，如程序第14行“z=(＊pmax)(x，y);”。
- 调用函数的一般形式为：(＊指针变量名)(实参表)。

注意：

(1) 与数组指针变量不同，函数指针变量不能进行算术运算。数组指针变量加减一个整数可使指针移动指向后面或前面的数组元素，而函数指针的移动是毫无意义的。

(2) 函数调用中“(＊指针变量名)”的两边的括号不可少，其中的“＊”号不应该理解为求值运算，在此处它只是一种表示符号。

(3) 返回指针值的函数。

函数类型是指函数返回值的类型。在C语言中允许一个函数的返回值是一个指针（即地址），这种返回指针值的函数称为指针型函数。

定义指针型函数的一般形式为：

```
类型说明符 *函数名(形参表)
{
  …… /*函数体*/
}
```

其中函数名之前的“＊”号表明这是一个指针型函数，即返回值是一个指针。类型说明符表示返回的指针值所指向的数据类型。

例如：

```
int *ap(int x,int y)
{
  ……/*函数体*/
}
```

表示ap是一个返回指针值的指针型函数，它返回的指针指向一个整型变量。

【例3—36】 返回指针值的函数。

```
#include<stdio.h>
char *day_name(int n)
{
  static char *name[]={"error day","Monday","Tuesday","Wednesday","Thursday","Friday","Saturday","Sunday"};
  return((n<1||n>7)? name[0]:name[n]);
```

```
}
void main( )
{
  int i;
  printf("请输入代表星期名的整数(1-7):");
  scanf("%d",&i);
  printf("整数%2d代表的星期名是:%s\n",i,day_name(i));
}
```

程序运行结果如下：

```
请输入代表星期名的整数(1-7):5
整数5代表的星期名是:Friday
```

本例中定义了一个指针型函数 day_name，它的返回值是一个字符型指针。该函数中定义了一个静态指针数组 name。name 数组初始化赋值为八个字符串，分别表示各个星期名及出错提示。形参 n 表示与星期名所对应的整数。在主函数中，把输入的整数 i 作为实参，在 printf 语句中调用 day_name 函数并把 i 值传送给形参 n。day_name 函数中的 return 语句包含一个条件表达式，n 值若大于 7 或小于 1 则把 name［0］指针返回主函数输出出错提示字符串“error day”。否则返回主函数输出对应的星期名。

注意：函数指针变量和指针型函数在写法和意义上的区别。如 int（*p）( )和 int *p（）是两个完全不同的量。

int（*p）（）是一个变量说明，说明 p 是一个指向函数入口的指针变量，该函数的返回值是整型量，（*p）两边的括号不能少。

int *p（）则不是变量说明而是函数说明，说明 p 是一个指针型函数，其返回值是一个指向整型量的指针，*p 两边没有括号。作为函数说明，在括号内最好写入形式参数，这样便于与变量说明区别。

对于指针型函数定义，int *p（）只是函数头部分，一般还应该有函数体部分。

（4）main 函数的参数。

前面介绍的 main 函数都是不带参数的。因此 main 后的括号都是空括号。实际上，main 函数可以带参数，这个参数可以认为是 main 函数的形式参数。C 语言规定 main 函数的参数只能有两个，习惯上这两个参数写为 argc 和 argv。因此，main 函数的函数头可写为：

```
main(argc,argv)
```

C 语言还规定 argc（第一个形参）必须是整型变量，argv（第二个形参）必须是指向字符串的指针数组。加上形参说明后，main 函数的函数头应写为：

```
main(int argc,char *argv[])
```

由于 main 函数不能被其他函数调用，因此不可能在程序内部取得实际值。那么，在何处把实参值赋予 main 函数的形参呢？实际上，main 函数的参数值是从操作系统命令行上获得的。当我们要运行一个可执行文件时，在 DOS 提示符下键入文件名，再输入实际参数即可把这些实参传送到 main 的形参中去。

DOS 提示符下命令行的一般形式为：

```
C:\>可执行文件名 参数 参数……;
```

但是应该特别注意的是，main 的两个形参和命令行中的参数在位置上不是一一对应的。因为，main 的形参只有两个，而命令行中的参数个数原则上未加限制。argc 参数表示了命令行中参数的个数（注意：文件名本身也算一个参数），argc 的值是在输入命令行时由系统按实际参数的个数自动赋予的。

例如有命令行为：

```
C:\>E24 BASIC foxpro FORTRAN
```

由于文件名 E24 本身也算一个参数，所以共有 4 个参数，因此 argc 取得的值为 4。argv 参数是字符串指针数组，其各元素值为命令行中各字符串（参数均按字符串处理）的首地址。指针数组的长度即为参数个数。数组元素初值由系统自动赋予。

【例 3—37】 命令行参数。

```
#include<stdio.h>
void main(int argc,char *argv[])
{
  while(argc-->1)
    printf("%s\n",*++argv);
}
```

例 3—37 是按 C 语言程序设计的格式显示命令行中输入的参数。设例 3－37 的可执行文件名为 e24.exe，存放在 D 盘的根目录下。

输入如下命令（下划线部分代表输入命令），程序运行结果如下：

```
C:\>d:e24 BASIC foxpro FORTRAN↙
BASIC
foxpro
FORTRAN
```

说明：输入的命令行参数是字符串形式，输入时以空格、Tab 来分隔计算数量，该行共有 4 个参数："d：e24"、"BASIC"、"foxpro"、"FORTRAN"，执行 main 时，main 函数中的参数 argc 的初值是命令行参数的个数值，该例为 4。argv 可以假想成一个字符型指针数组，该指针数组里存放的是命令行所有参数字符串的首地址，而这些字符串是顺序存放的。argv 中存放的是第一个字符串"d：e24"的地址。执行 while 语句，每循环一次 argc 值减 1，当 argc 等于 1 时停止循环，共循环三次，因此共可输出三个参数。在 printf 函数中，由于输出项 *++argv 是先加 1 再输出，故第一次输出显示的是从 argv［1］所指的字符串"BASIC"开始的。第二、三次循环分别输出显示的是后两个字符串"foxpro"、"FORTRAN"。而参数"d：e24"是路径和文件名，这里没有对其显示输出。

3.5.3 知识扩展：最大价值路线图

最大价值路线图如图3—22所示，是一个由数字构成的三角形，假定开始时人站在最顶端，人每次只能向左下或右下走，并且要一层一层地走，不能跳过某一层，一直走到底层，要求找出一条路径，使路径上的数值和最大。

本程序设计可以采用贪心算法进行设计，每走一步都找出这一步的最大价值路线，期望最后得到的是最大的价值路线，即得到解。

首先可以使用递归方法来实现，前面已经介绍了递归算法，在这里直接给出关键的算法，完整过程留给读者自己完成，代码如下：

```
/*三角形存放数据如图3—23所示*/
int a[100][100];
/*递归函数*/
int max(int i, int j, int n)
{
  int left,right;
  /*到达边缘*/
  if ((i==n)||(j==n)) return a[i][j];
  /*左边*/
  left=max(i+1,j,n);
  /*右边*/
  right=max(i+1,j+1,n);
  return (left>right)? (left+a[i][j]) : (right+a[i][j]);
}
```

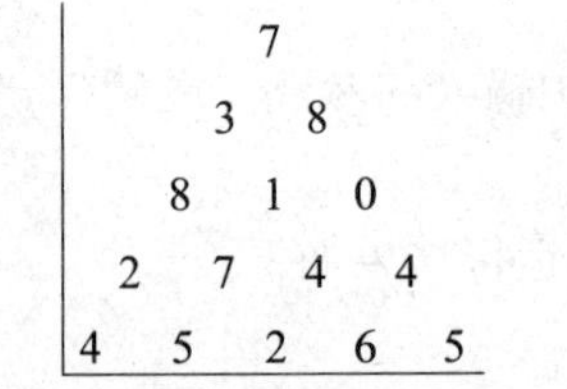

```
        7
      3   8
    8   1   0
  2   7   4   4
4   5   2   6   5
```

图3—22　最大价值路线图

```
7
3  8
8  1  0
2  7  4  4
4  5  2  6  5
```

图3—23　按数组存放状态

在上述贪心算法中，每一步出现的最优解并非整个问题的最优解，即当前一步的最大值不一定是下一步求和的最大值，即问题会随着每一步的变化而发生变化，即变化是动态的。

例如：7+3<7+8（第一步的两条路径），从这里我们认为应该向右走，但是7+3+8>7+8+1，又让我们看到第一步走法的错误，所以由上而下不能确定该往左还是往右，因为每走一步后下一步的路径都会发生变化。

根据这道题的特殊性，我们将介绍一种动态规划的设计方法来解决这个问题。

动态规划设计方法的基本思想是，把求解的问题分成许多阶段或多个子问题，然后按顺序求解各子问题。最后一个子问题就是初始问题的解。

在动态规划中有以下几个重要的概念：

阶段：把问题分成几个相互联系的有顺序的环节，这些环节即称为阶段。

状态：某一阶段的出发位置称为状态。通俗地说状态是对问题在某一时刻的进展情况的数学描述。本例中 maxf [i] [j]，即取第 i 行第 j 个数能够达到的最大值。

决策：从某阶段的一个状态演变到下一个阶段某状态的选择。本例中，假设位置在第 i 行第 j 个数，则向下取值可以有两种方案：取第 i+1 行第 j 个数或取第 i+1 行第 j+1 个数。

状态转移方程：根据上一阶段的状态和决策导出本阶段的状态。本例中的状态转移方程为 maxf [i] [j] =sz [i] [j] +max (maxf [i+1] [j]，maxf [i+1] [j+1])，表示取第 i 行第 j 个数所能达到的最大和。

动态规划法利用问题的最优原理，以自底向上的方式从子问题的最优解逐步构造出整个问题的最优解。即将图 3—23 中的元素，以由底向上的方式找子问题的最优解，为了减少重复计算，将其不同阶段获取的最优解保存在一个二维数组中，如图 3—24 所示。对比图 3 23，图 3—24 即是其由底向上取子问题的解：左右路径的最大值，存储于数组中。在图 3 23 中倒数第二行第一列的数字是 2，它向下走能取得的最大值是 2+4<2+5，即 7，所以在图 3—24 中的倒数第二行第一列的数字是 7；在图 3—23 中倒数第二行第二列的数字是 7，它向下走能取得的最大值是 7+5>7+2，即 12，所以在图 3—24 中的倒数第二行第二列的数字是 12；以此类推得到图 3—24 所列数组，第一行第一列的值即最大价值。

```
30
23  21
20  13  10
7   12  10  10
4   5   2   6   5
```

图 3—24　自底向上获取子问题解

程序设计代码如下：

```
#include<stdio.h>
#define M 5
/*取两个数的较大者*/
int max(int x,int y)
{  return x<y?y:x;  }
/*空格的输出*/
void space(int n)
{
  int i;
  for(i=0;i<n;i++)
    printf("   ");
}
/*固定行最大值列数的确定*/
int MaxL(int *f,int i,int m)
{
  int j,max=m;
  for(j=m;j<=i&&j<=m+1;j++)
    if(f[max]<f[j])   max=j;
  return max;
}
void main()
{
  int i,j,m=0,s;
  /*存储数塔初始值*/
  int sz[M][M]={{7},{3,8},{8,1,0},{2,7,4,4},{4,5,2,6,5}};
  /*存储每行由下而上获取最大和值*/
```

```
    int maxf[M][M] = {0};
    /* 树状的输出格式 */
    printf("树状数据显示:\n");
    for(i = 0;i<M;i ++ )
   {
    space(M - i);
    for(j = 0;j< = i;j ++ )
    {
      space(1);
      printf(" % 3d",sz[i][j]);
    }
    printf("\n");
   }
  /* 将数组 sz 的最后一行数据复制到 maxf 数组中 */
     for(j = 0;j<M;j ++ )
  { maxf[M - 1][j] = sz[M - 1][j];}
  /*  maxf 数组中数组元素值的计算存储 */
       for(i = M - 2;i> = 0;i— )
          for(j = 0;j< = i;j ++ )
    { maxf[i][j] = sz[i][j] + max(maxf[i + 1][j],maxf[i + 1][j + 1]);}
  printf("\n 最大能取得值 % d = ",maxf[0][0]);
  /* 找出 maxf 数组中每一行获取大值列对应于 sz 数组中列的位置 */
  for(i = 0;i<M;i ++ )
  {
    m = MaxL(&maxf[i][0],i,m);
    if(i! = 0)printf(" + ");
    printf(" % d",sz[i][m]);
  }

  printf("\n 最大能取得值方向:");
  /* 找出 maxf 数组中每一行获取大值列对应于 sz 数组中列的位置,并判断其所走路线方向 */
  m = 0;
  for(i = 1;i<M;i ++ )
  {
    s = MaxL(&maxf[i][0],i,m);
    if(m = = s) printf("左下");
    else printf("右下");
    if(i<M - 1) printf(",");
    m = s;
  }
  printf("\n");
  }
```

运行结果如下：

树状数据显示:

```
            7
          3   8
        8   1   0
      2   7   4   4
    4   5   2   6   5
```

最大能取得值 30 = 7 + 3 + 8 + 7 + 5

最大能取得值方向:左下,左下,右下,左下

拓展练习

一、常见错误举例

1. 定义数组时使用变量作为下标

C语言规定，定义数组变量时，数组的大小必须是一个正整数常量。下面的做法是错误的。

```
int n;
scanf("%d",&n);
int a[n];
```

在编译的时候，计算机需要给数组分配一个指定的大小空间。要求n必须是常量，如果n不是常量，是变量，在编译的时候编译器并不知道n到底是多少，所以会发生编译错误。

2. 数组的越界操作

当给数组元素赋值时，引用数组单元的下标如果超出了合法的范围，就会出现越界操作，通常数组越界的操作有以下几种情况：

(1) 误以为a [n] 是第n个元素。例如：当下面的for语句执行到最后一遍时，就出现越界操作a [10] =10;

```
int i,a[10];
for(i = 1;i< = 10;i ++ )
a[i] = i;
```

(2) 当用函数scanf或gets接受字符串输入时，定义的字符数组太小，也会出现越界问题。例如：

```
char str[10];
gets(str);
如果用户输入:Hello Word!↙
```

送入的字符串“Hello Word!”的长度是11，加上末尾的‘\0’，需要至少12个字符单元存放，而我们申请的字符数组str的空间大小是10，这样就出现了越界问题。

(3) 当使用指针变量访问数组的时候，注意指针访问前的初始状态，否则也会出现越界问题。

```
int a[10],i;
```

```
int *p;
p=a;
for(i=0;i<10;i++)
  scanf("%d",p++);
for(i=0;i<10;i++)
  printf("%d",p++);
```

上面程序段中，前一个循环结束时，p 指针变量已指向 a 数组末尾，已经越界，再要使用 p 需要重新为其赋值，即“p=a;”，这样对于后一个循环才不至于越界处理。

3. 按照定义多个变量的方式定义函数参数列表

C 语言规定，如果函数带有多个形参，形参之间用逗号分隔，但每个形参名前都要有形参类型符。例如：

```
void f1(float x,float y)          void f2(float x,y)
{……}                               {……}
```

如果省略了形参的类型说明符，就会默认为 int 型。上面的 f2 函数中的形参 y 的类型就是 int 而不是 float。

4. 指针变量未赋值之前就引用

未正确赋值的指针称为“野指针”，引用野指针非常危险，常常导致系统崩溃。因为野指针未赋值之前，内部是一个不确定的值，即指向一个不确定的单元。这个单元到底属于哪一个程序，有什么作用，我们都不清楚，所以不能随便使用。表 3—1 所示为指针错误用法与正确用法的对比。

表 3—1　　指针的错误用法与正确用法对比

错误的用法	正确的用法

int a, *p;
scanf("%d",p);/*p 为野指针*/
	int a, *p;
	p=&a;
	scanf("%d",p);

char *p;
p=strcpy(p,"abcde");/*p 为野指针*/
	char *p;
	char str[10];
	p=str;
	p=strcpy(p,"abcde");

char str[20], *p;
scanf("%s",p);/*p 为野指针*/
	char str[100], *p;
	p=str;
	scanf("%s",p);

5. 返回指针的函数返回了局部变量的地址

当函数返回时，局部变量便消失了。如果返回局部变量的地址，则返回的指针将是一个“野指针”。例如：

```
int * getdata( )/*返回一个整型变量的指针*/
{
  int a[10],i;
  for(i=0;i<10;i++)
```

```
    scanf("%d",&a[i]);
  return a;/*返回数组 a 的首地址*/
}
void main( )
{
  int *p,i;
  p=getdata( );
  for(i=0;i<10;i++)
  if(p[i]<0)
    p[i]=-p[i];
}
```

这个程序中的数组 a 属于 getdata 函数中的局部变量，在调用 getdata 函数结束之后，数组 a 的空间就会被释放，还给操作系统，这时 p 获取了该数组的首地址，而这个地址单元已经不属于该程序，所以是一个“野指针”，我们引用“野指针”，并且修改它所指向的单元，将会存在严重问题。

6. 利用指针变量输入数据时多了 &

如果指针指向一个变量，用指针作为参数调用 scanf 函数时，指针本身就是变量的地址，因此不能再使用 & 运算符。例如：

```
int a;
int *p=&a;
scanf("%d",&p);
```

这里 p 前面加了 & 运算符，表示是往 p 指针变量中送值，而不是 a 变量。我们无法预知内存单元的分配，不能随便为指针变量送值，应改为“scanf（“%d”，p)；”。

二、程序设计练习

【练习 1】 从键盘上输入一个字符串，对这个字符串由小到大排序，最后显示排序后的字符串。

程序分析：根据题意，对字符串的处理分为三步：第一步是从键盘上输入一个字符串；第二步是将这个字符串进行排序；第三步是显示排序后的结果。第一步和第三步较容易，关键是第二步的处理。字符串排序是指将一个字符串中各个字符按照 ASCII 码值的大小排序。例如，字符串“China”由小到大的排序结果应该是“Cahin”。

这里，我们参见 3.1.3 知识扩展，使用冒泡排序法，将字符串中的前一个字符和后一个字符进行比较，通过比较将小的字符放到前面，大的字符放到后面。

例如：字符串“Computer”的排序过程如下：

第 1 轮比较：5 个字符前后比较 4 次，其中最大的字符‘n’沉底。

待排序列：	C	h	i	n	a	\0
比较后：	C	h	i	a	**n**	\0

第 2 轮比较：4 个字符前后比较 3 次，其中最大的字符‘i’沉底。

待排序列：	C	h	i	a	n	\0

比较后：

C	h	a	**i**	**n**	\0

第 3 轮比较：3 个字符前后比较 2 次，其中最大的字符‘h’沉底。

待排序列：

C	h	a	**i**	**n**	\0

比较后：

C	a	**h**	**i**	**n**	\0

第 4 轮比较：2 个字符前后比较 1 次，其中最大的字符‘a’沉底。

待排序列：

C	a	**h**	**i**	**n**	\0

比较后：

C	**a**	**h**	**i**	**n**	\0

程序代码如下：

```
#include<stdio.h>
/*将字符串 s 中的字符排序*/
void strsort(char *s)
{
  int i,j,n;
  char t,*w;
  w=s;
  for(n=0;*w!='\0';n++)      /*得到字符串长度 n*/
    w++;
  for(i=0;i<n-1;i++)/*对字符串 s 进行排序,按字母先后顺序*/
    for(j=0;j<n-1-i;j++)
      if(s[j]>s[j+1])
      {
        t=s[j];
        s[j]=s[j+1];
        s[j+1]=t;
      }
}
void main( )
{
  char str[100];
  printf("\nPlease input string:");
  scanf("%s",str);
  strsort(str);                     /*将字符串 sr 排序*/
  printf("%s\n",str);
}
```

程序运行结果如下：

```
Please input string:China↙
Cahin
```

说明：由于数组名就是该数组的首地址，即指向该数组的指针，所以在输入函数 scanf、输出函数 printf 和排序函数 strsort 中都直接使用数组名 str 作为参数。实际上是以字符指针作为参数传递的。

该程序中定义的子函数 strsort，它实现了将一个字符串按字母顺序排序。在主函数里，先输入字符串 str，然后调用 strsort 函数对它进行排序，然后再输出排序后的字符串 sr。

【练习 2】从键盘上输入一个字符串，将这个字符串反向处理，最后显示处理后的字符串。

程序分析：根据题意，对字符串的处理分为三步：第一步是从键盘上输入一个字符串；第二步是将这个字符串进行反向处理；第三步是显示处理结果。第一步和第三步较容易，关键是第二步的处理。字符串反向处理是指将一个字符串的前后倒置。例如，字符串“Computer”反向处理结果应该是“retupmoC”。

例如：字符串“Computer”的反向处理过程如下：

```
第一步（指向）：‘C’、‘o’、‘m’、‘p’、‘u’、‘t’、‘e’、‘r’
                 ↑                                    ↑
                 s                                    p
第二步（交换）：‘r’、‘o’、‘m’、‘p’、‘u’、‘t’、‘e’、‘C’
                 ↑                                    ↑
                 s                                    p
第三步（移动）：‘r’、‘o’、‘m’、‘p’、‘u’、‘t’、‘e’、‘C’
                      ↑                          ↑
                      s                          p
```

循环处理，当 s>=p，结束循环处理。

程序代码如下：

```
#include<stdio.h>
void revstr(char *s)/*将字符串 s 反向*/
{
  char *p=s,c;
  while(*p)                /*找到串结束标记'\0'*/
    p++;
  p--;               /*指针回退一个字符,保证反向后的字符串有串结束标记'\0',指针 p 指向串
                       中最后一个字符*/
  while(s<p)        /*当串前面的指针 s 小于串后面的指针 p 的时候,进行循环*/
  {
    c=*s;              /*交换两个指针所指向的字符,先将指针 s 指向的字符存入变量 c*/
    *s++ = *p;       /*把指针 p 指向的字符赋给指针 s 指向的字符,然后将指针 s 向后移动 1 位*/
    *p-- =c;          /*将 c 中存放的字符赋给指针 p 指向的地址,然后将指针 p 向前移动 1 位*/
  }
}
void main( )
{
  char a[50];
  printf("Please input the string:");
  scanf("%s",a);            /*输入字符串*/
  revstr(a);                  /*将该字符串反向*/
  printf("%s\n",a);        /*输出反向后的字符串*/
```

```
}
```

程序运行结果如下：

```
Please input the string:Computer↙
retupmoC
```

说明：该程序中定义的子函数 revstr 实现了将一个字符串反向的功能。这里具体的做法是用两个字符指针 s 和 p 分别指向字符串的第一个字符元素和最后一个字符元素，利用指针运算符 * 实现对所指字符元素的访问。再通过中间变量 c 使 s 和 p 指向的两个字符元素的值交换，然后将 s 和 p 分别向字符串中间移动，再进行相同的操作。直到 s 和 p 这两个指针相交，即：s>=p 或 p<=s 为止，从而实现了对原字符串的反向处理。

综合实训　学生成绩管理系统

下面通过一个简单的示例程序实现学生成绩的基本管理，主要设计函数、数组和指针。掌握模块化编程的基本方法和步骤。

一、功能需求分析

根据用户输入的学生序号，输出该学生的全部成绩，包括平均分、总分；显示学生的信息；显示有不及格课程的学生信息。

二、系统功能模块设计（见图 3—25）

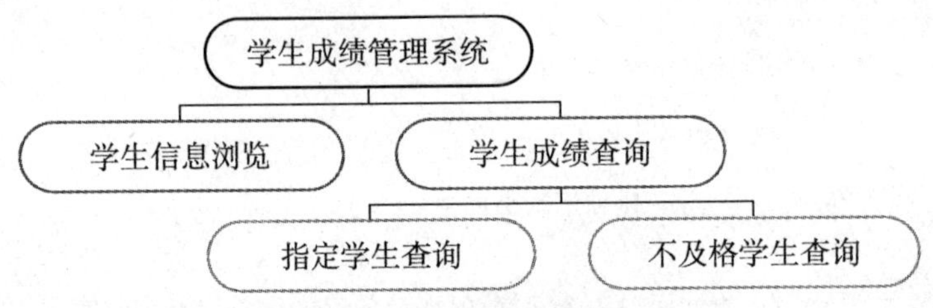

图 3—25　系统功能模块

三、详细设计

1. 数据说明

用二维数组存放 4 个学生的 4 门课程成绩

```
float score[4][4] = {{60,70,80,90},{90,70,60,90},{50,70,80,80},{60,60,40,70}};
```

2. 功能模块

（1）学生信息浏览系统

```
void findAll( * p[4],int n)
```

（2）学生成绩查询系统

```
void findstu(float score[ ][4])
```

1）指定学生查询。

```
void findone(float score[][4])
void find(float(*p)[4],int n)      /*计算输出指定学生的总分与平均分*/
```

2）不及格学生查询。

```
void nopass(float(*p)[4],int n)
```

四、项目代码实现

```
#include<stdio.h>
#include<conio.h>
#include<stdlib.h>
/*计算指定学生的总分和平均分*/
void find(float(*p)[4],int n)
{
  int i;
  float *pt,sum=0,average=0;
  pt=*(p+n-1);
  for(i=0;i<4;i++)
  {
    printf("%5.2f\t",*(pt+i));
    sum=sum+*(pt+i);
  }
  average=sum/4;
  printf("\n总分为:%5.2f\n",sum);
  printf("平均分为:%5.2f\n",average);
}
/*显示所有学生的成绩*/
void findAll(float(*p)[4])
{
  int i=0, j;
  float *pt;
  printf("***************所有成绩浏览*****************\n");
  for(pt=*p;i<4;i++,pt=*(p+i))
  {
    printf("序号%d的学生成绩:",i+1);
    for(j=0;j<4;j++)
     printf("%5.2f\t",*(pt+j));
  printf("\n");
  }
  printf("**************************************\n");
}
/*显示有不及格记录的学生成绩*/
```

```
void noPass(float( * p)[4],int n)
{
  int i,j,flag;
  printf("有不及格记录的学生:\n");
  for(i = 0;i<n;i ++ )
  {
    flag = 0;
    for(j = 0;j<n;j ++ )
      if(p[i][j]<60)
        {flag = 1;break;}
      if(flag = = 1)
      {
        printf("序号 %d 的学生成绩\n",i + 1);
        for(j = 0;j<4;j ++ )
          printf(" %5.2f\t",p[i][j]);
        printf("\n");
      }
    }
}
/ * 单个学生成绩查询 * /
void findone(float score[ ][4])
{
  int sno;
  printf("请输入学生序号(1 - 4):");
  scanf(" %d",&sno);
  printf("序号为 %d 的学生成绩为:\n",sno);
  find(score,sno);
}
/ * 成绩查询系统 * /
void findstu(float score[ ][4])
{ int xz;
  while(1)
  {
    system("cls");
    printf(" * * * * * * * * * * * * * 成绩查询系统 * * * * * * * * * * * * *\n");
    printf("     (1)查询指定学生成绩\n");
    printf("     (2)查询不及格学生成绩\n");
    printf("     (3)退出系统\n");
    printf(" * * * * * * * * * * * * * * * * * * * * * * * * * * * * * * * * * * * * *\n");
    printf("请选择功能号(1 - 3):");
    scanf(" %d",&xz);
    if(xz = = 3)break;
    switch(xz)
```

```
    {
      case 1:findone(score);break;
      case 2:noPass(score,4);break;
    }
  printf("按任意键继续!\n");
  getch( );
  }
}
void main( )
{
  int xz;
  float score[4][4] = {{60,70,80,90},{90,70,60,90},{50,70,80,80},{60,60,40,70}};
  while(1)
  {
    system("cls");
    printf("******欢迎使用学生成绩管理系统******\n");
    printf("     (1)浏览学生成绩\n");
    printf("     (2)查找学生成绩\n");
    printf("     (3)退出系统\n");
    printf("************************************\n");
    printf("请选择功能号(1-3):");
    scanf("%d",&xz);
    if(xz= =3)break;
    switch(xz)
    {
      case 1:findAll(score);break;
      case 2:findstu(score);break;
    }
    printf("按任意键继续!\n");
    getch( );
  }
    printf("\n谢谢使用,拜拜!\n");
}
```

五、项目运行界面

```
******欢迎使用学生成绩管理系统******
  (1)浏览学生成绩
  (2)查找学生成绩
  (3)退出系统
********************************
请选择功能号(1-3):1↙
***************所有成绩浏览***************
序号 1 的学生成绩:60.00 70.00 80.00 90.00
```

```
序号 2 的学生成绩:90.00 70.00 60.00 90.00
序号 3 的学生成绩:50.00 70.00 80.00 80.00
序号 4 的学生成绩:60.00 60.00 40.00 70.00
********************************
按任意键继续!
******欢迎使用学生成绩管理系统******
  (1)浏览学生成绩
  (2)查找学生成绩
  (3)退出系统
********************************
请选择功能号(1-3):2↙
*************成绩查询系统************
  (1)查询指定学生成绩
  (2)查询不及格学生成绩
  (3)退出系统
********************************
请选择功能号(1-3):1↙
请输入学生序号(1-4):3↙
序号为 3 的学生成绩为:
50.00  70.00  80.00  80.00
总分为:280.00
平均分为:70.00
按任意键继续!
*************成绩查询系统************
  (1)查询指定学生成绩
  (2)查询不及格学生成绩
  (3)退出系统
********************************
请选择功能号(1-3):2↙
有不及格记录的学生:
序号 3 的学生成绩
50.00  70.00  80.00  80.00
序号 4 的学生成绩
60.00  60.00  40.00  70.00
按任意键继续!
*****欢迎使用学生成绩管理系统******
  (1)浏览学生成绩
  (2)查找学生成绩
  (3)退出系统
********************************
请选择功能号(1-3):3↙
谢谢使用,拜拜!
```

练习题

一、单项选择题

1. 在C语言中，引用数组元素时，其允许的数组元素下标的数据类型是（　　）。

A. 实型常量　　B. 字符型常量

C. 整形常量或整形表达式　　D. 任何类型的表达式

2. 以下对一维整型数组的正确说明形式是（　　）。

A. int arry（10）;

B. int n=10;
int arry [n];

C. int n;
scanf("%d", &n);
int arry [n];

D. #define N10
int a [N];

3. 若有定义：int a [10]，则对数组a元素的正确引用形式是（　　）。

A. a [10]　　B. a [4.5]　　C. a（0）　　D. a [10-10]

4. 以下不能对一维数组a进行正确初始化的语句是（　　）。

A. int a [5] = {1, 2, 3, 4, 5};　　B. int a [5] = {1, 2, 3};

C. int a [] = {1, 2, 3, 4, 5};　　D. int a [5] = {1, 2, 3, 4, 5, 6};

5. 以下对二维数组a的正确说明形式是（　　）。

A. int a [5] [ ];　　B. float a [] [3];

C. long a [5] [3];　　D. float a (3) (5);

6. 若有定义：int a [3] [4]，则对数组a元素的正确引用是（　　）。

A. a [2] [4]　　B. a [1, 3]

C. a [2] [3]　　D. a [3] [1]

7. 以下能对二维数组a进行正确初始化的语句是（　　）。

A. int a [2] [] ={{1, 3, 1}, {2, 4, 6}};

B. int a [] [3] ={{1, 2, 3}, {4, 5, 6}};

C. int a [2] [4] ={{1, 2, 3}, {4, 5}, {6}};

D. int a [] [] ={{3, 4, 1}, {1, 2, 3}, {1, 1}};

8. 若有二维数组初始化语句 int a [3] [4] = {0}; 则下面正确的叙述是（　　）。

A. 只有元素a [0] [0] 可得到初值0

B. 此说明语句不正确

C. 数组a中各元素都可得到初值，但其值不一定为0

D. 数组a中每个元素均可得到初值0

9. 若二维数组a有n列，则计算任一元素a [i] [j] 在数组中位置的公式为（　　）。（注：a [0] [0] 在数组中的位置为1）

A. i*n+j　　B. j*n+i

C. i*n+j-1　　D. i*n+j+1

10. 若有说明：int a [] [3] = {1, 2, 3, 4, 5, 6, 7, 8, 9, 10}; 则数组a第一维

的大小是（　　）。

A. 2　　B. 3　　C. 4　　D. 无法确定

11. 若字符数组 str 中存储了字符串"china"，则该字符串的长度是（　　），字符数组 str 所占的存储空间字节数是（　　）。

A. 5　　B. 6　　C. 7　　D. 8

12. 下面程序段的输出结果是（　　）。

```
int k,a[3][3] = {1,2,3,4,5,6,7,8,9};
for(k = 0;k<3;k ++ )
printf(" %d",a[k][2 - k]);
```

A. 3 5 7　　B. 3 6 9　　C. 1 5 9　　D. 1 4 7

13. 下面是对字符数组 str 的初始化语句，其中不正确的是（　　）。

A. char str [5] = { "abcd"};

B. char str [5] = { 'a', 'b', 'c', 'd'};

C. char str [] = "abcd";

D. char str [5]; str= "abcdef";

14. 下面程序段的输出结果是（　　）。

```
char str[10] = {'C','H','I','\0','N','A','\0'}
printf(" %s",str);
```

A. 'C', 'H', 'I'　　B. CHI

C. CHINA　　D. CHI NA

15. 有两个字符数组 str1、str2，则以下正确的输入语句是（　　）。

A. gets (str1, str2);　　B. scanf ("%s%s", str1, str2);

C. scanf ("%s%s", &str1, &str2);　　D. gets ("str1"); gets ("str2");

16. 下面程序段的输出结果是（　　）。

```
char str1[10] = "Chongqing";
char str2[10] = "Beijing";
strcpy(str1,str2);
printf(" %c",str1[7]);
```

A. i　　B. \0　　C. n　　D. g

17. 下面程序段的输出结果是（　　）。

```
char c[ ] = "china\0\t\'\\";
printf(" %d",strlen(c));
```

A. 5　　B. 9　　C. 10　　D. 13

18. 判断字符串 a 是否大于 b，应当使用（　　）。

A. if (a>b)　　B. if (strcmp (a, b) <0)

C. if (strcmp (b, a) >0)　　D. if (strcmp (a, b) >0)

19. 设已定义了字符数组 s1、s2 和 s3，其中 s2 和 s3 已存储了字符串，则下面函数调用的功能是（　　）。

```
strcat(strcpy(s1,s2),s3);
```

A. 将 s1 中字符串复制到 s2 中后再连接到 s3 中的字符串后
B. 将 s1 中字符串连接到 s2 中的字符串后再复制到 s3 中
C. 将 s2 中字符串复制到 s1 中后，再将 s3 中的字符串连接到 s1 中的字符串后
D. 将 s2 中字符串连接到 s1 中的字符串后，再将 s1 中的字符串复制到 s3 中

20. 以下对二维数组 a 的正确说明形式是（　　）。

A. int a [5] [ ]；　　B. float a [] [3]；
C. long a [5] [3]；　　D. float a (3) (5)；

21. 下面函数的功能是（　　）。

```
int fun(char *x)
{
  char *y=x;
  while(*y++){};
  return y-x-1;
}
```

A. 求字符串的长度　　B. 求字符串的存放位置
C. 比较两个字符串的大小　　D. 将字符串 x 连接到字符串 y 后面

22. 若有以下说明和语句，且 0<i<10，则（　　）是对数组元素的错误引用。

```
int a[ ]={1,2,3,4,5,6,7,8,9,0}, *p,i;
p=a;
```

A. *（a+i）　　B. a [p−a]　　C. p+i　　D. *（&a [i]）

23. 下面程序的输出是（　　）。

```
#include<stdio.h>
void main( )
{
  int a[10]={1,2,3,4,5,6,7,8,9,10}, *p=a;
  printf("%d", *(p+2));
}
```

A. 3　　B. 4　　C. 1　　D. 2

24. 若有以下语句，且 0<=k<6，则正确表示数组元素地址的表达式是（　　）。

```
int x[ ]={1,9,10,7,32,4}, *ptr=x,k=1;
```

A. x++　　B. &ptr　　C. &ptr [k]　　D. &（x+1）

25. 若有以下语句：

```
int i,j=7, *p;
p=&i;
```

则与“i=j;”等价的语句是（　　）。

A. i= * j；　　B. * p=j；　　C. i=&j；　　D. i= * p；

26. 设p1和p2是指向同一个int型一维数组的指针变量，k为int型变量，则不能正确执行的语句是（　　）。

A. k= * p1+ * p2；　　B. p2=k；

C. p1=p2；　　D. k= * p1 * （ * p2）；

二、填空题

1. C语言中定义数组后，构成数组的各个数组元素具有相同的________，不同的________。

2. 若有数组定义int a [10]，则引用数组a的数组元素时，下标最小值为________，下标最大值为________。

3. 在C语言中，定义二维数组后，系统为其数组元素在内存中分配连续的内存空间，各个数组元素在内存中的存放顺序是________。

4. 若有定义double x [3] [5]，则引用x数组元素时，行标的最小值为________，列标的最小值为________，该数组共有________个数组元素。

5. 若有数组初始化语句int a [3] [4] = {{1，2}，{0}，{3，4，5，6}}，则该数组初始化后，数组元素a [1] [2] 的值为________，a [2] [1] 的值为________。

6. 如有字符数组初始化语句：char a [] = "Chong \ 0qing"，则字符数组a的长度是________。

7. 如果有字符数组定义语句char str [10]，使用gets (str)，语句键盘输入一个字符串存储在字符数组str中，则作为函数参数的字符数组名str表示________。

8. 下面程序段的运行结果是________。

```
void main( )
{
  int i,x[10];
  for(i = 9;i> = 0;i-- )
    x[i] = 10 - i
  printf(" %d%d%d\n",x[3],x[6],x[9]);
}
```

9. 如果要在字符数组s1中存储键盘输入的字符串"Hello World!"，其语句是________。

10. 如果要将字符数组s1中存储的字符串连接到字符数组s2中存储的字符串后，然后再将连接后的字符串复制到到字符数组s3中，其语句是________。

11. C语言中定义函数时如果未指定函数类型，则默认的函数类型是________。

12. C语言中没有返回值的函数类型应指定为________。

13. 下面函数返回值的类型是________。

```
float fun(float a,double b)
{return a * b;}
```

14. 发生函数调用时，实参和形参间的数据传递有两种方式：________和________。

15. 在一个函数内部调用另一个函数的调用方式称为________，在一个函数内部直接或间接调用该函数本身的调用方式称为函数的________。

16. 如果被调函数在主调函数后定义，一般应该在主调函数中或主调函数前对被调函数进行________。

17. C语言中的变量按其作用域分为________和________，按其生存期分为________和________。

18. 已知如下函数定义，其函数声明的两种写法为________、________。

```
double fun(long m,double n)
{return(m+n);}
```

19. C语言中变量的存储类别包括________、________、________和________。

20. 在一个多文件的C语言程序中，若要定义一个只允许本源文件中函数使用而不允许其他源文件中函数使用的全局整型变量a，则变量a的定义语句应写为________。

三、阅读程序，写出程序运行结果

1.

```
#define N 10
void main( )
{
  int num[N];
  int c1,c2,s1,s2,v1,v2,i;
  c1 = c2 = s1 = s2 = 0;
  for(i = 0;i<N;i ++ )
    scanf(" %d",&num[i]);
  for(i = 0;i< = N;i ++ )
    if(num[i]> = 0){s1 + = num[i];c1 ++ ;}
    else {s2 + = num[i];c2 ++ ;}
    v1 = s1/c1;v2 = s2/c2;
    printf("v1 = %d,v2 = %d\n",v1,v2);
}
```

如果程序运行时键盘输入：1，−2，3，−4，5，−6，7，−8，9，10↙

2.

```
#define N 4
void main( )
{
  int arry[N][N],i,j,n = 1;
  for(i = 0;i<N;i ++ )
  for(j = 0;j<N;j ++ )
    { arry[i][j] = n;n + = 2;}
  for(i = 0;i<N;i ++ )
  {
    for(j = 0;j< = i;j ++ )
```

```
        printf(" %5d",arry[i][j]);
      printf("\n");
    }
}
```

3.

```
void main( )
{
  int i=0;
  char s1[ ]="ABD",s2[ ]="ADCF",s3[10];
  while(s1[i]!='\0'&&s2[i]!='\0')
  {
    if(s1[i]>=s2[i])s3[i]=s1[i]+32;
    else s3[i]=s2[i]+32;
    i++;
  }
  s3[i]='\0';
  puts(s3);
}
```

4.

```
void main( )
{
  char str[]={"cde345ab"};
  int i,m=0;
  for(i=0;str[i]>='a' && str[i]<='z';i+=2)
    m=10*m+str[i]-'a';
  printf(" %d\n",m);
}
```

5.

```
void main( )
{
  char s1[10]="ABCDEFG",s2[10]="ABCDGFE";
  int i=0,n;
  while((s1[i]==s2[i])&&(s1[i]!='\0'))
    i++;
  n=s1[i]-s2[i];
  printf(" %d\n",n);
}
```

6.

```
int fun(int a,int b)
```

```
{
  return a>b?a+b:a-b;
}
void main( )
{
  int x=3,y=5;
  printf("%d\n",fun(x,y));
}
```

7.

```
void fun(int x,int y,int z)
{
  x=2*x;
  y=2*y;
  z=2*z;
}
void main( )
{
  int x=3,y=6,z=9;
  fun(x,y,z)?;
  printf("%d,%d,%d\n",x,y,z);
}
```

8.

```
void fun( );
void main( )
{
  int i=1,j=2;
  fun( );
  printf("i=%d,j=%d\n",i++,j++);
}
void fun( )
{
  int i=3,j=5;
  {
    int i=4,j=6;
    printf("i=%d,j=%d\n",i++,j++);
  }
  printf("i=%d,j=%d\n",i++,j++);
}
```

9.

```
int x = 0;
fun(int n)
{
  int x = 8;
  x- = n;
  printf("%d\n",x);
}
void main( )
{
  int y = 6;
  fun(y);
  x+ = y;
  printf("%d\n",x);
}
```

10.

```
fun(int a,int b)
{
  static int m = 0,i = 2;
  i+ = m + 1;
  m = i + a + b;
  return(m);
}
void main( )
{
  int x = 5,y = 2,p1,p2;
  p1 = fun(x,y);
  p2 = fun(x,y);
  printf("%d,%d\n",p1,p2);
}
```

11.

```
int fun(int n)
{
  auto int i,p = 1;
  p* = n;
  return p;
}
void main( )
{
  int i;mul;
  for(i = 1;i< = 5;i ++ )
```

```
    mul = fun(i);
    printf("mul = %d\n",mul);
  }
```

12.

```
int fac(int n)
{
  static int f = 1;
  f = f * n;
  return(f);
}
void main( )
{
  int i;
  for(i = 1;i< = 5;i ++ )
  printf(" %d! = %d\n",i,fac(i));
}
```

13.

```
long xn(int x, int n)
{
  long f = 0;
  if(n<0)printf("n<0,data error!\n");
  else if(n = = 0)f = 1;
    else f = x * xn(x,n - 1);
  return(f);
}
void main( )
{
  int x = 2,n = 10;long y;
  y = xn(x,n);
  printf(" %ld\n",y);
}
```

14.

```
void fun(int *x)
{
  printf(" %d\n", ++ *x);
}
void main( )
{
  int a = 25;
  fun(&a);
}
```

15.

```
void main( )
{
  int a[ ] = {1,2,3,4,5};
  int x,y, * p;
  p = &a[0];
  x= * (p+2);
  y= * (p+4);
  printf(" * p= %d,x= %d,y= %d\n", * p,x,y);
  return;
}
```

四、程序设计题

1. 键盘输入n个整数（n值也由键盘输入），统计n个整数中奇数的个数并输出这些奇数。

2. 键盘输入一个班n个学生的C语言成绩，求超过平均成绩（含平均成绩）的学生人数和低于平均成绩的学生人数。

3. 键盘输入9个整数保存在一维整型数组中，对该数组按照从大到小的顺序进行排序，然后键盘输入1个整数，将该整数插入到数组中，插入后该数组依然保持有序。

4. 定义二维数组保存一个4行4列的方阵，方阵中各元素的值由键盘输入，要求将方阵的除主对角线外的上三角部分的每个元素的值加2，下三角部分的每个元素的值减2，然后输出改变后的方阵。

5. 移数字游戏：有一个包含9个圆圈的数阵（如图3—26所示），将1～8这8个数随机填写到该数阵外层的圆圈中，只剩下中间的一个空圆圈。规定每个数字只能按照数阵中的直线从一个圆圈移动到另一个空的圆圈中。通过若干步的移动，要求将该数阵中的数字移动成为如图3—27所示的状态。

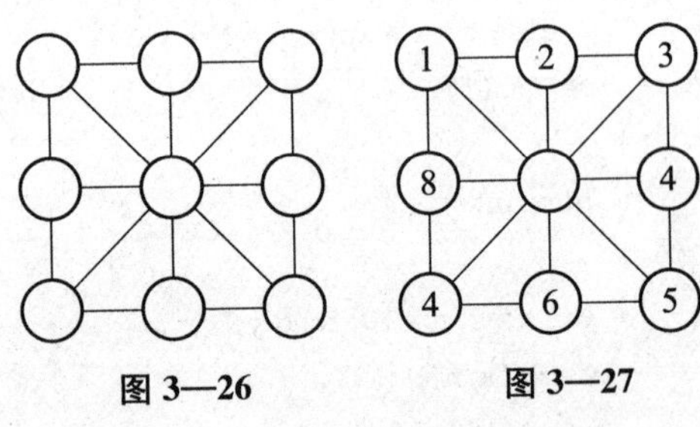

图3—26　　图3—27

6. 编写程序实现将一个字符数组中存放的字符串复制到另一个字符数组中，要求不能使用strcpy函数。

7. 编写程序实现从键盘输入一行包含英文字母、数字、空格和其他字符的字符串，将该字符串中的英文字母复制生成新的字符串并输出。

8. 编写程序，搜索一个指定字符在字符串中的位置（例如：字符‘u’在字符串“student”中的位置为3)。如果找到则输出该字符在字符串中的位置，如果没找到，则输出“没找到!”。

9. 从键盘输入一任意字符串，然后，输入所要查找字符。存在则返回它第一次在字符串中出现的位置；否则，输出“在字符串中查找不到!”。并实现对同一字符串，能实现多次查找所要的字符。

10. 将一个方阵（如图3—28所示）顺时针旋转，得到一个新的方阵（如图3—29所示)。请编辑程序代码实现将一个方阵顺时针旋转。

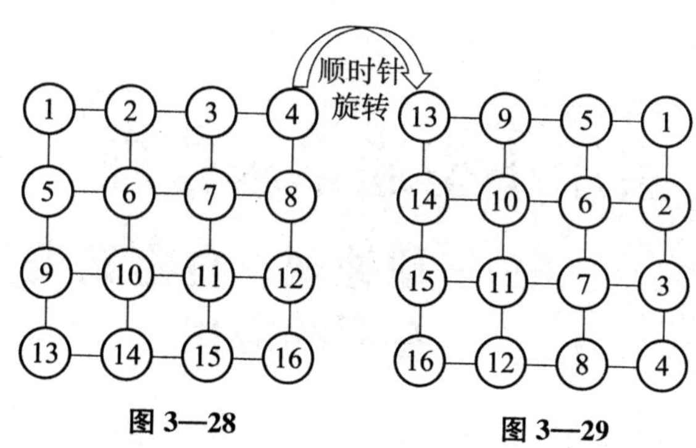

图 3—28　　图 3—29

项目4　实用小型通讯录管理

——预处理、自定义类型及数据文件存取的应用

能力与知识目标

1. 能理解三种编译预处理的概念：宏定义、文件包含、条件编译。

2. 能掌握自定义数据类型的定义和使用方法，包括枚举类型变量、共用类型变量、结构类型变量的定义与使用；会用结构体类型变量的指针动态建立链表，并能够对链表进行插入、删除等操作。

3. 能掌握数据文件的多种读写方式，并能熟练应用于程序设计中。

4. 掌握C语言预处理命令。

5. 掌握C语言程序中多文件的运行方法。

6. 掌握C语言结构体、共用体和枚举类型及其应用。

7. 掌握C语言程序对文件的读写应用。

项目任务

本项目需完成一个实用小型通讯录管理程序，实现对通讯记录的新增、保存、查询、显示、修改、删除等操作。要求能使用菜单实现功能的选择。

项目分析

根据项目任务的要求，我们需要设计一个通讯录的管理系统，通讯录用来记录人员的信息，而人员的信息该怎样进行记录呢？要完成上述项目还要对小型通讯录的操作问题有一定的了解。通讯录管理包括通讯记录的新增、查询、显示、修改、删除、保存等操作。

所以这个项目需要分为三步：第一步是通讯录中人员信息结构的设计；第二步是对该结构成员进行新增、查询、显示、修改、删除等操作的设计；第三步是将操作后的信息进行保存。因此，我们可以把该项目分解成两个任务：自定义数据类型的设计与访问、数据文件的存取。

根据知识的学习规律，我们将两个任务按这样的顺序进行讲解：自定义数据类型的设计与访问、数据文件的存取以及综合应用。

任务 1　自定义数据类型的设计与访问

4.1.1　问题情景及其实现

编写设计通讯录，并录入成员信息，然后再显示输出。具体实现代码如下：

```
#include<stdio.h>
#include<stdlib.h>
#include<string.h>
typedef struct address
{
  char name[18];
  char tel[20];
  struct address *next;
}ADDR;
void main( )
{
  ADDR *h;
  h=(ADDR *)malloc(sizeof(ADDR));
  printf("输入人员姓名:");
  scanf("%s",h->name);
  printf("输入人员电话:");
  scanf("%s",h->tel);
  h->next=NULL;
  printf("姓名\t电话\n");
  printf("%s\t%s\n",h->name,h->tel);
}
```

程序运行结果如下：

```
输入人员姓名:张三↙
输入人员电话:13985634234↙
姓名　电话
张三 13985634234
```

上面的程序是用来做人员信息输入与输出的，在程序中涉及如下命令：

```
#include<stdio.h>
#include<stdlib.h>
#include<string.h>
typedef struct address
{
  char name[18];
  char tel[20];
  struct address *next;
}ADDR;
```

首先需要考虑#include、typedef 是什么命令？struct 又是用来定义什么的？除了 struct 类型定义之外还有哪些自定义类型的命令？它们在程序运行时该怎样处理？随着这些问题的提出，我们需要了解用计算机解决实际问题时，程序是怎样处理上述命令的，还要了解这些自定义数据的类型。

带着以上这些问题，我们来认识一下 C 语言的编译预处理命令、结构体、共用体、枚举类型、类型定义符。

4.1.2 相关知识：编译预处理命令、结构体、共用体、枚举类型、类型定义符

1. 编译预处理命令

编译预处理是 C 语言编译系统的一个重要组成部分。所谓编译预处理是指在对源程序进行编译之前，先对源程序中的编译预处理命令进行处理；然后再将处理的结果和源程序一起进行编译，从而得到目标代码。应注意的是，编译预处理阶段属于编译阶段前的一个独立阶段，并不属于编译阶段。

编译预处理命令不是 C 语言语句，不需要以“;”号结尾。编译预处理命令固定以#号开头，可以出现在程序任何一行，但一般放在程序开头处，并且一行只能写一条编译预处理命令。

C 语言提供的编译预处理功能主要包括：宏定义、文件包含和条件编译三种。

（1）宏定义。

宏定义分为不带参数的宏定义和带参数的宏定义两种类型，合理使用宏定义可以简化程序代码，使得程序更容易阅读和调试，并且提高了程序的通用性和可移植性。

1）不带参数的宏定义。

所谓不带参数的宏定义是指程序代码中用一个叫做宏名的指定标识符来代表一个字符串，前面我们介绍过的符号常量的定义方式就属于不带参数的宏定义。

◆ 不带参数宏定义的一般格式为：

```
#define  宏名  字符串
```

其中#define 为宏定义命令，宏名是一个指定的标识符，字符串用来在编译预处理阶段替换宏名。

> **注意：** 书写不带参数的宏定义时，字符串部分不能用双引号括起来，如果使用双引号括起来则双引号也作为字符串的一部分。#define、宏名和字符串三部分之间使用空格进行分隔。特别需要注意的是宏定义命令不是 C 语言的语句，命令后不需要加分号。

例如：

```
#define LENGTH 10
```

该宏命令的作用是在编译预处理阶段，将该宏命令后源文件程序代码中所有出现的 LENGTH（即宏名）标识符都用字符串 10 进行替换。

◆ 不带参数宏定义的功能。

编译预处理阶段，在不带参数的宏命令作用域内，将源程序代码中出现的所有宏名标识符，用宏名后的字符串原样进行替换，这一替换过程称为“宏展开”。使用宏名代替程序代码中经常出现的字符串，可以有效减少重复输入这些字符串的工作量。

例如，在程序中定义宏名代替数组长度，可以随时简便地更改数组的长度，这也是不带参数宏定义的具体应用方法。

【例 4—1】在程序中定义宏名代替数组长度。

```
#define  ARRAY_SIZE 5
#include<stdio.h>
void main( )
{
  int array[ARRAY_SIZE];
  int i,sum = 0;
  for(i = 0;i<ARRAY_SIZE;i ++ )
  {
    array[i] = i;
    sum + = array[i];
  }
  for(i = 0;i<ARRAY_SIZE;i ++ )
  {
    printf("array[ %d] = %d\n",i,array[i]);
  }
  printf("sum = %d\n",sum);
}
```

程序运行结果如下：

```
array[0] = 0
array[1] = 1
array[2] = 2
array[3] = 3
array[4] = 4
sum = 10
```

说明：本例中使用宏名 ARRAY _ SIZE 代表数组长度，当需要改变数组长度（元素个数）时，只需修改＃define 命令行即可，一改全改，提高了程序的通用性。

【例 4—2】输入半径，输出给定半径的圆周长、圆面积和球体面积。要求在程序中使用宏名代替圆周率、圆周长、圆面积和球体面积。

根据题意，在本程序中定义多个宏名分别代替圆周率、圆周长、圆面积和球体面积，并且后面定义的宏名可以引用前面已定义过的宏名。在编译预处理阶段进行宏展开时，这些宏名将被层层替换。

```
#define PI 3.14159
#define L 2.0 * PI * r
#define S PI * r * r
```

```
#define V 4.0 * S * r/3
#include<stdio.h>
void main( )
{
  float r,len,s;
  printf("\ninput r:");
  scanf(" %f",&r);
  len = 2.0 * PI * r;
  printf("\nL = %.4f,S = %.4f,V = %.4f",L,S,V);
}
```

程序运行结果如下：

```
input r:8↙
L = 50.2654,S = 201.0618,V = 2144.6588
```

说明：在本例中，输出语句 printf（“L=%.4f，S=%.4f，V=%.4f”，L，S，V）；在预编译处理阶段经过宏展开后，被层层替换为 printf（“L=%.4f，S=%.4f，V=%.4f”，2.0 * 3.14159 * r，3.14159 * r * r，4.0 * 3.14159 * r * r * r/3）；然后再进行编译以生成目标程序。

◆ 使用不带参数宏定义应注意的问题：

● 为了增加程序的可读性，建议宏名使用大写字母，而其他的标识符使用小写字母，这样可以明显地与变量名区分开来。

● 使用字符串替换宏名时，编译系统仅仅做简单原样替换而不做语法检查，即使字符串存在书写错误也照样原样替换。例如以下宏定义：

```
#define G 5.O56
```

在输入时将数字 0 输成了字母 O，宏展开时仍然进行原样替换而不报错，直到全部宏展开完成后对源文件进行编译时才开始检查有无语法错误。

● 在不带参宏定义作用域内的程序代码中出现用双引号括起来且与宏名相同的字符串时，将不进行替换。例如，以下不带参的宏定义：

```
#define FLAG "TRUE"
```

下面程序代码中用双引号括起来且与宏名 FLAG 相同的字符串“FLAG”在宏展开时，将不进行替换。

```
char s[10] = "FLAG"
```

● 宏定义的作用域是从定义处开始到源文件结束，但根据需要可用 undef 命令终止其作用域。

undef 命令的一般形式为：

```
#undef 宏名
```

例如，下面的程序中宏定义的作用域为 # define N 5 和 # undef N 之间的代码段，在 # undef N 后的代码中出现 N 时不作为宏名处理。

```
#define N 5
void main( )
{
   …
   #undef N
   …
}
```

● 已经定义的宏名可以被后定义的宏名引用，在编译预处理时将层层进行替换。

【例 4—3】 在程序中定义宏名代替 printf 语句中的格式字符串。

本例中定义不带参数的宏名代替 printf 语句中的格式字符串，以控制程序中数据的输出方式。在程序代码中多次使用同一输出格式输出不同的数据，可以使得程序代码变得更为简洁、易读。

```
#define FORM1 "%d\n"
#define FORM2 "%d\t%d\n"
#define FORM3 "%d\t%d\t%d\n"
#include<stdio.h>
void main( )
{
  int a=1,b=2,c=3;
  printf(FORM1,a);
  printf(FORM1,b);
  printf(FORM1,c);
  printf(FORM2,a,b);
  printf(FORM3,a,b,c);
}
```

程序运行结果如下：

```
1
2
3
1       2
1       2       3
```

说明： 在本例中使用不带参数的宏定义，通过定义宏名来代表 printf 语句中的格式字符串，控制 3 个整型变量 a、b、c 的输出方式，具体实现的输出效果请读者自行分析。

2）带参数的宏定义。

与不带参数的宏定义不同的是，带参数的宏定义不仅要进行简单的字符串替换，还要进行参数替换。

◆ 带参数宏定义的一般格式为：

```
#define 宏名(形参表) 字符串
```

例如可以定义一个宏来计算矩形的面积：

```
#define AREA(length,width) ((length)*(width))
```

此时，如果程序代码中有语句“s=AREA（10，5）；”，则该语句在编译预处理阶段被宏展开为：

```
s=((10)*(5));
```

注意：带参数宏定义中宏名与圆括号之间不能有空格，否则将空格后的所有字符作为字符串以不带参数的宏定义方式处理。

◆ 带参数宏定义的功能。

在编译预处理时，把该宏命令作用域内源程序代码中出现的所有宏名用宏名后的字符串进行替换，并且用宏名后圆括号中的实参替换字符串中的形参。注意，宏名中的实参可以是常量、变量或表达式。

【例 4—4】输入两个整数，求出两个整数相除的余数（要求使用带参数宏定义实现）。

本实例应使用带参数宏定义实现求两个整数相除的余数，求余数的过程通过宏展开实现，而不能直接使用数学运算符%实现。

```
#define MOD(x,y) ((x)%(y))
#include<stdio.h>
void main( )
{
  int a,b;
  printf("\n请输入a和b两个整数:");
  scanf("%d,%d",&a,&b);
  printf("a%%b=%d\n",MOD(a,b)); /*为原样输出%号,这里写为连续的两个%号*/
}
```

程序运行结果如下：

```
请输入a和b两个整数:12,5↙
a%b=2
```

说明：

● 本例中，在编译预处理阶段宏名 MOD（a，b）被替换为字符串（（x)%（y)），并且在替换时宏名中的实参 a 替换了字符串中的形参 x，同时宏名中的实参 b 替换了字符串中的形参 y，宏名最终被替换为字符串（（a)%（b)），整个 printf 语句被展开为：

```
printf("a%%b=%d\n",((a)%(b)));
```

● printf 函数格式字符串中的%%为转义字符，表示输出%本身。

注意：在使用带参数宏定义时，宏名后圆括号中的实参使用表达式形式、字符串本身和字符串中的形参最好都用圆括号括起来，否则容易出现错误。

例如有的人编写如下代码来实现例 4—4：

```
#define MOD(x,y) (x%y)
#include<stdio.h>
void main( )
{
  int a,b;
  scanf("%d,%d",&x,&y);
  printf("a%%b=%d\n",MOD(a+1,b+1));
}
```

这时，在编译预处理阶段宏名 MOD（a，b）被替换为字符串（x%y），并且在替换时宏名中的实参表达式 a+1 替换了字符串中的形参 x，同时宏名中的实参表达式 b+1 替换了字符串中的形参 y，宏名最终被替换为字符串 a+1%b+1，整个 printf 语句被展开为：

```
printf("x%y=%d\n",a+1%b+1);
```

这样的宏定义不符合题目要求，出现这一问题的原因是：使用带参数宏名虽然能够实现与函数类似的功能，但是两者实质是不同的。带参数宏定义没有参数传递过程，只是简单地将宏名替换成字符串，并使用宏名中的实参替换字符串中的形参。具体来说，带参数宏定义在宏展开时，宏名后面圆括号中的实参表达式替换字符串中形参的方式为简单文本替换（原样替换），而不像函数调用时那样先将实参表达式的值计算出来再传递给形参。

因此，建议在使用带参数的宏定义时，一律将字符串本身以及字符串中的形参用圆括号括起来，以避免在宏替换时原样替换后造成错误表达。

下面举一个例子来说明带参宏定义和函数的区别。

【例 4—5】 输入两个整数，输出其中较大的那个整数。要求分别定义函数和带参数的宏。

本例分别使用定义函数的方式和定义带参数宏的方式求两个整数中的大数，应注意比较函数调用时实参和形参之间的数据传递过程与带参数宏名展开时实参替换形参过程的区别。

第一种方式：用函数实现。

```
#include<stdio.h>
int max(int x,int y);
void main( )
{
  int a,b;
  printf("\n请输入a和b两个整数:");
  scanf("%d,%d",&a,&b);
  printf("max=%d\n",max(a+2,b+2));
}
int max(int x,int y)
{
  return(x>y?x:y);
}
```

程序运行结果如下：

```
请输入a和b两个整数:15,12↙
max=17
```

说明：程序代码中，int max（int x，int y）为整型函数，x、y为整型形参变量，该函数的功能是求两个整数中的大数。在main函数中调用max函数，实参表达式a+2、b+2的值计算出来后分别被传递给max函数的形参x、y，求出最大数后返回主函数并输出最大数。

第二种方式：用带参数的宏定义实现。

```
#define MAX(x,y)  ((x)>(y)?(x):(y))
#include<stdio.h>
void main( )
{
  int a,b;
  printf("\n请输入a和b两个整数:");
  scanf("%d,%d",&a,&b);
  printf("\nmax=%d",MAX(a+2,b+2));
}
```

程序运行结果如下：

```
请输入a和b两个整数:15,12↙
max=17
```

说明：程序代码中的MAX（x，y）是宏名，而不是函数，x、y为宏名中的形参。需要注意的是，带参宏定义中的参数无数据类型的概念，宏展开时不分配内存单元，不会进行值传递，也没有类似函数返回值的概念。在编译预处理阶段，宏名MAX（x，y）被替换成字符串（（x）>（y)?（x)：（y)），并且替换时用实参a+2替换形参x，用实参b+2替换形参y，替换完成后，printf（“max=%d”，MAX（a+2，b+2））；被宏展开为：

```
printf("max=%d",((a+2)>(b+2)?(a+2):(b+2)));
```

（2）文件包含。

所谓文件包含是指将指定的某个源文件的内容（代码）全部包含到当前源文件中，执行文件包含命令的效果实际上是将两个或多个源文件合并成了一个源文件。文件包含功能使用include命令实现。

1）文件包含命令的一般格式有两种形式：

```
格式1:#include<文件名>
```

或

```
格式2:#include"文件名"
```

例如：

```
#include<file.c>或 #include "file.c"
```

两种格式文件包含命令的区别在于：使用格式 1 的文件包含命令，编译系统仅在编译系统指定的标准目录下，即 VC6.0 的系统目录下查找指定文件；而使用格式 2 的文件包含命令，编译系统在当前源文件所在目录中，即在用户当前目录中查找指定源文件，如果找不到再到 VC6.0 的系统目录下去查找。

注意： VC6.0 的系统目录是指在工具菜单的选择命令下打开选择对话框，如图 4—1所示，在目录选项卡中就显示了 include 包含命令的系统目录。

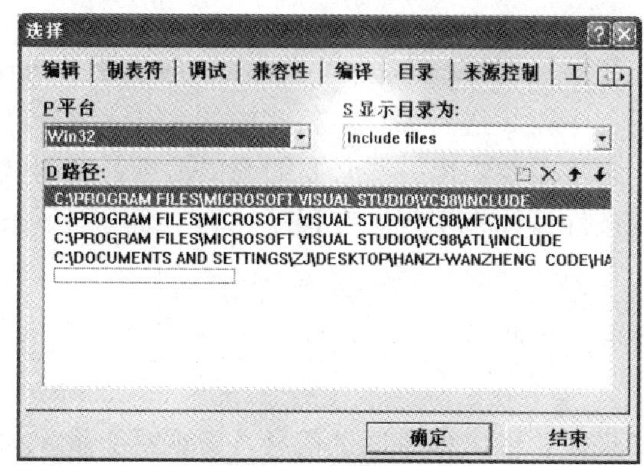

图 4—1　选择对话框

2）文件包含的功能。

◆ 文件包含的功能是在编译预处理时，将 include 命令后指定源文件的内容替换该命令行。合理使用“文件包含”命令可以有效减少程序开发人员的重复劳动量，提高编码效率；同时也为多人协同开发一个大型 C 语言程序提供了方便。

例如：一组程序开发人员开发某一程序时都需要频繁使用一组固定的符号常量，这时可以将这些符号常量的宏定义命令单独写在一个源文件中，然后各个开发人员可以使用 include 命令将该源文件包含到自己所写的源文件中，而不用每个人都去重复定义这些符号常量。

◆ 调用系统函数前使用文件包含命令将该系统函数的头文件包含到本源文件中。前面三个项目的程序中，使用标准库函数中的数学函数（如 abs 函数）时，要在程序开头处使用文件包含命令＃include＜math. h＞包含数学库函数的头文件。在编译预处理阶段，将会用数学函数库的头文件内容替换＃include＜math. h＞命令行。

注意： 以“. h”结尾的文件称为头文件或标题文件，通常在头文件中存放的是 C 语言中公用的数据结构，比如系统函数和外部变量的定义和说明。一般在使用某种标准库函数前，需要使用文件包含命令将该库函数所属的头文件包含到本源文件中，否则可能引发编译错误。

（3）条件编译。

C 语言的编译系统在对源文件进行编译时，默认情况下所有代码行均要进行编译，但也可以设定其中一部分代码行只有在满足某种条件的情况下才进行编译，如果不满足条件则不进行编译，这种方法实质上是对这部分代码行指定编译条件，这就是所谓的“条件编译”。

条件编译命令有以下几种格式：

```
格式 1:
#ifdef 标识符
  程序段 1
#else
  程序段 2
#endif
```

这种格式的功能是，如果标识符已经被定义过（一般使用＃define 命令定义），则对程序段 1 进行编译；否则对程序段 2 进行编译，格式中的＃else 部分可以省略。

例如，程序调试时，常常需要输出一些必要的调试信息，而调试完成后则不再输出这些信息，这种情况可以使用条件编译来实现。在程序代码中编写如下条件编译代码段：

```
#ifdef DEBUG
  printf("a= %d,b= %d,c= %d\n",a,b,c);
#endif
```

加入该代码段后，如果需要输出程序调试信息，即观察变量 a、b、c 的当前值，那么在该代码段前加上＃define DEBUG 命令行就可以了；如果调试完毕，则删除该命令行即可。如果不这样做，而是手工添加和删除 printf 语句，那么在 printf 语句数量较多且位置分散时，程序的调试工作量是很大的。

```
格式 2:
#ifndef 标识符
  程序段 1
#else
  程序段 2
#endif
```

格式 2 和格式 1 相比，区别在于将＃ifdef 改成了＃ifndef。格式 2 的功能含义和格式 1 刚好相反：如果标识符没有被定义过，则对程序段 1 进行编译；否则对程序段 2 进行编译，格式中的＃else 部分同样可以省略。例如上例如果使用格式 2，则应写为：

```
#ifndef DEBUG
  printf("a= %d,b= %d,c= %d",a,b,c);
#endif
```

此时，如果该代码段前未定义过 DEBUG 标识符，则输出调试信息，否则不输出调试信息。

```
格式 3:
#if(表达式)
  程序段 1
#else
```

```
  程序段 2
#endif
```

格式 3 的功能是，如果表达式成立，即表达式的值为真（非 0），则对程序段 1 进行编译；否则对程序段 2 进行编译，格式中的#else 部分可以省略。

【例 4—6】 输入一个字符串，可以任选两种形式输出，一为原样输出；一为加密输出，即将字符串中每一字母变为字母表中的下一字母输出。要求使用条件编译来控制输出形式。

在程序代码中使用条件编译和#define 命令来控制字符串中字母的输出方式，如果不带参数宏定义#define PASSWORD 1 则加密输出字符串，如果不带参数宏定义#define PASSWORD 0 则原样输出字符串。程序代码如下：

```
#include<stdio.h>
#define max 80
#define PASSWORD 1
void main( )
{
  char str[max];
  int i;
  printf("\n 请输入一行字符:");
  gets(str);
  #if(PASSWORD)
  {
    for(i=0;i<max;i++)
    {
      if(str[i]!='\0')
        if(str[i]>='a'&&str[i]<'z'|| str[i]>='A'&&str[i]<'Z')
          str[i]+=1;
        else if(str[i]=='z'||str[i]=='Z')
          str[i]-=25;
    }
  }
#endif
printf("\n 输出的这行字符为:\n%s",str);
}
```

程序运行结果如下：

请输入一行字符：Chongqing↙

输出的这行字符为：

Dipohrjoh

说明：

● 程序代码中采用了条件编译的第三种格式，使用#define PASSWORD 1 命令定义宏名 PASSWORD，在编译预处理阶段由于 PASSWORD 替换为 1（非 0），条件成立，所以对条件编译结构中的程序段进行了编译，运行时将字母加密输出；如果将#define 命令改为#

define PASSWORD 0，则在编译预处理阶段由于PASSWORD替换为0，条件不成立，所以不会对条件编译结构中的程序段进行编译，运行时将字母原样输出。

● 有人觉得条件编译实现的功能if语句也可以实现，那么使用条件编译的优势在什么地方呢？如果使用if语句实现相同功能，所有的语句都要参与编译，目标程序大，程序执行效率低；而使用条件编译，可以减少需要参与编译的语句数量，生成的目标程序小，程序执行效率高。

（4）多文件程序的调试方法。

结构化程序设计思想要求编写大型程序时采用自顶向下逐步细化和模块化的方法。将大型程序按功能分解为若干较大的模块，再将大模块按同样的原则分解为若干小模块，直到分解出的模块可以直接编写一个或多个函数为止。这样，大型程序可由多人共同开发完成，每个人负责编写一个或多个模块。我们以一个简单事例来说明。

【例4—7】 如果一个C语言程序有如下内容的3个源文件file1.c、fie2.c和file3.c，分别使用工程文件和文件包含命令两种方法，将3个源文件编译并连接成一个可执行文件。

```
file1.c:
#include<stdio.h>
void main( )
{
  int x,y,m,n;
  printf("请输入x和y两个整数:");
  scanf("%d,%d",&x,&y);
  m=fun1(x,y);
  n=fun2(x,y);
  printf("\n%d*%d=%d",x,y,m);
  printf("\n%d^%d=%d",x,y,n);
}
file2.c:
int fun1(int a,int b)
{
  int c;
  c=a*b;
  return c;
}
file3.c:
int fun2(int a,int b)
{
  int i,p=1;
  for(i=1;i<=b;i++)
    p*=a;
  return p;
}
```

首先应确定程序中的数据传递关系和函数间的相互调用关系，然后每个人独立编写自己所负责大模块的程序代码并存放在一个或多个源文件中。假设这个程序由三个程序员共同完成，分别负责编写 file1. c、file2. c、file3. c。由于 C 语言是以文件为单位进行编译的，所以，每个程序员可以对自己编写的那部分源文件单独进行编译生成目标文件。如果我们要运行这个程序，有两种方法。

1）使用外部函数声明。

在 VC6. 0 的环境下，可以进行多个源程序文件的编写，统一编译连接生成一个可执行文件，而这多个源程序文件必须都放置在同一个工程项目空间中。

在项目一中我们对 VC6. 0 环境的使用介绍时讲过，在 VC6. 0 下调试程序都需要创建一个工程项目空间，该空间中可以放置多个源程序文件和自己编制的头文件。C 语言源程序文件的扩展名为“. c”，而头文件的扩展名为“. h”，头文件不能直接编译运行，需要包含到源程序文件中进行编译。

假如按结构化程序设计思想将一个程序分解为三个大模块，由三个程序员共同完成，每个程序员负责编写一个大模块，三个模块对应编写出的源文件分别为 file1. c、file2. c 和 file3. c，假定这 3 个源文件都在当前用户的工程项目空间的目录下，现在使用工程项目的添加命令将这 3 个源文件添加到该空间中，这样就可以统一进行编译、连接成一个可执行文件，其具体步骤如下：

◆ 使用 VC6. 0 环境建立一个工程项目空间，空间名为 aa，如图 4—2 所示。

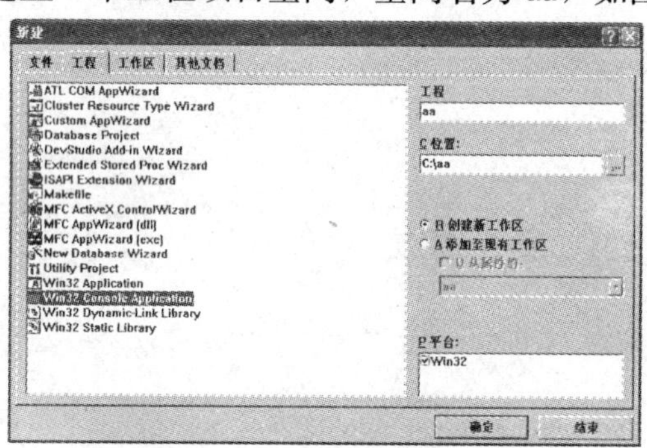

图 4—2　工程项目空间的创建

◆ 在 aa 的空间下，选择工作区窗口下的文件视图窗口，运用快捷菜单将 file1. c、file2. c 和 file3. c 三个源程序文件添加到当前工程项目空间中，如图 4—3 所示。

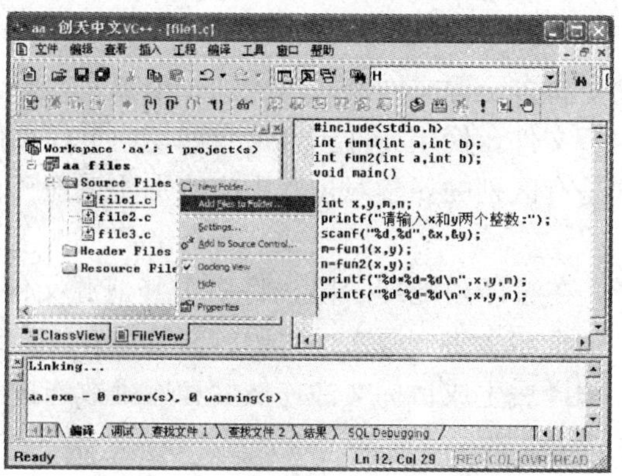

图 4—3　多个源程序文件的添加

◆ 在 VC6. 0 环境下，选择运行命令，编译器自动会将工程项目下的源程序文件 file1. c、

file2. c 和 file3. c 分别进行编译，生成三个目标文件 file1. obj、file2. obj 和 file3. obj，然后将这 3 个目标文件和相应库函数进行连接，连接成功后生成一个可执行文件 aa. exe 并自动执行该程序。

注意：三个源程序文件的函数的作用域都只在本文件内。如果其他文件要使用，需要对其进行声明。在 file1. c 文件中使用了 file2 和 file3 文件中的函数，这种能在其他文件中调用的函数，就是我们在项目三中所讲到的外部函数，故需要对这两个函数进行声明，如图 4—3 中所示。

```
file1.c:
#include<stdio.h>
int fun1(int a,int b);
int fun2(int a,int b);
void main( )
{
   int x,y,m,n;
   printf("请输入 x 和 y 两个整数:");
   scanf("%d,%d",&x,&y);
   m=fun1(x,y);
   n=fun2(x,y);
   printf("%d*%d=%d\n",x,y,m);
   printf("%d^%d=%d\n",x,y,n);
}
```

程序运行结果如下：

```
请输入 x 和 y 两个整数:3,2↙
3*2=6
3^2=9
```

2）使用文件包含命令。

可以使用文件包含命令将多个源文件代码包含到一个源文件中，然后仅对该源文件进行编译、连接从而生成可执行文件。使用文件包含命令和使用工程文件将多个源文件连接成一个可执行文件的实现方式是有区别的。学习过程中应特别注意理解在两种不同方式下，编译对象的区别：

◆ 使用文件包含命令，在编译预处理阶段，将多个其他源文件内容包含在本源文件中，编译预处理的结果是得到一个包含多个源文件代码的新的源文件。编译系统以合并后的新的源文件为对象进行编译，编译后生成目标文件，然后和库函数连接生成一个可执行文件，如图 4—4 所示。

◆ 使用工程文件方法并不是对源文件进行合并处理，而是由编译系统对每个源文件分别进行单独编译，编译后每个源文件均生成相应的目标文件，然后将所有目标文件和所需的库函数进行连接，最后生成一个可执行文件。

例如，在前面使用的源文件 file1. c、file2. c 和 file3. c，利用文件包含的方式合并成一个源文件，然后再编译连接生成一个可执行文件，步骤如下：

在源文件 file1. c 开头处添加两条文件包含命令，如图 4—4 所示。

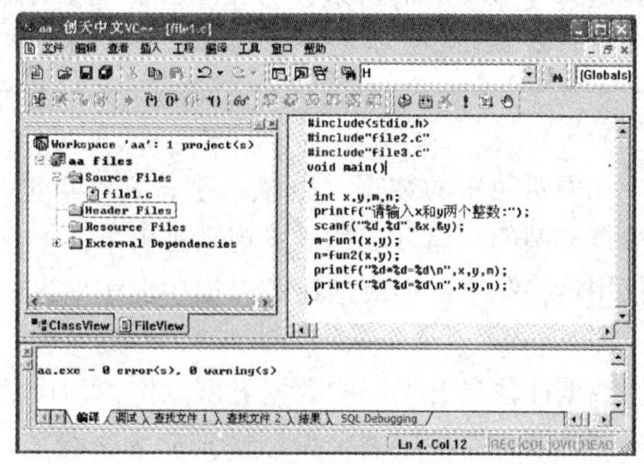

图 4—4　文件包含命令处理多个源文件

```
#include "file2.c"
#include "file3.c"
```

编译预处理时，编译系统将源文件 file2. c 的内容替换＃include “file2. c” 命令行，放在源文件 file1. c 代码的最前面，然后将源文件 file2. c 的内容替换＃include “file3. c” 命令行，放在已包含的源文件 file2. c 代码的后面，最后才是源文件 file1. c 原有的代码。

◆ 按快捷键 CTRL＋F7 进行编译，如果编译通过则生成目标文件 file1. obj，然后连接库函数生成可执行文件 aa. exe 并自动执行该程序。

```
#include<stdio.h>
#include "file2.c"
#include "file3.c"
void main( )
{
  int x,y,m,n;
  printf("\n请输入x和y两个整数:");
  scanf("%d,%d",&x,&y);
  m=fun1(x,y);
  n=fun2(x,y);
  printf("\n%d*%d=%d",x,y,m);
  printf("\n%d^%d=%d",x,y,n);
}
```

程序运行结果如下：

```
请输入x和y两个整数:3,2↙
3×2=6
3²=9
```

注意：如果编译未通过，在调试程序时应着重检查以下两个问题：一是文件包含命令的顺序问题，如果顺序不正确，可能导致产生合并后的源文件中某些变量或函数未声明的错误；二是函数和变量重名的问题，如合并后的源文件中出现同名全局变量、同名外部函数、同名静态函数等错误。

2. 结构体

在前面的各项目中，我们所使用的数据（整型、字符、浮点型）都是C语言预先定义的基本数据类型，这些数据类型的存储方法和运算规则是由语言本身规定的，它们与机器硬件有更直接的关系。但仅用这些基本数据类型还难以描述现实世界中各种各样的客观对象之间的关系。

在实际问题中，一组数据往往具有不同的数据类型。例如，在学生登记表中，姓名应为字符型；学号可为整型或字符型；年龄应为整型；性别应为字符型；成绩可为整型或实型。如前面的项目三中对学生的成绩管理是运用数组、函数和指针来完成的，由于数组要求元素为相同类型，不能用一个数组来存放学生的这一组数据，所以项目三中对于多种数据往往要使用多个数组来分别存储。数组中各元素的类型和长度都必须一致，以便于编译系统处理。

项目三中的一些问题我们可用自定义的结构数据类型来解决。为了满足程序设计的需要，C语言允许我们自己定义数据类型，即自定义数据类型，结构是自定义数据类型中的一种，它可将多种数据类型组合在一起使用。

C语言中提供了结构（struct）数据类型，它能够识别一组相关的数据。

我们已经知道数组，它用来保存线性数据，但是它有许多缺点：

◆ 数组的大小是固定的，类型是统一的，在程序运行期间是不能改变的。我们在定义数组时必须足够大，保证程序运行时不会溢出。但是，这也常常导致大量数组存储单元的浪费。

◆ 数组需要一块连续的内存空间。但当应用程序较大，数组需要的内存块也较大时，可能会降低程序的效率。

◆ 如果在数组元素中有较多的插入操作，则被插元素后的元素需要向后移位，这也会浪费机器的运行时间。

（1）结构体的定义。

结构体与数组的不同，在于它是不同数据类型的数据集合。结构体中的不同类型数据都是有关联的，它们被作为一个整体来看待。如同在调用函数之前要先定义函数一样，结构作为一种自定义的数据类型，在使用它之前也必须先定义。

结构类型定义的一般形式是：

```
struct 结构名
{
  数据类型标识符 1 变量名 1;
  数据类型标识符 2 变量名 2;
  …
  数据类型标识符 n 变量名 n;
};
```

结构体定义以关键字 struct 开头，“结构名”必须是 C 语言的有效标识符，花括号中间的部分是数据成员说明列表，它是由变量说明语句构成的一个语句序列。需要注意的是，一个结构体内至少要有一个成员，每个成员也称为结构体的一个域，成员的类型可以是基本数据类型，也可以是非基本数据类型。

例如：

```
struct Child
{
  double height;
  double weight;
  int years;
  int months;
  char gender;
};
```

这样，我们就定义了一个结构体类型 Child，在定义里面 Child 是结构体类型名，该结构体类型包含两个 double、两个 int 和一个 char 域（或成员），它可以与 C 语言的基本数据类型一样被使用。

注意：结构体类型定义也是一个语句，所以结尾必须有分号“;”，否则，会产生编译错误。

（2）结构体变量的定义。

有了结构体类型的定义之后，就可以定义这种类型的变量，要定义一个结构体类型的变量，可以采用以下三种方法。

1）先定义结构体类型，再定义结构体类型变量。

```
struct example
{
  int a;
  float b;
  double c;
  example *ptr;
};
```

采用这种方式定义结构体变量的一般形式是：

```
结构体类型名 变量名 1,变量名 2,…,变量名 n;
```

我们以结构体类型 example 为例，定义了两个 example 型变量 x、y：

```
struct example x,y;
example x,y;
```

2）在定义结构类型的同时定义结构体变量。其一般形式为：

```
struct 结构体名
{
  成员列表
}变量名列表;
```

按照这种形式，1）中的结构体变量定义可以写为：

```
struct example
{
  int a;
  float b;
  double c;
  example * ptr;
}x,y;
```

3）直接说明结构体变量。其一般形式为：

```
struct
{
  成员列表
}变量名列表;
```

这种方法与 2）方法的区别在于：省去了结构体名，而直接给出结构体变量。

```
struct
{
  int a;
  float b;
  double c;
}x,y;
```

由于这种类型不能再次使用定义变量，我们很少用这种方法定义结构体变量。我们再看下面的例子：

【例 4—8】结构体变量的定义。

```
struct date
{
  int month;
  int day;
  int year;
};
struct
{
  int num;
  char name[20];
  char sex;
  date birthday;
```

```
  float score;
}boy1,boy2;
```

首先定义一个称为 date 的结构体类型，它由 month（月）、day（日）、year（年）三个成员组成。然后，又定义了一个无名结构体及该结构体的两个变量 boy1、boy2，它包括 num、name、sex、birthday、score 五个成员。

需要注意的是，后一个结构体的成员包括 date 结构体变量 birthday，这说明一个结构体的成员也可以又是另一个结构体的变量，即可构成嵌套的结构体。此外，结构体中的成员名可与程序中的其他变量同名，它们互不干扰。

结构体类型变量在内存中所占的存储空间是各个成员在内存中所占空间的总和。对于 Child 结构体的变量 cute，具有成员“double height; double weight; int years; int months; char gender;”它在内存中所占的空间就是两个 double、两个 int 和一个 char 所占的存储空间的总和，如图 4—5 所示。

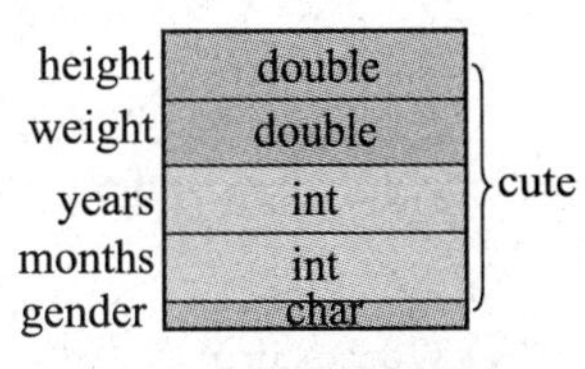

图 4—5 Child 结构变量 cute 的内存分配示意

（3）结构体变量的初始化和引用。

```
struct Child
{
  double height;
  double weight;
  int years;
  int months;
  char gender;
};
```

定义结构体变量时，可以同时初始化它的数据成员：

```
Child cute = {125.0,32.4,2002,2,18};
```

访问结构体变量数据成员的方式为：

```
结构体变量名.成员名
```

例如，我们要检查 cute 的身高是否超过某一个限度：

```
if(cute.height>h_limit)/* h_limit 表示某一个限度值 */
…
```

同样，如果要设置 cute 的体重：

```
cute.weight = 35.4;
```

在大多数的语句和表达式中，都要访问结构的数据成员。但是，在 C 语言中，对整个结构变量进行赋值也是允许的：

```
Child cute = {125.0,32.4,2002,2,18};
Child stu;
stu = cute; /* 将 cute 中的所有成员的值赋值给 stu 对应的成员 */
```

编译器处理这样的赋值，是通过复制一个位置的内存块到另一个位置来实现的。

（4）结构体数组。

数组的元素也可以是结构体类型的，因此可以构成结构体数组。结构体数组的每一个元素都是具有相同结构体类型的结构体变量。在实际应用中，经常用结构体数组来表示具有相同数据结构的一个群体。如一个班的学生档案，一个车间职工的信息表等。

结构体数组使用方法和结构体变量相似，只需说明它为数组体类型即可。

例如：

```
struct stu
{
  int num;
  char * name;
  char sex;
  float score;
}boy[5];
```

定义了一个结构数组 boy，共有 5 个元素，boy［0］～boy［4］。每个数组元素都具有 struct stu 的结构形式。对结构数组可以作初始化赋值。

例如：

```
struct stu
{
  int num;
  char * name;
  char sex;
  float score;
}boy[5] = {
          {101,"Li ping","M",45},
          {102,"Zhang ping","M",62.5},
          {103,"He fang","F",92.5},
          {104,"Cheng ling","F",87},
          {105,"Wang ming","M",58}
        };
```

当对全部元素作初始化赋值时，也可不给出数组长度。

【例 4—9】 计算学生的平均成绩和不及格的人数。

```
#include<stdio.h>
struct stu
{
  int num;
  char * name;
  char sex;
  float score;
}boy[5] = {
```

```
            {101,"Li ping",'M',45},
            {102,"Zhang ping",'M',62.5},
            {103,"He fang",'F',92.5},
            {104,"Cheng ling",'F',87},
            {105,"Wang ming",'M',58}
        };
void main( )
{
  int i,c=0;
  float ave,s=0;
  for(i=0;i<5;i++)
  {
    s+=boy[i].score;
    if(boy[i].score<60)c+=1;
  }
  ave=s/5;
  printf("平均成绩是:%f\n不及格人数是:%d\n",ave,c);
}
```

程序运行结果如下：

```
平均成绩是:69.000000
不及格人数:2
```

说明：本例程序中定义了一个外部结构数组 boy，共 5 个元素，并作了初始化赋值。在 main 函数中用 for 语句逐个累加各元素的 score 成员值并存储于 s 之中，如 score 的值小于 60（不及格）即计数器 c 加 1，循环完毕后计算平均成绩，并输出全班总分、平均分及不及格人数。

【例 4—10】建立同学通讯录。

```
#include<stdio.h>
#define NUM 3
struct mem
{
  char name[20];
  char phone[12];
};
void main( )
{
  struct mem man[NUM];
  int i;
  for(i=0;i<NUM;i++)
  {
    printf("input name:");
    gets(man[i].name);
```

```
    printf("input phone:");
    gets(man[i].phone);
  }
  printf("name\t\t\tphone\n");
  for(i = 0;i<NUM;i ++ )
  printf("% - 24s % s\n",man[i].name,man[i].phone);
}
```

程序运行结果如下：

```
input name:zhang ping
input phone:13978656745
input name:li hong
input phone:15234576532
input name:qing wei
input phone:13654378654
name                    phone
zhang ping              13978656745
li hong                 15234576532
qing wei                13654378654
```

说明：本程序中定义了一个结构体 mem，它有两个成员 name 和 phone，分别用来表示姓名和电话号码。在主函数中定义 man 为具有 mem 类型的结构体数组。在 for 语句中，用 gets 函数分别输入各个元素中两个成员的值。然后在 for 语句中用 printf 语句输出各元素中两个成员的值。

（5）结构体的指针。

1）指向结构体变量的指针。

一个指针变量当用来指向一个结构体变量时，称之为结构体指针变量。结构体指针变量中的值是所指向的结构体变量的首地址。通过结构体指针即可访问该结构体变量，这与数组指针和函数指针的情况是相同的。

结构体指针变量说明的一般形式为：

```
struct 结构体名 *结构体指针变量名
```

例如，在前面的例题中定义了 stu 这个结构体，如要说明一个指向 stu 的指针变量 pstu，可写为：

```
struct stu *pstu;
```

当然也可在定义 stu 结构体时同时说明 pstu。与前面讨论的各类指针变量相同，结构体指针变量也必须先赋值后才能使用。

赋值是把结构体变量的首地址赋予该指针变量，不能把结构体名赋予该指针变量。如果 boy 是被说明为 stu 类型的结构变量，则：

```
pstu = &boy
```

是正确的，而：

```
pstu = &stu
```

是错误的。

> **注意：**结构体名和结构体变量是两个不同的概念，不能混淆。结构体名只能表示一个结构形式，编译系统并不为它分配内存空间。只有当某变量被说明为这种类型的结构体时，才为该变量分配存储空间。因此上面 &stu 这种写法是错误的，不可能去取一个结构名的首地址。有了结构指针变量，就能更方便地访问结构变量的各个成员。

其访问的一般形式为：

```
(*结构指针变量).成员名
```

或为：

```
结构体指针变量->成员名
```

例如：

```
(*pstu).num
```

或者：

```
pstu->num
```

应该注意（*pstu）两侧的括号不可少，因为成员符“.”的优先级高于“*”。如去掉括号写作 *pstu.num 则等效于 *（pstu.num），这样，意义就完全不对了。

下面通过例子来说明结构体指针变量的具体说明和使用方法。

【例 4—11】用指针变量输出结构体变量的成员。

```
#include<stdio.h>
struct stu
{
  int num;
  char *name;
  char sex;
  float score;
} boy1 = {102,"Zhang ping",'M',78.5}, *pstu;
void main( )
{
  pstu = &boy1;
  printf("Number = %d\nName = %s\n",boy1.num,boy1.name);
  printf("Sex = %c\nScore = %f\n\n",boy1.sex,boy1.score);
  printf("Number = %d\nName = %s\n",(*pstu).num,(*pstu).name);
  printf("Sex = %c\nScore = %f\n\n",(*pstu).sex,(*pstu).score);
  printf("Number = %d\nName = %s\n",pstu->num,pstu->name);
  printf("Sex = %c\nScore = %f\n\n",pstu->sex,pstu->score);
```

```
}
```

程序运行结果如下：

```
Number = 102
Name = Zhang ping
Sex = M
Score = 78.500000
Number = 102
Name = Zhang ping
Sex = M
Score = 78.500000
Number = 102
Name = Zhang ping
Sex = M
Score = 78.500000
```

说明：本例程序定义了一个结构体 stu，定义了 stu 类型结构体变量 boy1 并作了初始化赋值，还定义了一个指向 stu 类型结构体的指针变量 pstu。在 main 函数中，pstu 被赋予 boy1 的地址，因此 pstu 指向 boy1，然后在 printf 语句内用三种形式输出 boy1 的各个成员值。从运行结果可以看出：

结构变量．成员名
(＊结构指针变量)．成员名
结构指针变量－>成员名

这三种用于表示结构体成员的形式是完全等效的。

2）指向结构数组的指针。

指针变量可以指向一个结构体数组，这时结构体指针变量的值是整个结构体数组的首地址。结构指针变量也可指向结构体数组的一个元素，这时结构体指针变量的值是该结构数组元素的首地址。

设 ps 为指向结构体数组的指针变量，则 ps 指向该结构体数组的 0 号元素，ps＋1 指向 1 号元素，ps＋i 则指向 i 号元素，这与普通数组的情况是一致的。

下面通过例子来说明结构体指针变量的具体说明和使用方法。

【例 4—12】用指针变量输出结构数组。

```
#include<stdio.h>
struct stu
{
  int num;
  char *name;
  char sex;
  float score;
}boy[5] = {
          {101,"Zhou ping",'M',45},
```

```
            {102,"Zhang ping",'M',62.5},
            {103,"Liu fang",'F',92.5},
            {104,"Cheng ling",'F',87},
            {105,"Wang ming",'M',58}
        };
void main( )
{
  struct stu *ps;
  printf("No\tName\t\t\tSex\tScore\t\n");
  for(ps=boy;ps<boy+5;ps++)
  printf("%d\t%s\t\t%c\t%f\t\n",ps->num,ps->name,ps->sex,ps->score);
}
```

程序运行结果如下：

```
No      Name        Sex      Score
101     Zhou ping    M       45.000000
102     Zhang ping   M       62.500000
103     Liu fang     F       92.500000
104     Cheng ling   F       87.000000
105     Wang ming    M       58.000000
```

说明：在程序中，定义了 stu 结构体类型的外部数组 boy 并作了初始化赋值。在 main 函数内定义 ps 为指向 stu 类型的指针。在循环语句 for 的表达式 1 中，ps 被赋予 boy 的首地址，然后循环 5 次，输出 boy 数组中的各成员值。

应该注意的是，一个结构体指针变量虽然可以用来访问结构体变量或结构体数组元素的成员，但是，不能使它指向一个成员。也就是说不允许取一个成员的地址来赋予结构体指针变量。因此，下面的赋值是错误的。

```
ps=&boy[1].sex;
```

而只能是：

```
ps=boy;(赋予数组首地址)
```

或者是：

```
ps=&boy[0];(赋予0号元素首地址)
```

3）结构体指针变量作函数参数。

在 ANSII C 语言标准中允许用结构体变量作函数参数进行整体传送，但是这种传送要将全部成员逐个传送，特别是成员为数组时将会使传送的时间和空间开销很大，严重地降低程序的效率。因此最好的办法就是使用指针，即用指针变量作函数参数进行传送。这时由实参传向形参的只是地址，从而减少了时间和空间的开销。

【例 4—13】计算一组学生的平均成绩和不及格人数。用结构体指针变量作函数参数编程。

```
#include<stdio.h>
```

```
struct stu
{
  int num;
  char * name;
  char sex;
  float score;
}boy[5] = {{101,"Zhou ping",'M',45},
         {102,"Zhang ping",'M',62.5},
         {103,"Liu fang",'F',92.5},
         {104,"Cheng ling",'F',87},
         {105,"Wang ming",'M',58}
         };
void aver(struct stu * ps)
{
  int c = 0,i;
  float ave,s = 0;
  for(i = 0;i<5;i++,ps++)
  {
    s += ps->score;
    if(ps->score<60)c += 1;
  }
  ave = s/5;
  printf("平均成绩是:%f\n不及格人数是:%d\n",ave,c);
}
void main()
{
  struct stu * ps;
  ps = boy;
  ave(ps);
}
```

程序运行结果如下：

```
平均成绩是:69.000000
不及格人数是:2
```

说明：本程序中定义了函数 aver，其形参为结构体指针变量 ps。boy 被定义为外部结构体数组，因此在整个源程序中有效。在 main 函数中定义说明了结构体指针变量 ps，并把 boy 的首地址赋予它，使 ps 指向 boy 数组。然后以 ps 作实参调用函数 aver。在函数 aver 中完成计算平均成绩和统计不及格人数的工作并输出结果。

注意：main 函数中的实参 ps 与函数 aver 中的形参 ps 是两个不同的指针变量。

由于本程序全部采用指针变量作运算和处理，故速度更快，程序效率更高。

（6）动态存储分配。

在项目三中，我们在讲数组类型时，曾强调过定义数组时，下标必须为常量，即数组的长度必须在定义时就确定，在整个程序运行过程中固定不变。C 语言中不允许动态数组类型。

例如：

```
int n;
scanf(" % d",&n);
int a[n];
```

用变量定义数组长度，对数组的大小作动态说明，这是错误的。但是在实际的编程中，往往会发生这种情况，即所需的内存空间取决于实际输入的数据，而无法预先确定。对于这种问题，用数组很难解决。为了解决上述问题，C 语言提供了一些内存管理函数，这些内存管理函数可以按需要动态地分配内存空间，也可把不再使用的空间回收待用，为有效地利用内存资源提供了手段。

常用的内存管理函数有以下三个：

1）分配内存空间函数 malloc。调用形式：

```
(类型说明符 * )malloc(size)
```

功能：在内存的动态存储区中分配一块长度为“size”字节的连续区域。函数的返回值为该区域的首地址。

“类型说明符”表示把该区域用于何种数据类型。

（类型说明符 *）表示把返回值强制转换为该类型指针。

“size”是一个无符号数。

例如：

```
pc = (char * )malloc(100);
```

表示分配 100 个字节的内存空间，并强制转换为字符数组类型，函数的返回值为指向该字符数组的指针，把该指针赋予指针变量 pc。

2）分配内存空间函数 calloc。calloc 也用于分配内存空间，调用形式：

```
(类型说明符 * )calloc(n, size)
```

功能：在内存动态存储区中分配 n 块长度为“size”字节的连续区域。函数的返回值为该区域的首地址。

（类型说明符 *）用于强制类型转换。

calloc 函数与 malloc 函数的区别仅在于一次可以分配 n 块区域。

例如：

```
ps = (struet stu * )calloc(2, sizeof(struct stu));
```

其中的 sizeof（struct stu）是求 stu 的结构长度。因此该语句的意思是：按 stu 的长度分配 2 块连续区域，强制转换为 stu 类型，并把其首地址赋予指针变量 ps。

3）释放内存空间函数 free。调用形式：

```
free(void * ptr);
```

功能：释放 ptr 所指向的一块内存空间，ptr 是一个任意类型的指针变量，它指向被释放区域的首地址。被释放区应是由 malloc 或 calloc 函数所分配的区域。

【例 4—14】 分配一块区域，输入一个学生数据。

```
#include<stdio.h>
#include<stdlib.h>
struct stu
{
  int num;
  char * name;
  char sex;
  float score;
} * ps;
void main( )
{
  ps = (struct stu * )malloc(sizeof(struct stu));
  ps->num = 102;
  ps->name = "Zhang ping";
  ps->sex = 'M';
  ps->score = 62.5;
  printf("Number = %d\nName = %s\n",ps->num,ps->name);
  printf("Sex = %c\nScore = %f\n",ps->sex,ps->score);
  free(ps);
}
```

程序运行结果如下：

```
Number = 102
Name = Zhang ping
Sex = M
Score = 62.500000
```

说明： 本例中，定义了结构体 stu，定义了 stu 类型指针变量 ps。然后分配一块 stu 大小的内存区，并把首地址赋予 ps，使 ps 指向该区域。再以 ps 为指向结构体的指针变量对各成员赋值，并用 printf 输出各成员值。最后用 free 函数释放 ps 指向的内存空间。整个程序包含了申请内存空间、使用内存空间、释放内存空间三个步骤，实现存储空间的动态分配、访问和释放。

> **注意：** 动态申请的空间一定要用 free 函数释放，否则会造成“内存泄漏”问题。即程序运行时，动态向操作系统申请内存空间，而程序结束时，并没有将申请的内存空间通过 free 函数还给操作系统，这样就造成了这段内存空间无法再分配的现象，我们称这种情况为“内存泄漏”。

（7）结构体应用——链表。

在例 4—14 中采用了动态分配的办法为一个结构体分配内存空间。每分配一块空间可用来存放一个学生的数据，我们可称之为一个结点。有 n 个学生就应该申请分配 n 块内存空间，也就是说要建立 n 个结点。当然，用结构体数组也可以完成上述工作，但如果预先不能准确把握学生人数，也就无法确定数组大小。而且当学生留级、退学之后也不能把该元素占用的空间从数组中释放出来。

用动态存储的方法可以很好地解决这些问题。一方面，有一个学生就分配一个结点，无须预先确定学生的准确人数，某学生退学，可删去该结点，释放该结点占用的存储空间，从而节约了宝贵的内存资源；另一方面，用数组的方法就必须占用一块连续的内存区域，而使用动态分配时，每个结点之间可以是不连续的（结点内是连续的），结点之间的联系可以用指针实现，即在结点的结构体中定义一个成员项用来存放下一个结点的首地址，这个用于存放地址的成员称为指针域。

可在第一个结点的指针域中存入第二个结点的首地址，在第二个结点的指针域中又存放第三个结点的首地址，如此串联下去直到最后一个结点。最后一个结点因无后续结点连接，其指针域可赋为 0（NULL）。这样一种连接方式，在数据结构中称为“链表”。图 4—6 为一个单链表的示意图。

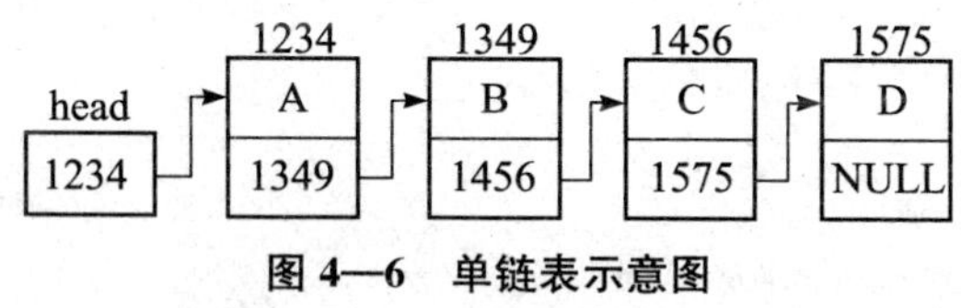

图 4—6　单链表示意图

图 4—6 中，第 0 个结点即 head 结点，称为头结点，它存放有第一个结点的首地址，没有数据，只是一个指针变量。以下的每个结点都分为两个域，一个是数据域，存放各种实际的数据，如学号 num、姓名 name、性别 sex 和成绩 score 等。另一个域为指针域，存放下一结点的首地址。链表中的每一个结点都是同一种结构类型。

例如，一个存放学生学号和成绩的结点应为以下结构：

```
struct stu
{
  int num;
  int score;
  struct stu * next;
};
```

前两个成员项组成数据域，后一个成员项 next 构成指针域，它是一个指向 stu 类型结构体的指针变量。

链表的基本操作有以下几种：

1）建立链表；

2）结构的查找与输出；

3）插入一个结点；

4）删除一个结点。

【例 4—15】建立有两个结点的链表，存放学生数据。为简单起见，我们假定学生数据结构体中只有学号和年龄两项。可编写一个建立链表的函数 creat。程序如下：

```
#include<stdio.h>
#include<stdlib.h>
#define TYPE struct stu
#define LEN sizeof(struct stu)
struct stu
{
  int num;
  int age;
  struct stu *next;
};
/* 动态建立 n 个结点的单链表,返回单链表的头指针 */
TYPE *Creat(int n)
{
  TYPE *head, *pf, *pb;
  int i;
  for(i=0;i<n;i++)
{
  pb=(TYPE*)malloc(LEN);
  printf("input %d Number and Age\n",i+1);
  scanf("%d%d",&pb->num,&pb->age);
  if(i==0)pf=head=pb;
  else pf->next=pb;
  pb->next=NULL;
  pf=pb;
}
return(head);
}
/* 释放以 head 为头指针的单链表结点 */
void Del(TYPE *head)
{
  TYPE *p, *q;
  p=q=head;
  do
  {
    p=p->next;
    free(q);
    q=p;
  }while(p!=NULL);
}
void main( )
```

```
{
  int n,i;
  TYPE *Head,*p;
  printf("Input n:");
  scanf("%d",&n);
  Head=Creat(n);
  p=Head;
  for(i=0;i<n;i++,p=p->next)
  printf("%d:\nNumber\t%d\nAge\t%d\n",i+1,p->num,p->age);
  Del(Head);
}
```

程序运行结果如下：

```
Input n:2↙
input 1 Number and Age
1001 18↙
input 2 Number and Age
1002 17↙
1:
Number1001
Age    18
2:
Number1002
Age    17
```

说明：在函数外首先用宏定义对三个符号常量作了定义。这里用 TYPE 表示 struct stu，用 LEN 表示 sizeof（struct stu），主要目的是为了在下面的程序内减少书写并使阅读更加方便。结构 stu 定义为外部类型，程序中的各个函数均可使用该定义。

creat 函数用于建立一个有 n 个结点的链表，它是一个指针函数，它返回的指针指向 stu 结构。在 creat 函数内定义了三个 stu 结构的指针变量。head 为头指针，pf 为指向两相邻结点的前一结点的指针变量，pb 为后一结点的指针变量。

注意：申请的结点处理完之后，在程序结束之前，一定要用 free 函数释放所申请的结点空间，否则会造成“内存泄漏”问题。本程序建立了一个名为 Del 的函数，通过循环逐一释放链表中的所有结点。

3. 共用体

C 语言编程的时候，为了解决某些问题，需要使几种不同类型的变量存放到同一段内存单元中，也就是使用覆盖技术，使几个变量互相覆盖。几个不同的变量共同占用一段内存空间，在 C 语言中，被称作“共用体”类型结构，简称共用体。共用体是一种构造数据类型，也叫联合体。

（1）共用体的定义。共用体的一般定义形式：

```
union 共用体类型名
{
  数据类型标识符 1 变量名 1;
  数据类型标识符 2 变量名 2;
  … …
  数据类型标识符 n 变量名 n;
};
```

（2）共用体变量的定义。

共用体类型是不分配内存的，但一旦申明变量后就分配内存，共用体变量占的内存空间为最大的成员所占的内存空间。

共用体变量的定义与结构体相同，有三种方式定义变量。

1）先定义共用体类型，再定义共用体类型变量。

其一般形式为：

```
共用体名 变量名 1,变量名 2,…,变量名 n;
union data
{
  char ch;
  int i;
  float f;
};
union data a,b,c;
```

2）在定义共用体类型的同时定义共用体变量。

其一般形式为：

```
union 共用体名
{
  成员列表
}变量名列表;
```

按照这种形式，1）中的共用体变量定义可以写为：

```
union data
{
  char ch;
  int i;
  float f;
}a,b,c;
```

3）直接说明共用体变量。

其一般形式为：

```
union
{
  成员列表
```

```
}变量名列表;
union
{
  char ch;
  int i;
  float f;
}a,b,c;
```

这种方法与 2）中方法的区别在于：省去了共用体类型名，而直接给出共用体变量。由于它不便于使用，我们很少用这种方法定义共用体变量。

注意：

共用体类型数据的特点：

（1）同一个内存段可以用来存放几种不同类型的成员，但在每一瞬间只能存放其中的一种，而不是同时存放几种。换句话说，每一瞬间只有一个成员起作用，其他的成员不起作用，即不是同时都存在和起作用。

（2）共用体变量中起作用的成员是最后一次存放的成员，在存入一个新成员后，原有成员就失去作用。

（3）共用体变量的地址和它的各成员的地址都是同一地址。

（4）不能对共用体变量名赋值，也不能企图引用变量名来得到一个值。

（5）不能把共用体变量作为函数参数，也不能把函数带回共用体变量，但可以使用指向共用体变量的指针。

（6）共用体类型可以出现在结构体类型的定义中，也可以定义共用体数组。反之，结构体也可以出现在共用体类型的定义中，数组也可以作为共用体的成员。

（3）共用体变量的初始化和引用。

只有先定义了共用体变量才能在后续程序中引用它，引用前可以先对共用体变量进行初始化。

1）共用体变量的初始化。

对于共用体变量，在定义的同时，可以初始化，但只能对第一个成员进行初始化。如：

```
union data
{
  char ch;
  int i;
  float f;
};
union data a = {65};
```

这里只对共用体变量 a 的第一个成员 ch 进行初始化，其值是 65，即大写的“A”。在 4 个字节中，只有第一个字节被 65 的二进制代码覆盖。

2）共用体变量的引用。

与结构体变量成员的引用方式相同，也使用“－>”和“.”两种运算符来实现：

共用体变量名.成员名
共用体指针变量名->成员名

有一点需要注意：不能引用共用体变量，只能引用共用体变量中的成员。

```
union data
{
  char ch;
  int i;
  float f;
}a,b,c;
```

对于这里定义的共用体变量a、b、c。下面的引用方式是正确的：

a.i(引用共用体变量中的整型变量i)
a.ch(引用共用体变量中的字符变量ch)

而不能引用共用体变量，例如：printf（"%d"，a）；/*这种用法是错误的。*/

因为a的存储区内有好几种类型的数据，分别占用不同长度的存储区，引用共用体变量名a，难以使系统确定究竟输出的是哪一个成员的值。因此应该写成：

```
printf("%d",a.i);
```

【例4—16】分析下面程序的运行结果。

```
#include<stdio.h>
union data1
{
  char ch;
  int i;
  float f;
};
struct data2
{
  char ch;
  int i;
  float f;
};
void main( )
{
  union data1 ud;
  struct data2 sd;
  ud.ch='A';ud.i=10;ud.f=20;
  sd.ch='A';sd.i=10;sd.f=20;
  printf("size of ud:%d,size of sd:%d\n",sizeof(ud),sizeof(sd));
  printf("ud.ch:%c\tud.i:%d\tud.f:%f\n",ud.ch,ud.i,ud.f);
  printf("sd.ch:%c\tsd.i:%d\tsd.f:%f\n",sd.ch,sd.i,sd.f);
}
```

程序运行结果如下：

```
size of ud:4                          size of sd:12
ud.ch:          ud.i:11010048000      ud.f:20.000000
sd.ch:          Asd.i:10              sd.f:20.000000
```

说明：从上面的运行结果可看出，对共用体变量成员的赋值，保存的是最后的赋值，前面对其他成员的赋值均被覆盖；由于结构体变量的每个成员拥有不同的存储单元，因而不会出现这种情况。

4. 枚举类型

在实际问题中，有些变量的取值被限定在一个有限的范围内。例如，一个星期内只有七天，一年只有十二个月，一个班每周有六门课程等。如果把这些量说明为整型、字符型或其他类型显然是不妥当的。为此，C语言提供了一种称为“枚举”的类型。在“枚举”类型的定义中列举出所有可能的取值，被定义为该“枚举”类型的变量的取值不能超过定义的范围。应该说明的是，枚举类型是一种基本数据类型，而不是一种构造类型，因为它不能再分解为任何基本类型。

(1) 枚举类型的定义和枚举变量的说明。

1）定义枚举类型的一般形式为：

```
enum 枚举类型名{枚举值1, 枚举值2, …, 枚举值n}
```

在枚举值表中应罗列出所有可用值，这些值也称为枚举元素。

例如：

```
enum weekday{ sun,mou,tue,wed,thu,fri,sat };
```

该枚举名为weekday，枚举值共有7个，即一周中的七天。凡被说明为weekday类型的变量的取值只能是七天中的某一天。

2）枚举变量的说明。如同结构体和共用体一样，枚举变量也可用不同的方式说明，即先定义后说明，同时定义说明或直接说明。

设有变量a，b，c被说明为上述的weekday，可采用下述任一种方式：

```
enum weekday{ sun,mon,tue,wed,thu,fri,sat };
enum weekday a,b,c;
```

或者为：

```
enum weekday{ sun,mon,tue,wed,thu,fri,sat }a,b,c;
```

或者为：

```
enum { sun,mon,tue,wed,thu,fri,sat }a,b,c;
```

(2) 枚举类型变量的赋值和使用。

枚举类型在使用中有以下规定：

1）枚举值是常量，不是变量。不能在程序中用赋值语句再对它赋值。

例如对枚举weekday的元素再作以下赋值：

```
sun = 5;
mon = 2;
sun = mon;
```

这些都是错误的。

2）枚举元素本身是由系统定义了一个表示序号的数值。默认从 0 开始顺序定义为 0，1，2…。如在 weekday 中，sun 值为 0，mon 值为 1，…，sat 值为 6。

例如：enum num ｛one=1，two，three，eight=8，nine，ten｝；

在 num 中因为 one 值为 1，以此类推 two 值为 2，three 值为 3，再因为 eight 值为 8，以此类推 nine 值为 9，ten 值为 10。

【例 4—17】 枚举实例。

```
#include<stdio.h>
void main( )
{
  enum weekday{ sun,mon,tue,wed,thu,fri,sat } a,b,c;
  a = sun;
  b = mon;
  c = tue;
  printf(" %d, %d, %d",a,b,c);
}
```

程序运行结果如下：

```
0,1,2
```

说明： 只能把枚举值赋予枚举变量，不能把元素的数值直接赋予枚举变量。如：

```
a = sum;
b = mon;
```

是正确的。而：

```
a = 0;
b = 1;
```

是错误的。

如一定要把数值赋予枚举变量，则必须用强制类型转换。

如：

```
a = (enum weekday)2;
```

其意义是将顺序号为 2 的枚举元素赋予枚举变量 a，相当于：

```
a = tue;
```

注意： 还应该说明的是，枚举元素既不是字符常量也不是字符串常量，使用时不要加单、双引号。

【例4—18】枚举数组实例。

```
#include<stdio.h>
void main( )
{
  enum body
  { a,b,c,d } month[31],j;
  int i;
  j=a;
  for(i=1;i<=30;i++)
  {
    month[i]=j;
    j++;
    if(j>d)j=a;
  }
  for(i=1;i<=30;i++)
  {
    switch(month[i])
    {
      case a:printf("%2d %c\t",i,'a');break;
      case b:printf("%2d %c\t",i,'b');break;
      case c:printf("%2d %c\t",i,'c');break;
      case d:printf("%2d %c\t",i,'d');break;
      default:break;
    }
  }
  printf("\n");
}
```

程序运行结果如下：

```
1 a    2 b    3 c    4 d    5 a    6 b    7 c    8 d    9 a    10 b
11 c   12 d   13 a   14 b   15 c   16 d   17 a   18 b   19 c   20 d
21 a   22 b   23 c   24 d   25 a   26 b   27 c   28 d   29 a   30 b
```

说明：该程序定义了一个枚举数组month，枚举值为a，b，c，d，通过循环为枚举变量赋予相应的枚举值，最后按一定的格式逐一显示枚举变量对应的枚举值。

5. 类型定义符

C语言不仅提供了丰富的数据类型，而且还允许用户自己定义类型说明符，也就是说，允许用户为数据类型取“别名”。类型定义符关键字typedef即可用来完成此功能。例如，整型量a、b的说明为：

```
int a,b;
```

其中int是整型变量的类型说明符。int的完整写法为integer，为了增加程序的可读性，可把整型说明符用typedef定义为：

```
typedef int INTEGER
```

这以后就可用 INTEGER 来代替 int 作整型变量的类型说明了。

例如：

```
INTEGER a,b;
```

它等效于：

```
int a,b;
```

用 typedef 定义数组、指针、结构体等类型将带来很大的方便，不仅使程序书写简单，而且使意义更为明确，因而增强了可读性。

例如：

typedef char NAME[20]；表示 NAME 是字符数组类型，数组长度为 20。然后可用 NAME 说明变量，如：

```
NAME a1,a2,s1,s2;
```

完全等效于：

```
char a1[20],a2[20],s1[20],s2[20]
```

又如：

```
typedef struct stu
{ char name[20];
int age;
char sex;
} STU;
```

定义 STU 表示 stu 的结构体类型，然后可用 STU 来说明结构变量：

```
STU body1,body2;
```

typedef 定义的一般形式为：

```
typedef 原类型名 新类型名
```

其中原类型名中含有定义部分，新类型名一般用大写表示，以便于区别。

有时也可用宏定义来代替 typedef 的功能，但是宏定义是由预处理完成的，而 typedef 则是在编译时完成的，后者更为灵活方便。

4.1.3 知识扩展：扑克牌发牌程序

编写一个 C 语言程序，模拟人工洗牌，将洗好的 52 张牌随机发给 4 个人。

```
#include<stdio.h>
#include<conio.h>
#include<stdlib.h>
#include<time.h>
struct card    /*一张扑克牌结构体的定义*/
{
```

```
    char pips[3];
    char suit;
  };/*定义 52 张扑克牌,按顺序赋以其花色和牌面值*/
  struct card deck[52] = {
  {"A",5},{"2",5},{"3",5},{"4",5},{"5",5},{"6",5},{"7",5},{"8",5},{"9",5},{"10",5},{"J",5},
    {"Q",5},{"K",5},
  {"A",4},{"2",4},{"3",4},{"4",4},{"5",4},{"6",4},{"7",4},{"8",4},{"9",4},{"10",4},{"J",4},
    {"Q",4},{"K",4},
  {"A",3},{"2",3},{"3",3},{"4",3},{"5",3},{"6",3},{"7",3},{"8",3},{"9",3},{"10",3},{"J",3},
    {"Q",3},{"K",3},
  {"A",6},{"2",6},{"3",6},{"4",6},{"5",6},{"6",6},{"7",6},{"8",6},{"9",6},{"10",6},{"J",6},
    {"Q",6},{"K",6},};/*5 代表梅花、4 代表方块、3 代表红心、6 代表黑桃*/
  /*交换两张扑克牌的顺序*/
  void swapcard(struct card *p,struct card *q)
  {
    struct card t;
    t = *p;
    *p = *q;
    *q = t;
  }
  /*模拟人工洗牌*/
  void shuffle(struct card deck[])
  {
    int i,j;
    srand((unsigned)time(NULL));
    for(i = 0;i<52;i++)
    {
      j = rand() % 52;
      swapcard(&deck[i],&deck[j]);
    }
  }
  /*主函数*/
  void main()
  {
    int i;
    shuffle(deck);
    for(i = 0;i<52;i++)
    {if(i % 13 == 0)
      printf("\nNO. %d:",i/13 + 1);
      printf(" %c%-2s",deck[i].suit,deck[i].pips);
    }
    printf("\n");
  }
```

程序运行结果如下：

```
NO.1:  ♥K  ♣7  ♣9  ♥3  ♣Q  ♣7  ♣4  ♣3  ♥9  ♠2  ♥5  ♣J  ♣A
NO.2:  ♥10 ♠10 ♣Q  ♥8  ♠8  ♥Q  ♠K  ♣10 ♥7  ♠Q  ♣8  ♣5  ♣K
NO.3:  ♠J  ♣5  ♣3  ♣A  ♥J  ♠A  ♣K  ♣6  ♣10 ♣9  ♣4  ♣J  ♥2
NO.4:  ♥5  ♠7  ♣6  ♣2  ♥6  ♣2  ♠9  ♥4  ♠4  ♠6  ♣8  ♠3  ♥a
```

说明：这是一个典型的结构体应用的 C 语言程序。这里每一张扑克牌都有花色和点数两个数据信息，所以我们需要选择使用自定义的结构体类型来描述，我们定义了一个名为 card 的结构体来描述一张牌，用一个结构体的数组 deck 描述 52 张牌，然后使用自定义函数 swapcard 和 shuffle，来模拟人工洗牌的随机过程，最后将洗好的牌按顺序分发给 4 个人。

这里的黑桃、红心、梅花、方块图形属于 ASCII 中输出的字符，红心对应 3、方块对应 4，梅花对应 5，黑桃对应 6。

任务 2　数据文件的存取

4.2.1　问题情景及其实现

设计一个通讯录人员信息结构体，录入通讯录中多名人员的信息，实现通过相关的数据文件进行读取和保存。

```
#include<stdio.h>
#include<stdlib.h>
typedef struct address
{
  char name[18];
  char tel[20];
  struct address *next;
}ADDR;
void main( )
{
  FILE *fp;
  if((fp=fopen("tel.txt","wt+"))==NULL)
  {
    printf("Cannot open file strike any key exit!");
  }
  else
  {
    ADDR *h;
    h=(ADDR *)malloc(sizeof(ADDR));
    printf("输入人员姓名:");
    scanf("%s",h->name);
    printf("输入人员电话:");
    scanf("%s",h->tel);
    h->next=NULL;
```

```
        fprintf(fp,"%s\t%s\n",h->name,h->tel);
        printf("文件 tel.txt 保存成功\n");
        free(h);
        fclose(fp);
    }
}
```

程序运行结果如下：

```
输入人员姓名:张三
输入人员电话:13212345434
文件 tel.txt 保存成功 /* 图 4—7 为查看结果 */
```

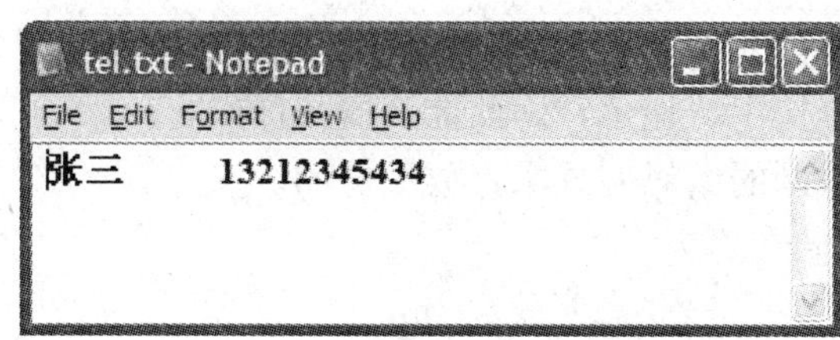

图 4—7　运行后的 tel.txt 文件

上面这个程序实现了完成人员信息的输入并保存到指定的文件中的功能。在程序中用到了 FILE、fopen、fprintf 等命令及函数调用。

首先需要考虑上述命令的作用是什么？为什么要使用这种类型的命令？它们在程序运行时该怎样处理？随着这些问题的提出，我们需要了解用计算机解决实际问题时，程序怎样来处理上述命令和数据在文件中存储的过程。

带着以上问题，我们来认识 C 语言文件的概念和 C 语言文件的有关操作。

4.2.2　相关知识：C 语言文件概述、C 语言文件的有关操作

1. C 语言文件概述

(1) 文件的概念。

所谓“文件”是指一组相关数据的有序集合。这个数据集有一个名称，叫做文件名。实际上在前面的项目中我们已经多次使用了文件，例如源程序文件、目标文件、可执行文件、库文件（头文件）等。

文件通常是驻留在外部介质（如磁盘等）上的，在使用时才被调入内存中来。从不同的角度可对文件作不同的分类。从用户的角度看，文件可分为普通文件和设备文件两种。

普通文件是指驻留在磁盘或其他外部介质上的一个有序数据集，可以是源文件、目标文件、可执行程序，也可以是一组待输入处理的原始数据，或者是一组输出的结果。源文件、目标文件、可执行程序可以称作程序文件，输入输出数据可称作数据文件。

设备文件是指与主机相连的各种外部设备，如显示器、打印机、键盘等。在操作系统中，把外部设备也看作是一个文件来进行管理，把它们的输入、输出等同于对磁盘文件的读和写。

通常把显示器定义为标准输出文件，一般情况下在屏幕上显示有关信息就是向标准输出文件输出。如前面经常使用的 printf、putchar 函数就是这类输出。

键盘通常被指定为标准的输入文件，从键盘上输入就意味着从标准输入文件上输入数据。scanf、getchar 函数就属于这类输入。

从文件编码的方式来看，文件可分为 ASCII 码文件和二进制码文件两种。ASCII 码文件也称为文本文件，这种文件在磁盘中存放时每个字符对应一个字节，用于存放对应的 ASCII 码。

例如，数 5678 的存储形式为：

```
ASCII码：00110101   00110110   00110111   00111000   /*存储的是其ASCII码值*/
            ↓          ↓          ↓          ↓
十进制码：   5          6          7          8       /*ASCII码字符表示*/
```

共占用 4 个字节。

ASCII 码文件可在屏幕上按字符显示，例如源程序文件就是 ASCII 文件，用记事本可显示文件的内容。由于是按字符显示，因此能读懂文件内容。

二进制文件是按二进制的编码方式来存放文件的。

例如，数 5678 的存储形式为：

```
00010110  00101110
```

只占两个字节。二进制文件虽然也可在屏幕上显示，但其内容无法读懂。C 语言系统在处理这些文件时，并不区分类型，都看成是字符流，按字节进行处理。

输入输出字符流的开始和结束只由程序控制而不受物理符号（如回车符）的控制。因此也把这种文件称作“流式文件”。

我们在这个项目中将讨论流式文件的打开、关闭、读、写、定位等各种操作。

（2）文件的指针。

在 C 语言中，用一个指针变量指向一个文件，这个指针称为文件指针。通过文件指针可对它所指的文件进行各种操作。

定义说明文件指针的一般形式为：

```
FILE *指针变量标识符;
```

其中 FILE 应为大写，它实际上是由系统定义的一个结构体，该结构体中含有文件名、文件状态和文件当前位置等信息。在编写源程序时不必关心 FILE 结构体的细节。

例如：

```
FILE *fp;
```

fp 是指向 FILE 结构体的指针变量，通过 fp 即可找到存放某个文件信息的结构体变量，然后按结构体变量提供的信息找到该文件，实施对文件的操作。习惯上也笼统地把 fp 称为指向一个文件的指针。

2. C 语言文件的有关操作

（1）文件的打开与关闭。

文件在进行读、写操作之前要先打开，使用完毕后要关闭。所谓打开文件，实际上是建立文件的各种有关信息，并使文件指针指向该文件，以便进行其他操作。关闭文件则断开指针与文件之间的联系，也就是禁止再对该文件进行操作。

在C语言中，文件操作都是由库函数来完成的。在本任务中将介绍主要的文件操作函数。

1）文件的打开（fopen 函数）。

fopen 函数用来打开一个文件，其调用的一般形式为：

```
文件指针名 = fopen(文件名,使用文件方式);
```

其中，

“文件指针名”必须是被说明为 FILE 类型的指针变量。

“文件名”是被打开文件的文件名，是字符串常量或字符串数组。

“使用文件方式”是指文件的类型和操作要求。

例如：

```
FILE *fp;
fp = ("filea","r");
```

其意义是在当前目录下打开文件 filea，只允许进行“读”操作，并使 fp 指向该文件。

又如：

```
FILE *fphzk
fphzk = ("c:\\hzk16","rb")
```

其意义是打开C驱动器磁盘的根目录下的文件 hzk16，这是一个二进制文件，只允许按二进制方式进行读操作。两个反斜线“\\”中的第一个表示转义字符，第二个表示根目录。

使用文件的方式共有 12 种，表 4—1 给出了它们的符号和意义。

表 4—1　　文件的使用方式及其意义

文件使用方式	意　义
“rt”	只读打开一个文本文件，只允许读数据
“wt”	只写打开或建立一个文本文件，只允许写数据
“at”	追加打开一个文本文件，并在文件末尾写数据
“rb”	只读打开一个二进制文件，只允许读数据
“wb”	只写打开或建立一个二进制文件，只允许写数据
“ab”	追加打开一个二进制文件，并在文件末尾写数据
“rt+”	读写打开一个文本文件，允许读和写
“wt+”	读写打开或建立一个文本文件，允许读写
“at+”	读写打开一个文本文件，允许读，或在文件末追加数据
“rb+”	读写打开一个二进制文件，允许读和写
“wb+”	读写打开或建立一个二进制文件，允许读和写
“ab+”	读写打开一个二进制文件，允许读，或在文件末追加数据

对于文件使用方式有以下几点说明：

◆ 文件使用方式由 r、w、a、t、b、+等六个字符拼成，各字符的含义是：

```
r(read):读;
w(write):写;
a(append):追加;
```

```
t(text):文本文件,可省略不写;
b(banary):二进制文件;
+:读和写.
```

◆ 凡用“r”打开一个文件时，该文件必须已经存在，且只能从该文件读出。

◆ 用“w”打开的文件只能向该文件写入。若打开的文件不存在，则以指定的文件名建立该文件，若打开的文件已经存在，则将该文件删去，重建一个新文件。

◆ 若要向一个已存在的文件追加新的信息，只能用“a”方式打开文件。但此时该文件必须是存在的，否则将会出错。

◆ 在打开一个文件时，如果出错，fopen 将返回一个空指针值 NULL。在程序中可以用这一信息来判别是否完成打开文件的工作，并做相应的处理。因此常用以下程序段打开文件：

```
if((fp = fopen("c:\\hzk16","rb") = = NULL)
{
  printf("\nerror on open c:\\hzk16 file!");
  getch( );
  exit(1);
}
```

这段程序的意义是，如果返回的指针为空，表示不能打开 C 盘根目录下的 hzk16 文件，则给出提示信息“error on open c：\ hzk16 file!”，下一行 getch（ ）的功能是从键盘输入一个字符，但不在屏幕上显示。在这里，该行的作用是等待，只有当用户从键盘敲任一键时，程序才继续执行，因此用户可利用这个等待时间阅读出错提示。敲键后执行 exit（1）退出程序。

◆ 把一个文本文件读入内存时，要将 ASCII 码转换成二进制码，而把文件以文本方式写入磁盘时，也要把二进制码转换成 ASCII 码，因此文本文件的读写要花费较多的转换时间。对二进制文件的读写不存在这种转换。

◆ 标准输入文件（键盘），标准输出文件（显示器），标准出错输出（出错信息）是由系统打开的，可直接使用。

2）文件的关闭（fclose 函数）。

文件一旦使用完毕，应用关闭文件函数把文件关闭，以避免数据丢失等错误。

fclose 函数调用的一般形式是：

```
fclose(文件指针);
```

例如：

```
fclose(fp);
```

正常完成关闭文件操作时，fclose 函数返回值为 0。如返回非零值则表示有错误发生。

（2）文件的读/写。

对文件的读和写是最常用的文件操作。在 C 语言中提供了多种文件读写的函数：

◆ 字符读写函数：fgetc 和 fputc；

◆ 字符串读写函数：fgets 和 fputs；

◆ 数据块读写函数：freed 和 fwrite；

◆ 格式化读写函数：fscanf 和 fprinf。

下面分别予以介绍。使用以上函数都要求包含头文件 stdio. h。

1）字符读写函数 fgetc 和 fputc。

字符读写函数是以字符（字节）为单位的读写函数。每次可从文件读出或向文件写入一个字符。

◆ 读字符函数 fgetc。

fgetc 函数的功能是从指定的文件中读一个字符，函数调用的形式为：

```
字符变量 = fgetc(文件指针);
```

例如：

```
ch = fgetc(fp);
```

其意义是从打开的文件 fp 中读取一个字符并送入 ch 中。

对于 fgetc 函数的使用有以下几点说明：

● 在 fgetc 函数调用中，读取的文件必须是以读或读写方式打开的。

● 读取字符的结果也可以不向字符变量赋值。

例如：

```
fgetc(fp);
```

读出的字符不能保存。

● 在文件内部有一个位置指针。用来指向文件的当前读写字节。在文件打开时，该指针总是指向文件的第一个字节。使用 fgetc 函数后，该位置指针将向后移动一个字节。因此可连续多次使用 fgetc 函数，读取多个字符。应注意文件指针和文件内部的位置指针不是一回事。文件指针是指向整个文件的，须在程序中定义说明，只要不重新赋值，文件指针的值是不变的。文件内部的位置指针用以指示文件内部的当前读写位置，每读写一次，该指针均向后移动，它不需在程序中定义说明，而是由系统自动设置。

【例 4—19】 读出上例中写入文件 string. txt 中的字符，在屏幕上输出。

```
#include<stdio.h>
#include<stdlib.h>
#include<conio.h>
void main( )
{
  FILE *fp;
  char ch;
  if((fp = fopen("string.txt","rt")) = = NULL)
  {
     printf("\nCannot open file strike any key exit!");
     getch( );
     exit(1);
  }
```

```
14    ch = fgetc(fp);
15    while(ch! = EOF)
16    {
17      putchar(ch);
18      ch = fgetc(fp);
19    }
20    fclose(fp);
21  }
```

程序运行结果如下：

```
Hello World!
```

说明：本例程序的功能是从文件中逐个读取字符，在屏幕上显示。程序定义了文件指针 fp，以只读文本文件方式打开文件“string. txt”，并使 fp 指向该文件。如打开文件出错，给出提示并退出程序。程序第 14 行先读出一个字符，然后进入循环，只要读出的字符不是文件结束标志（每个文件末有一结束标志 EOF）就把该字符显示在屏幕上，再读入下一字符。每读一次，文件内部的位置指针向后移动一个字符，文件结束时，该指针指向 EOF。执行本程序将显示整个文件。

◆ 写字符函数 fputc。

fputc 函数的功能是把一个字符写入指定的文件中，函数调用的形式为：

```
fputc(字符量,文件指针);
```

其中，待写入的字符量可以是字符常量或变量，例如：

```
fputc('a',fp);
```

其意义是把字符 a 写入 fp 所指向的文件中。

对于 fputc 函数的使用也要说明几点：

● 被写入的文件可以用写、读写、追加方式打开，用写或读写方式打开一个已存在的文件时将清除原有的文件内容，写入字符从文件首开始。如需保留原有文件内容，希望写入的字符从文件末开始存放，必须以追加方式打开文件。

● 每写入一个字符，文件内部位置指针向后移动一个字节。

● fputc 函数有一个返回值，如写入成功则返回写入的字符，否则返回一个 EOF。可用此来判断写入是否成功。

【例 4—20】 从键盘输入一行字符，写入一个文件，再把该文件内容读出显示在屏幕上。

```
#include<stdio.h>
#include<stdlib.h>   /* 文件读写函数的头文件 */
#include<conio.h>
void main( )
{
  FILE *fp;
  char ch;
  if((fp = fopen("string.txt","wt+")) = = NULL)
```

```
9     {
10      printf("Cannot open file strike any key exit!");
11      getch( );
12      exit(1);
13    }
14    printf("input a string:\n");
15    ch=getchar( );
16    while(ch!='\n')
17    {
18      fputc(ch,fp);
19      ch=getchar( );
20    }
21    rewind(fp);  /*将文件指针移到文件首*/
22    ch=fgetc(fp);
23    while(ch!=EOF)
24    {
25      putchar(ch);
26      ch=fgetc(fp);  /*读字符函数*/
27    }
28    printf("\n");
29    fclose(fp);
30    }
```

程序运行结果如下：

```
input a string:
Hello World!↙
Hello World!
```

说明：程序中第 8 行以读写文本文件方式打开文件“string. txt”。程序第 15 行从键盘读入一个字符后进入循环，当读入字符不为回车符时，则把该字符写入文件 string. txt 之中，然后继续从键盘读入下一字符。每输入一个字符，文件内部位置指针向后移动一个字节。写入完毕，该指针已指向文件末。如要把文件从头读出，须把指针移向文件头，程序第 21 行 rewind 函数用于把 fp 所指文件的内部位置指针移到文件头。第 22 至 27 行用于读出文件中的一行内容。程序运行完毕，打开文件 string. txt，如图 4—8 所示。

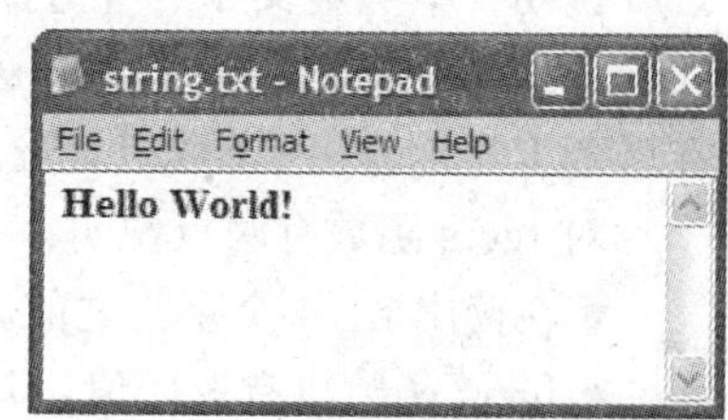

图 4—8 运行后的 string. txt 文件

2）字符串读写函数 fgets 和 fputs。

◆ 读字符串函数 fgets。

函数的功能是从指定的文件中读一个字符串到字符数组中，函数调用的形式为：

```
fgets(字符数组名,n,文件指针);
```

其中 n 是一个正整数。表示从文件中读出的字符串不超过 n－1 个字符。在读入的最后一个字符后加上串结束标志‘\0’。

例如：

```
fgets(str,n,fp);
```

的意义是从 fp 所指的文件中读出 n－1 个字符送入字符数组 str 中。

【例 4—21】 从例 4—20 题中创建的 string. txt 文件中读入一个含 10 个字符的字符串。

```
#include<stdio.h>
#include<stdlib.h>
#include<conio.h>
void main( )
{
  FILE *fp;
  char str[11];
  if((fp=fopen("c::\\tc\\string.txt","rt"))==NULL)
  {
    printf("\nCannot open file strike any key exit!");
    getch( );
    exit(1);
  }
  fgets(str,11,fp);
  printf("%s\n",str);
  fclose(fp);
}
```

程序运行结果如下：

```
Hello Worl
```

说明： 本例定义了一个字符数组 str，共 11 个字节，在以读文本文件方式打开文件 string 后，从中读出 10 个字符送入 str 数组，在数组最后一个单元内将加上‘\\0’，然后在屏幕上显示输出 str 数组。输出的十个字符正是例 4—19 程序读出的前十个字符。

对 fgets 函数有两点说明：

● 在读出 n－1 个字符之前，如遇到了换行符或 EOF，则读出结束。

● fgets 函数也有返回值，其返回值是字符数组的首地址。

◆ 写字符串函数 fputs。

fputs 函数的功能是向指定的文件写入一个字符串，其调用形式为：

```
fputs(字符串,文件指针);
```

其中字符串可以是字符串常量，也可以是字符数组名，或指针变量，例如：

```
fputs("abcd",fp);
```

其意义是把字符串“abcd”写入 fp 所指的文件之中。

【例 4—22】 在例 4—20 中建立的文件 string. txt 中追加一个字符串，再把该文件内容读出显示在屏幕上。

```
1  #include<stdio.h>
2  #include<stdlib.h>
3  #include<conio.h>
4  void main( )
5  {
6    FILE *fp;
7    char ch,st[20];
8    if((fp=fopen("string.txt","at+"))==NULL)
9    {
10      printf("Cannot open file strike any key exit!");
11      getch( );
12      exit(1);
13    }
14    printf("input a string:\n");
15    scanf("%s",st);
16    fputs(st,fp);
17    rewind(fp);
18    ch=fgetc(fp);
19    while(ch!=EOF)
20    {
21      putchar(ch);
22      ch=fgetc(fp);
23    }
24    printf("\n");
25    fclose(fp);
26    }
27 }
```

程序运行结果如下：

```
input a string:
programfile↙
Hello World! programfile
```

说明：本例要求在 string. txt 文件末加写字符串，因此，在程序第 8 行以追加读写文本文件的方式打开文件 string. txt。然后输入字符串，并用 fputs 函数把该串写入文件 string. txt。在程序第 17 行用 rewind 函数把文件内部位置指针移到文件首。再进入循环逐个显示当前文件中的全部内容，图 4—9 就是运行后的 string. txt 文件。

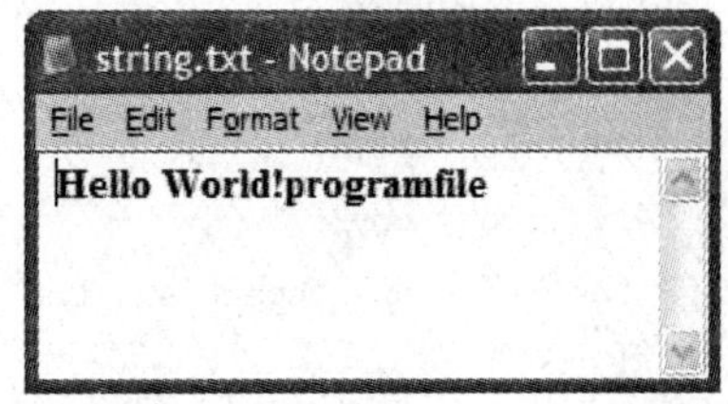

图 4—9 运行后的 string. txt 文件

3）数据块读写函数 fread 和 fwtrite。

C 语言还提供了用于整块数据读写的函数。可用来读写一组数据，如一个数组元素，一个结构体变量的值等。

读数据块函数调用的一般形式为：

```
fread(buffer,size,count,fp);
```

写数据块函数调用的一般形式为：

```
fwrite(buffer,size,count,fp);
```

其中：

buffer 是一个指针，在 fread 函数中，它表示存放读入数据的首地址。在 fwrite 函数中，它表示存放输出数据的首地址。

size 表示数据块的字节数。

count 表示要读写的数据块块数。

fp 表示文件指针。

例如：

```
fread(fa,4,5,fp);
```

其意义是从 fp 所指的文件中，每次读 4 个字节（一个实数）送入实型数组 fa 中，连续读 5 次，即读 5 个实数到 fa 中。

【例 4—23】 从键盘输入两个学生数据，写入数据 stu _ list 文件中，再读出这两个学生的数据显示在屏幕上。

```
#include<stdio.h>
#include<stdlib.h>
#include<conio.h>
struct stu
{
  char name[10];
  int num;
  int age;
  char addr[30];
}boya[2],boyb[2],*pp,*qq;
void main( )
{
  FILE *fp;
  char ch;
  int i;
  pp=boya;
  qq=boyb;
  if((fp=fopen("stu_list","wb+"))==NULL)
  {
    printf("Cannot open file strike any key exit!");
    getch( );
    exit(1);
  }
  printf("\ninput data\n");
```

```
25    for(i=0;i<2;i++,pp++)
26      scanf("%s%d%d%s",pp->name,&pp->num,&pp->age,pp->addr);
27    pp=boya;
28    fwrite(pp,sizeof(struct stu),2,fp);
29    rewind(fp);
30    fread(qq,sizeof(struct stu),2,fp);
31    printf("\n\nname\t\tnumber\t\tage\t\taddr\n");
32    for(i=0;i<2;i++,qq++)
33      printf("%-16s%-16d%-16d%s\n",qq->name,qq->num,qq->age,qq->addr);
34    fclose(fp);
35  }
```

程序运行结果如下：

```
input data
wangqiang 1001 19 beibeixiema↙
zhanghong 1002 18 beibeimotan↙
    name          number          age          addr
  wangqiang        1001           19         beibeixiema
  zhanghong        1002           18         beibeimotan
```

说明：本例程序定义了一个结构体 stu，说明了两个结构体数组 boya 和 boyb 以及两个结构指针变量 pp 和 qq。pp 指向 boya，qq 指向 boyb。程序第 18 行以读写方式打开二进制文件 stu_list. dat，输入两个学生数据之后，写入该文件中，然后把文件内部位置指针移到文件首，读出两块学生数据后，在屏幕上显示。

4）格式化读写函数 fscanf 和 fprintf。

fscanf 函数、fprintf 函数与前面使用的 scanf 和 printf 函数的功能相似，都是格式化读写函数。两者的区别在于 fscanf 函数和 fprintf 函数的读写对象不是键盘和显示器，而是磁盘文件。

这两个函数的调用格式为：

```
fscanf(文件指针,格式字符串,输入表列);
fprintf(文件指针,格式字符串,输出表列);
```

例如：
```
fscanf(fp,"%d%s",&i,s);
fprintf(fp,"%d%c",j,ch);
```

用 fscanf 和 fprintf 函数也可以完成例 4—23 的问题。修改后的程序如例 4—24 所示。

【例 4—24】用 fscanf 和 fprintf 函数解决例 4—23 的问题。

```
#include<stdio.h>
#include<stdlib.h>
#include<conio.h>
struct stu
{
  char name[10];
```

```
  int num;
  int age;
  char addr[30];
}boya[2],boyb[2], *pp, *qq;
void main( )
{
  FILE *fp;
  char ch;
  int i;
  pp = boya;
  qq = boyb;
  if((fp = fopen("stu_list","wb+")) == NULL)
  {
    printf("Cannot open file strike any key exit!");
    getch( );
    exit(1);
  }
  printf("\ninput data\n");
  for(i = 0;i<2;i++,pp++)
    scanf("%s%d%d%s",pp->name,&pp->num,&pp->age,pp->addr);
  pp = boya;
  for(i = 0;i<2;i++,pp++)
    fprintf(fp,"%s%d%d%s\n",pp->name,pp->num,pp->age,pp->addr);
  rewind(fp);
  for(i = 0;i<2;i++,qq++)
    fscanf(fp,"%s%d%d%s\n",qq->name,&qq->num,&qq->age,qq->addr);
  printf("\nname\t\tnumber\t\tage\t\taddr\n");
  qq = boyb;
  for(i = 0;i<2;i++,qq++)
    printf("%-16s%-16d%-16d%s\n",qq->name,qq->num,qq->age,qq->addr);
  fclose(fp);
}
```

程序运行结果如下：

```
input data
wangqiang 1002 19 beibeixiema↙
zhanghong 1002 18 beibeimotan↙
name            number          age             addr
wangqiang       1002            19              beibeixiema
zhanghong       1002            18              beibeimotan
```

说明：与例 4—23 相比，本程序中 fscanf 和 fprintf 函数每次只能读写一个结构数组元素，因此采用了循环语句来读写全部数组元素。还要注意指针变量 pp、qq，由于循环改变了它们的值，在程序的第 27 和 34 行分别要对它们重新赋予数组的首地址。

（3）文件的定位与随机读写。

前面介绍的对文件的读写方式是顺序读写，即读写文件只能从头开始，顺序读写各个数据。但在实际问题中常要求只读写文件中某一指定的部分。解决这个问题，可移动文件内部的位置指针到需要读写的位置，再进行读写，这种读写称为随机读写。

实现随机读写的关键是要按要求移动位置指针，这称为文件的定位。

1）文件定位。

移动文件内部位置指针的函数主要有两个，即 rewind 函数和 fseek 函数。

rewind 函数前面已多次使用过，其调用形式为：

```
rewind(文件指针);
```

它的功能是把文件内部的位置指针移到文件首。

下面主要介绍 fseek 函数。

fseek 函数用来移动文件内部位置指针，其调用形式为：

```
fseek(文件指针,位移量,起始点);
```

其中："文件指针"指向被移动的文件；"位移量"表示移动的字节数，要求位移量是 long 型数据，以便在文件长度大于 64KB 时不会出错。当用常量表示位移量时，要求加后缀"L"；"起始点"表示从何处开始计算位移量，规定的起始点有三种：文件首、当前位置和文件尾。其表示方法如表 4—2 所示。

表 4—2　　文件起始点的表示方法

起始点	表示符号	数字表示
文件首	SEEK _ SET	0
当前位置	SEEK _ CUR	1
文件末尾	SEEK _ END	2

例如：fseek（fp，100L，0）的意义是把位置指针移到离文件首 100 个字节处。

注意： fseek 函数一般用于二进制文件。在文本文件中由于要进行转换，故往往计算的位置容易出现错误。

2）文件随机读写。

在移动位置指针之后，即可用前面介绍的任意一种读写函数进行读写。随机读写一般是读写一个数据块，因此常用 fread 和 fwrite 函数。

下面用例题来说明文件的随机读写。

【例 4—25】 在例 4—23 的学生数据文件 stu _ list 中读出第二个学生的数据。

```
#include<stdio.h>
#include<stdlib.h>
#include<conio.h>
struct stu
```

```
5  {
6     char name[10];
7     int num;
8     int age;
9     char addr[15];
10 }boy, *qq;
11 void main( )
12 {
13    FILE *fp;
14    char ch;
15    int i=1;
16    qq=&boy;
17    if((fp=fopen("stu_list","rb"))==NULL)
18    {
19       printf("Cannot open file strike any key exit!");
20       getch( );
21       exit(1);
22    }
23    rewind(fp);
24    fseek(fp,i*sizeof(struct stu),0);
25    fread(qq,sizeof(struct stu),1,fp);
26    printf("\nname\t\tnumber\t\tage\t\taddr\n");
27    printf("%-16s%-16d%-16d%s\n",qq->name,qq->num,qq->age,qq->addr);
28 }
```

程序运行结果如下：

```
name            number          age             addr
zhanghong       1002            18              beibeimotan
```

说明：文件 stu_list 是由例 4—23 的程序建立起来的，本程序用随机读出的方法读出该文件中的第二个学生的数据。程序中定义 boy 为 stu 类型变量，qq 为指向 boy 的指针。以读二进制文件方式打开文件，程序第 24 行移动文件位置指针。其中的 i 值为 1，表示位置指针从文件头开始，移动一个 stu 类型的长度，然后再读出的数据即为第二个学生的数据。

4.2.3 知识扩展：学生成绩信息的读写操作

有 3 个学生，每个学生有 3 门课的成绩，从键盘输入数据（包括学生学号、姓名、三门课成绩），计算出平均成绩，并将原有的数据和计算出的平均分数存放在磁盘文件“student”中。

```
#include<stdio.h>
struct student
{
   char num[6];
   char name[8];
```

```
    int score[3];
    double avr;
  }stu[3];
  void Fwrite( )/*数据写入文件函数*/
  {
    int i;
    FILE *fp;
    fp=fopen("student.txt","w");
    for(i=0;i<3;i++)
    fprintf(fp,"%s\t%s\t%d\t%d\t%d\t%f\n",stu[i].num,stu[i].name,stu[i].score[0],stu
    [i].score[1],stu[i].score[2],stu[i].avr);
    printf("文件写入成功!\n");
    fclose(fp);
  }
  void main( )
  {
    int i,j,sum;
    for(i=0;i<3;i++)
    {
      printf("请输入第%d个学生:\n",i+1);
      printf("学号:");
      scanf("%s",stu[i].num);
      printf("姓名:");
      scanf("%s",stu[i].name);
      sum=0;
      for(j=0;j<3;j++)
      {
        printf("第%d门课程分数:",j+1);
        scanf("%d",&stu[i].score[j]);
        sum+=stu[i].score[j];/*三门课程求和*/
      }
      stu[i].avr=sum/3.0;/*三门课程求平均分*/
    }
    Fwrite( );
  }
```

程序运行结果如下：

```
please input No.1 score:
stuNo:1001↙
name:李华↙
score 1:88↙
score 2:76↙
score 3:75↙
```

```
please input No. 2 score:
stuNo:1002↙
name:刘梅↙
score 1:96↙
score 2:78↙
score 3:86↙
please input No. 3 score:
stuNo:1003↙
name:陈林↙
score 1:85↙
score 2:92↙
score 3:75↙
```

然后由键盘输入上述数据。程序向下运行，运行完毕后，会在弹出的窗口中显示运行结果。即：

```
文件写入成功!
```

当弹出的窗口显示“文件写入成功!”字样，即程序运行结束时，在程序当前目录中就会存在 student. txt 文件。打开该文件，如图 4—10 所示。

student.txt - Notepad

File Edit Format View Help

1001	李华	88	76	75	79.666667
1002	刘梅	96	78	86	86.666667
1003	陈林	85	92	75	84.000000

图 4—10 运行后的 student. txt 文件

说明： 本程序首先定义了一个包含 3 个元素的结构体数组，用于存储 3 个学生的信息：学号、姓名、三门课程的分数和平均分。然后通过 scanf 函数使用键盘为 3 个学生输入相关信息，以及求出平均分，最后通过运用 fprintf 函数向 fp 文件指针指向的 student. txt 文件写入结构体数组中的 3 个学生的信息。

拓展练习

一、常见错误举例

1. 定义结构体、共用体或枚举类型时在｝后漏掉了分号

C 语言规定，在定义结构体、共用体或枚举类型时，要用分号结尾。如果漏掉分号将引起编译错误。例如：

```
struct Stu
{
  int a;
```

```
  char b;
  float c;
} /* 错误,这里漏掉了分号 */
```

2. 定义复杂数据类型时为成员变量赋初值

下面的做法是错误的：

```
struct Stu
{
  int a = 12;/* 错误,定义自定义数据类型时,不能对其成员赋值 */
  char b;
  float c;
};
```

3. 结构体中含有自身类型的成员

下面的做法是错误的：

```
struct Stu
{
  int a;
  char b;
  float c;
  struct Stu a;/* 错误,定义自定义数据类型时,不能包含自己成员的定义 */
};
```

4. 对结构体变量进行整体赋值

下面的做法是错误的：

```
struct Stu
{
  int a;
  char b;
  float c;
};
struct Stu a;
a = {16,5,55.6};/* 错误,{16,5,55.6}是非法的表达式 */
```

5. typedef 语句漏掉了分号

typedef 是 C 语言语句，不是预处理命令，因此 typedef 必须用分号结尾。

下面的做法是错误的：

```
  typedef struct Stu STU /* 错误,漏掉了分号 */
```

6. 把一种类型的结构体变量赋给另一种类型的变量

不同自定义数据类型变量间相互赋值时，由于 C 语言不会对自定义数据类型进行类型自动转换，因而这样是错误的。如果程序员进行强制类型转换，则赋值结果可能是不可预料的。例如：

```
struct Sa
{
  int a;
  char b;
  float c;
};
struct Sb
{
  long a;
  int b;
  double c;
};
struct Sa s1;
struct Sb s2;
s1 = s2;/* 错误,两个变量分别属于不同的自定义类型,不能相互赋值 */
```

7. 指针被 free 释放后仍被使用

调用 free 函数释放指针 p 后，p 就成为不确定的指针。虽然 p 的值没有改变，但它所指向的内存被系统收回了，未申请前是不能再使用的。

下面的做法是错误的：

```
int *p;
int k;
p=(int *)malloc(sizeof(int));
scanf("%d",p);
k= *p;
free(p);
*p=k+33;/* 错误,p 所指向的空间已释放,被系统收回,可能另作他用,不能再对它进行操作 */
```

8. 文件读写操作与打开方式不符

程序员在打开文件时需要指定文件的操作类型，但初学者有时会疏忽，使程序中对文件的操作与打开文件的方式不符，使得文件操作失败。例如：

```
FILE *fp;
int a;
fp=fopen("test.dat","wb");/* 创建文件准备写入 */
fscanf(fp,"%d",&a);/* 从文件中读取数据,操作失败 */
```

二、程序设计练习

【练习 1】 建立学生的结构体 student（学号、姓名、性别及数学、英语、政治的成绩），创建该类型的数组（数组长度为 4），并初始化该数组，编写一个程序，输入学号，查找相应学生的数据，输出该信息同时输出该学生的平均成绩。

本题提出问题的关键是：对学生学号的查找，我们定义了一个用于存储学生信息的结构体数组（学生人数是 4），并将相关信息存储于结构体数组变量中。接着就是要查找问题，这里应使用循环结构中的穷举方法，将 4 个学生的学号逐一与要查找的学号进行比较。

如果找到，跳出循环结构，根据该学生的结构体变量可以访问到该学生的三门课程，然后对其求平均值，最后输出相关信息。

如果没找到，继续比较，直到学生比较完才跳出循环，并给出相应的提示。

```
#include<stdio.h>
struct student
{
  int num;
  char name[20];
  char sex;
  float s[3];
} stu[4] = {{10101,"wang lin",'f',88,68,89},{10102,"zhou hua",'m',64,65,78 },
          {10103,"li jing",'m',90,92,87},{10104,"zhaomin",'f',87,77,65}
};
void main( )
{
  int n,j;
  printf("No.:");
  scanf("%d",&n);
  for(j = 0;j< = 3;j ++ )
  {
    if(n= = stu[j].num)
    {
      printf("%d %s %c %f %f %f %f \n",stu[j].num,stu[j].name,stu[j].sex,stu[j].s[0],
      stu[j].s[1],stu[j].s[2],(stu[j].s[0] + stu[j].s[1] + stu[j].s[2])/3);
    }
  }
}
```

程序运行结果如下：

```
No.:10103
10103    li jing m    90.000000    92.000000    87.000000    89.666667
```

说明：本例题定义了一个结构数组 stu，然后初始化数组中成员的数据，再输入要查询的学生的学号，运用循环结构依次查询数组成员的学号，查到后按要求输出内容。

【练习 2】分别输入一周中的每天工作时间，并输出总的工资。星期天的工资为 120RMB/h，星期六为 100RMB/h，其他时间 80RMB/h。

我们可以运用枚举类型来解决该问题，一周有 7 天，我们可以定义一个枚举类型，其中的值分别为这一个星期的 7 天，然后依次输入每个枚举量相应的工作时间，同时计算其效益并在其后进行累加。

```
#include<stdio.h>
void main( )
```

```
{
  enum week{SUN,MON,TUE,WED,THR,FRI,SAT};
  enum week day;
  int total,pay,hour;
  total = 0;
  printf("Please enter your working hours from SUN to SAT\n");
  for(day = SUN;day< = SAT;day ++ )
  {
    switch(day)
    {
      case SUN:printf("SUN Hour:");break;
      case MON:printf("MON Hour:");break;
      case TUE:printf("TUE Hour:");break;
      case WED:printf("WED Hour:");break;
      case THR:printf("THR Hour:");break;
      case FRI:printf("FRI Hour:");break;
      case SAT:printf("SAT Hour:");break;
    }
    scanf(" % d",&hour);
    switch(day)
    {
      case SUN:pay = hour * 120;break;
      case SAT:pay = hour * 100;break;
      default:pay = hour * 80;break;/ * from MON to FRI * /
    }
    total + = pay;
  }
  printf("Your total pay is: % dRMB\n",total);
}
```

程序运行结果如下：

```
Please enter your working hours from SUN to SAT
SUN Hour:8
MON Hour:7
TUE Hour:6
WED Hour:9
THR Hour:6
FRI Hour:8
SAT Hour:9
Your total pay is:4740RMB
```

说明：本例题定义了一个枚举类型变量 day，然后运用循环结构，将表示一周 7 天的枚举值逐一赋给变量 day，同时输入该天的工作时间，然后运用 switch 结构分类对当天的工资进行计算，在计算的同时对上次的结果进行累加。最后输出一周总的工资。

【练习 3】磁盘文件 file1. txt 和 file2. txt 如图 4—11 所示，将它们中的字符按从小到大的顺序输出到磁盘文件 file3. txt 中。

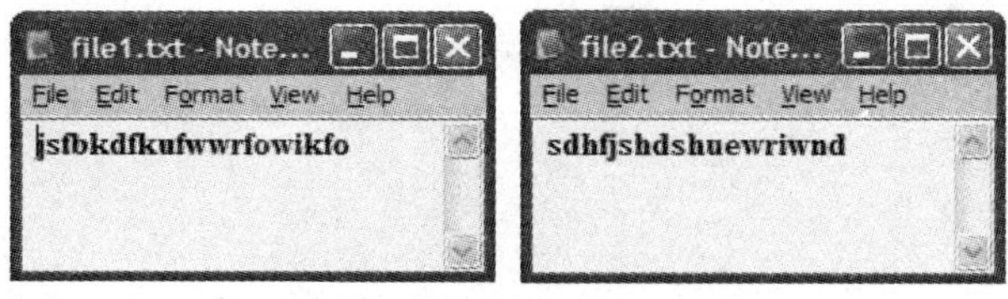

图 4—11　file1. txt 与 file2. txt 文件

完成上述题目的设计，需要将文件 file1. txt 和 file2. txt 中的字符合并起来从小到大进行排序，我们可以考虑将这两个文件中的字符分别读出并存储在同一个字符数组中。这样就可以对该字符数组进行从小到大的排序。

```
#include<stdio.h>
#include<stdlib.h>
void main( )
{
  FILE *fp1, *fp2, *fp3;
  char st[100],ch;
  int n=0,i,j,m;
  if((fp1=fopen("file1.txt","r"))==NULL||(fp2=fopen("file2.txt","r"))==NULL||(fp3=
  fopen("file3.txt","w"))==NULL)
  {
    printf("file open error,don't create file1.txt or file2.txt.\n");
    exit(0);
  }
  while((st[n++]=fgetc(fp1))!=EOF);/*读取文件一中的内容,存入数组 st 中*/
    while((st[n++]=fgetc(fp2))!=EOF);/*读取文件二中的内容,继续存入数组 st 中*/
      printf("That character in file1.txt and file2.txt parts for is:\n");
  for(i=0;i<n;i++)
    putchar(st[i]);
  for(i=0;i<n-1;i++)/*排序*/
  {
    m=i;
    for(j=i+1;j<n-1;j++)
      if(st[j]<st[m])m=j;
    ch=st[i];
    st[i]=st[m];
    st[m]=ch;
  }
  printf("\n");
  printf("The character putting file3.txt inside after being ordered is:\n");
  for(i=1;i<n-1;i++)
  {
```

```
        fputc(st[i],fp3);
        putchar(st[i]);
    }
    printf("\n");
    fclose(fp1);
    fclose(fp2);
    fclose(fp3);
    return 0;
}
```

程序运行结果如下：

```
That character in file1.txt and file2.txt parts for is:
jsfbkdfkufwwrfowikfo?sdhfjshdshuewriwnd
The character putting file3.txt inside after being ordered is:
bddddefffffhhhiijjkkknoorrssssuuwwwww
```

说明：本程序首先定义了三个文件指针 fp1、fp2、fp3，然后通过 fopen 函数只读方式打开文件 file1. txt 和 file2. txt，写入方式打开 file3. txt，并用三个文件指针 fp1、fp2、fp3 分别指向文件 file1. txt、file2. txt 和 file3. txt。

通过 fgetc 函数读取 fp1 指向的 file1. txt 文件中的内容和 fp2 指向的 file2. txt 文件中的内容并存入数组 st 中，然后输出显示 st 数组中的字符，接着对 st 数组进行排序，最后将排好序的 st 数组中的字符依次存入 fp3 指向的 file3. txt 文件中，如图 4—12 所示。

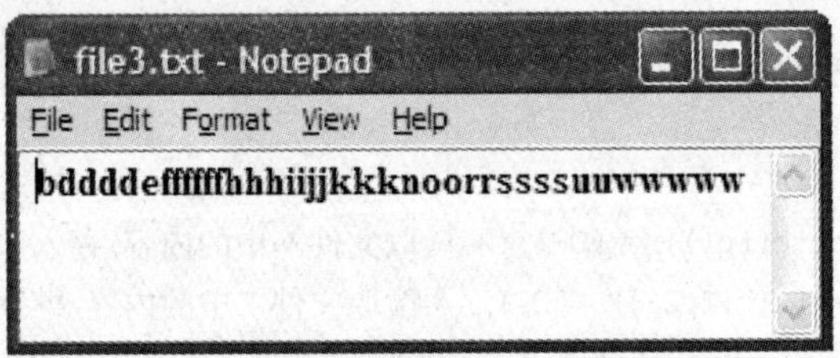

图 4—12　file3. txt 文件

注意：运行时要先在存放运行代码的那个文件夹里创建 file1. txt 和 file2. txt，并在两个文件里输入一些字符，运行程序结束后会在这个文件夹里产生 file3. txt，里面有排列好的内容。

综合实训　通讯录管理系统

编写一个 C 语言程序，实现通讯录的系统管理，根据文件 user. txt 中的用户名和密码判断对通讯录信息数据的操作状态，对通讯录的信息进行添加、修改或删除操作。

一、功能需求分析

编写一个 C 语言程序，进行通讯录的管理，根据文件 user. txt 中的用户名和密码判断对通讯录信息数据的操作状态，对通讯录的信息进行添加、修改或删除操作，最后保存到 address. txt 中。

完成上述题目的设计，需要设计两种结构，一种存储用户名和密码信息，一种存储通讯录的相关信息。该设计以菜单命令形式进行，通过菜单提示进行相应的操作。该设计中有几个重要的设计问题：

(1) 用户数据的读取比对；

(2) 通讯录信息的读入方式；

(3) 通讯录信息的修改定位；

(4) 通讯录信息的删除定位；

(5) 通讯录信息的最后保存。

二、系统功能模块的设计（见图 4—13）

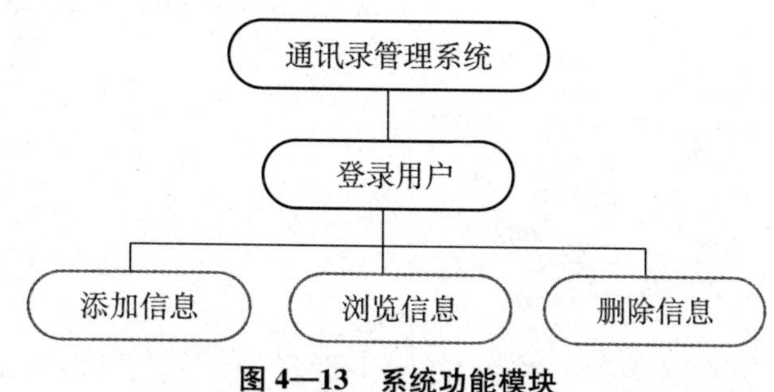

图 4—13 系统功能模块

三、详细设计

1. 数据说明

用两个结构体来分别存放用户信息和通讯录客户信息。

```
/*登录用户信息*/
struct User
{
  char name[10];/*登录用户姓名*/
  char code[20];/*登录用户密码*/
}user;
```

```
/*客户通讯录信息*/
struct Address
{
  char name[8];/*客户姓名*/
  char tel[12];/*客户电话*/
}Address[10];
```

2. 功能模块

```
    通讯录用户登录
int LoginMenu( )
通讯录主界面
void mainMenu( )
通讯录信息添加
void addMenu(int n);
通讯录信息浏览
void LookMenu(int n);
通讯录信息删除
```

```
void DelMenu(int n);
通讯录退出信息保存
void Fwrite(int n);
```

该通讯录管理系统登录需要进行用户名和密码校验，所以需创建一个名为 user. txt 的文件，按照图 4—14 所示录入相应数据。为了调试方便，还可以创建一个 address. txt 文件，按照图 4—15 所示录入几条通讯记录数据。

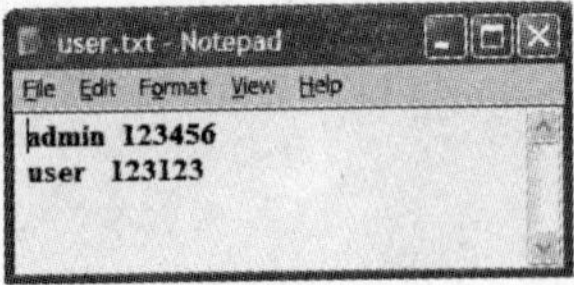

图 4—14 user. txt 文件

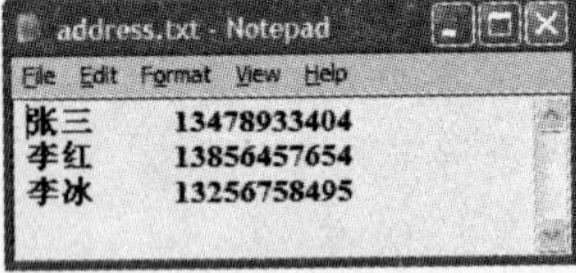

图 4—15 address. txt 文件

四、项目代码实现

```
#include<stdio.h>
#include<string.h>
#include<stdlib.h>
#include<conio.h>
struct Address
{
  char name[8];
  char tel[12];
}Address[10];

struct User
{
  char name[10];
  char code[20];
}user;

/*通讯录数据写入文件函数*/
void Fwrite(int n)
{
  int i;
  FILE *fp;
  fp=fopen("address.txt","rt");
  for(i=0;i<n;i++)
    fprintf(fp,"%s\t%s\n",Address[i].name,Address[i].tel);
  printf("文件写入成功!\n");
  fclose(fp);
}
/*通讯录数据添加界面*/
void addMenu(int n)
```

```
{
  system("cls");
  printf(" 通讯录添加管理 \n");
  printf(" ************************ \n");
  printf("请输入姓名:");
  scanf(" %s",Address[n].name);
  printf("请输入电话:");
  scanf(" %s",Address[n].tel);
  printf("按任意键继续返回!");
  getch( );
}
/*通讯录数据浏览界面*/
void LookMenu(int n)
{
  int i;
  system("cls");
  printf("       通讯录信息浏览 \n");
  printf(" *********************************** \n");
  for(i=0;i<n;i++)
    printf(" %d:\t%s\t%s\n",i+1,Address[i].name,Address[i].tel);
  printf(" *********************************** \n");
  printf("按任意键继续返回!");
  getch( );
}
/*通讯录数据删除界面*/
void DelMenu(int n)
{
  int i,m;
  system("cls");
  printf("       通讯录删除管理 \n");
  printf(" *********************************** \n");
  for(i=0;i<n;i++)
    printf(" %d:\t%s\t%s\n",i+1,Address[i].name,Address[i].tel);
  printf(" *********************************** \n");
  printf("请输入删除的编号:");
  scanf(" %d",&m);
  for(i=m;i<n;i++)
  Address[i-1]=Address[i];
}
/*通讯录管理系统主菜单界面*/
void mainMenu( )
{
  int n,i=0;
```

```
  FILE *fp1;
  fp1=fopen("address.txt","w+");
  while(!feof(fp1))
  {
    fscanf(fp1,"%s%s",Address[i].name,Address[i].tel);
    i++;
  }
  fclose(fp1);
  while(1)
  {
    system("cls");
    printf("      通讯录管理系统 \n");
    printf("************************* \n");
    printf("1、添加信息\n");
    printf("2、浏览信息\n");
    printf("3、删除信息\n");
    printf("4、退出系统\n");
    printf("************************* \n");
    printf("请选择功能序号 1-4:");
    scanf("%d",&n);
    if(n==1){addMenu(i);i++;}
    else if(n==2)LookMenu(i);
    else if(n==3){DelMenu(i);i--;}
                 else if(n==4)break;
                     else
                     {printf("输入错误,按任意键继续!");getch( );}
  }
  Fwrite(i);
}
/*通讯录管理系统登录界面*/
int LoginMenu( )
{
  char name[10];
  char code[20];
  int n=0;
  FILE *fp;
  system("cls");
  printf("**************** \n");
  printf("    用户登录    \n");
  printf("**************** \n");
  printf("用户名:");
  scanf("%s",name);
  printf("密 码:");
```

```
scanf("%s",code);
fp=fopen("user.txt","rt");
while(!feof(fp))
{
  fscanf(fp,"%s%s",user.name,user.code);
  if(strcmp(user.name,name)==0&&strcmp(user.code,code)==0)
  {n=1;break;}
}
if(n==1)return 1;
else return 0;
fclose(fp);
}

void main( )
{
  int angin=1;
  char c;
  while(angin)
  {
    if(LoginMenu( ))
    {mainMenu( );angin=0;}
    else
    {
      printf("用户名或密码错误!按任意键继续!按N退出!\n");
      c=getch( );
      if(c=='N'||c=='n')angin=0;
    }
  }
  printf("\n谢谢使用该系统!再见!\n");
}
```

五、项目运行界面

程序运行结果如下：

```
****************
   用户登录
****************
用户名:user↙
密  码:123123↙
     通讯录管理系统
**********************
1、添加信息
2、浏览信息
3、删除信息
```

```
4、退出系统
************************
请选择功能序号 1－4:1↙
      通讯录添加管理
********************
请输入姓名:刘宇↙
请输入电话:13453467823↙
按任意键继续返回!
      通讯录管理系统
************************
1、添加信息
2、浏览信息
3、删除信息
4、退出系统
************************
请选择功能序号 1－4:2↙
      通讯录信息浏览
***********************************
1:     张三     13478933404
2:     李红     13856457654
3:     李冰     13256758495
4:     刘宇     13653467823
***********************************
按任意键继续返回!
      通讯录管理系统
************************
1、添加信息
2、修改信息
3、删除信息
4、退出系统
************************
请选择功能序号 1－4:3↙
      通讯录删除管理
***********************************
1:     张三     13478933404
2:     李红     13856457654
3:     李冰     13256758495
4:     刘宇     13653467823
***********************************
请输入删除的编号:3↙
      通讯录管理系统
************************
1、添加信息
```

```
2、修改信息
3、删除信息
4、退出系统
************************
请选择功能序号1-4:4↙
文件写入成功!
谢谢使用该系统!再见!
```

练习题

一、选择题

1. 以下对编译预处理命令的说法正确的是（　　）。

A. C语言中的编译预处理命令包含宏定义、文件包含和条件编译

B. C语言中的编译预处理命令以＃号开头

C. C语言中的编译预处理命令一般位于程序代码的首部

D. C语言中的编译预处理命令以分号结束

2. 设有不带参的宏定义＃define N 20＋1，以下说法不正确的是（　　）。

A. 编译预处理阶段，程序代码中所有的宏名N被原样替换为20＋1

B. 该不带参宏定义中的20＋1为宏替换字符串

C. 该不带参宏定义中的20＋1为整型表达式

D. 该不带参宏定义中的宏名N没有数据类型的概念

3. 定义一个带参的宏名f（x）计算表达式2＊x＊（x＋1）的值，以下带参宏定义中正确的定义形式是（　　）。

A. ＃define f（x）　2＊x＊（x＋1）　　B. ＃define f（x）　(2＊（x）＊((x)＋1))

C. ＃define 2＊（x）＊((x)＋1) f（x）　　D. ＃define f 2＊x＊（x＋1）

4. 以下对条件编译的说法不正确的是（　　）。

A. 条件编译是指部分程序代码在满足指定条件的情况下才参与编译，否则不参与编译

B. 无论是否使用条件编译，所有程序代码均要进行编译

C. 使用条件编译和使用if语句是有区别的

D. 合理使用条件编译可以减少需要参与编译的语句数量，生成的目标程序小，程序执行效率高

5. 文件包含命令＃include<math. h>和＃include“math. h”的区别在于（　　）。

A. 前者先在编译系统指定的目录下查找文件math. h，如果找不到再到用户当前目录下查找

B. 后者先在编译系统指定的目录下查找文件math. h，如果找不到再到用户当前目录下查找

C. 两者均是先在编译系统指定的目录下查找文件math. h，如果找不到再到用户当前目录下查找

D. 前者仅在编译系统指定的目录下查找文件math. h，后者先在用户当前目录中查找文

件，如果找不到再到编译系统指定的目录下查找

6. 以下对将C语言程序的多个源文件连接生成可执行文件的说法中不正确的是(　　)。

A. 使用工程文件的方式下，每个源文件分别编译生成一个目标文件，然后再进行连接生成可执行文件

B. 使用文件包含命令的方式下，通过编译预处理生成一个包含所有源文件代码的新的源文件，将该源文件编译成目标文件，然后再进行连接生成可执行文件

C. 使用文件包含命令的方式下，不必考虑多条文件包含命令的顺序

D. 工程文件的作用是告诉编译系统需要将哪些源文件进行编译、连接并生成一个可执行文件

7. 当说明一个结构体变量时，系统分配给它的内存是（　　）。

A. 结构体中各成员所需内存量的总和

B. 结构体中第一个成员所需内存量

C. 结构体中占内存量最大的成员所需的内存量

D. 结构体中最后一个成员所需内存量

8. 当说明一个共用体变量时，系统分配给它的内存是（　　）。

A. 共用体中各成员所需内存量的总和

B. 共用体中第一个成员所需内存量

C. 共用体中占内存量最大的成员所需的内存量

D. 共用体中最后一个成员所需内存量

9. 以下关于typedef的叙述不正确的是（　　）。

A. 用typedef可以定义各种类型名，但不能用来定义变量

B. 用typedef可以增加新类型

C. 用typedef只是将已存在的类型用一个新的名称来代表

D. 使用typedef便于程序通用

10. 下面四个运算符中，优先级最低的是（　　）。

A. （ ）　　B. 　　C. －>　　D. ++

11. 以下关于枚举的叙述不正确的是（　　）。

A. 枚举变量只能取对应的枚举类型元素表中的元素

B. 可以在定义枚举类型时对枚举元素进行初始化

C. 枚举元素表中元素有先后次序，可以进行比较

D. 枚举元素的值可以是整数或者字符串

12. 在下列程序中，枚举变量c1和c2的值分别是（　　）和（　　）。

```
#include<stdio.h>
void main( )
{
  enum color {red,yellow,blue = 4,green,white}c1,c1;
  c1 = yellow;
  c2 = white;
  printf("%d,%d\n",c1,c2);
```

```
}
```

A. 1　　B. 3　　C. 5　　D. 6

13. 已知有如下定义，若有 p=&data，则对 data 中的成员 a 的正确引用是（　　）。

```
struct sk
{
  int a;
  float b;
}data, * p;
```

A. （* p）. data. a　　B. （* p）. a　　C. p->data. a　　D. p. data. a

14. 设有以下定义和语句：

```
struct student
{
  int num,age;
};
struct student stu[3] = {{2001,20},{2001,21},{2001,19}};
struct studeng * p = stu;
```

以下错误的引用是（　　）。

A. （p++）->num　　B. p++

C. （* p）. num　　D. p=&stu. age

15. 设有以下说明语句：

```
stuct ex
{ int x;float y;char z;}example;
```

下面的叙述中不正确的是（　　）。

A. struct 是结构类型的关键字　　B. example 是用户定义的结构类型名

C. x、y、z 都是结构成员名　　D. struct ex 是用户定义的结构类型

16. 设有以下语句：

```
struct st
{
  int n;
  st * next;
};
static st a[3] = {5,&a[1],7,&a[2],9,NULL}, * p;
p = &a[0];
```

以下表达式的值为 6 的是（　　）。

A. p++->n　　B. ++p->n　　C. （* p）. n++　　D. p->n++

17. 下面程序的运行结果是（　　）。

```
#include<stdio.h>
struct stu
```

```
{
  int num;
  char name[10];
  int age;
};
void fun(stu * p)
{
  printf("%s\n",(*p).name);
}
void main( )
{
  stu students[3] = {{9801,"Zhang",20},{9802,"Long",21},{9803,"Xue",19}};
  fun(students + 2);
}
```

A. Zhang　　B. Xue　　C. Long　　D. 18

18. 当已存在一个 abc. txt 文件时，执行 fopen（“abc. txt”，“r+”）的功能是（　　）。

A. 打开 abc. txt 文件，清除原有的内容

B. 打开 abc. txt 文件，只能写入新的内容

C. 打开 abc. txt 文件，只能读取原有内容

D. 打开 abc. txt 文件，可以读取和写入新的内容

19. 若用 fopen 函数打开一个新的二进制文件，该文件可以读也可以写，则文件打开的模式是（　　）。

A. “ab+”　　B. “wb+”　　C. “rb+”　　D. “ab”

20. 若用 fopen 函数打开一个已经存在的文本文件，保留该文件原有数据且可以读也可以写，则文件打开的模式是（　　）。

A. “r+”　　B. “w+”　　C. “a+”　　D. “a”

21. 使用 fseek 函数可以实现的操作是（　　）。

A. 改变文件的位置和指针的当前位置　　B. 文件的顺序读写

C. 文件的随机读写　　D. 以上都不对

22. fread（buf，64，2，fp）的功能是（　　）。

A. 从 fp 文件流中读出整数 64，并存放在 buf 中

B. 从 fp 文件流中读出整数 64 和 2，并存放在 buf 中

C. 从 fp 文件流中读出 64 个字节的字符，并存放在 buf 中

D. 从 fp 文件流中读出 2 个 64 个字节的字符，并存放在 buf 中

23. 以下程序的功能是（　　）。

```
#include<stdio.h>
void main( )
{
  FILE * fp;
  char str[] = "Hello";
```

```
  fp = fopen("PRN","w");
  fputs(str,fp);
  fclose(fp);
}
```

A. 在屏幕上显示“Hello”　　　　　B. 把“Hello”存入 PRN 文件中

C. 在打印机上打印出“Hello”　　　D. 以上都不对

24. 检测 fp 文件流的文件位置指针在文件头的条件是（　　）。

A. fp==0　　　　　B. ftell（fp）==0

C. fseek（fp，0，SEEK_SET）　　　D. feof（fp）

25. 以下程序的功能是（　　）。

```
#include<stdio.h>
void main( )
{
  FILE *fp;
  fp = fopen("abc","r+");
  while(!feof(fp))
  if(fgetc(fp) = ='*')
  {
    fseek(fp, -1L,SEEK_CUR);
    fputc('$',fp);
    fseek(fp,ftell(fp),SEEK_SET);
  }
  fclose(fp);
}
```

A. 将 abc 文件中所有‘*’均替换成‘$’

B. 查找 abc 文件中的所有‘*’

C. 查找 abc 文件中的所有‘$’

D. 将 abc 文件中所有字符均替换成‘$’

二、填空题

1. C 语言提供的预处理命令功能主要有三种：________、________、________。且分别用________、________、________来实现。为了与一般的 C 语言语句相区别，这些命令以________符号开头。

2. 结构体变量成员的引用方式是使用________运算符，结构体指针变量成员的引用方式是使用______________运算符。

3. 设 struct student { int no；char name [12]；float score [3]；} sl，* p=&sl；用指针法给 sl 的成员 no 赋值 1234 的语句是________。

4. 运算 sizeof 是求变量或类型的________，typedef 的功能是________。

5. C 语言可以定义枚举类型，其关键字为________。

6. 设 union student { int n；char a [100]；} b；则 sizeof（b）的值是________。

7. C语言流式文件的两种形式是________和________。

8. C语言打开文件的函数是________，关闭文件的函数是________。

9. 按指定格式输出数据到文件中的函数是________，按指定格式从文件输入数据的函数是________，判断文件指针到文件末尾的函数是________。

10. 输出一个数据块到文件中的函数是________，从文件中输入一个数据块的函数是________，输出一个字符串到文件中的函数是________，从文件中输入一个字符串的函数是________。

11. feof（fp）函数用来判断文件是否结束，如果遇到文件结束，函数值为________，否则为________。

12. 在C语言中，文件的存取是以________为单位的，这种文件被称作________文件。

三、阅读程序，写出运行结果

1.

```
#define PI 3
#define S PI*r*r
#define V 4*S*r/3
void main( )
{
  float r=2;
  printf("S=%.2f,V=%.2f",S,V);
}
```

2.

```
#define FX (x)    x* (x+2) * (x-2)
void main ( )
{
  int a=3, b=2;
  printf ("%d\n", FX (2+a+b));
}
```

3.

```
#define PRT(x)  printf("%d\t",x)
#define PRINT(x)  PRT(x);printf("well done!")
void main( )
{
  int x=3,i;
  for(i=0;i<3;i++)
  PRINT(x-i);
  printf("\n");
}
```

4.

```
struct two
{
  int x, *y;
} *p;
int a[8] = {1,2,3,4,5,6,7,8};
struct two b[4] = {100,&a[1],200,&a[3],10,&a[5],20,&a[7]};
void main( )
{
  p = b;
  printf("%d\n", ++(p->x));
}
```

5.

```
struct n_c
{
  int x;
  char c;
};
void func(struct n_c b)
{
  b.x = 20;
  b.c = 'y';
}
void main( )
{
  struct n_c a = {10,'x'};
  func(a);
  printf("%d%c",a.x,a.c);
}
```

四、编程题

1. 圆柱形体积公式为：v=area * h。其中 area=π * r * r，圆周率 π 取值为 3.14。要求使用不带参宏定义实现计算圆柱体面积的功能，r 和 h 的值由用户键盘输入。

2. 编写一个带参数的宏定义，实现通过宏替换求式子 f（x）=4x3+3x2−2x+1 的值的功能，其中 x 为形参。

3. 魔术师将扑克牌中的红桃和黑桃全部叠在一起，牌面朝下放在手中，对观众说：最上面一张是黑桃 A，翻开后放在桌上。以后，从上至下每数两张全依次放在最底下，第三张给观众看，便是黑桃 2，放在桌上后再数两张依次放在最底下，第三张给观众看，是黑桃 3。如此下去，观众看到放在桌子上的扑克牌的顺序是：

```
黑桃(♠):  A  2  3  4  5  6  7  8  9  10  J  Q  K
红桃(♥):  A  2  3  4  5  6  7  8  9  10  J  Q  K
```

请编程输出魔术师此次手中扑克牌的原始顺序。

4. 编写 3 个源文件 file1. c、file2. c 和 file3. c，在 file2. c 中编写函数 fun1 求两个整数的和，在 file3. c 中编写函数 fun2 求两个整数的差，在 file1. c 中编写 main 函数调用这两个函数求两个整数的和与差并输出结果。

要求：分别使用工程文件和文件包含命令两种方式将 3 个源文件连接生成一个可执行文件。

5. 有 4 个学生，每个学生包括学号、姓名、成绩。要求找出成绩最高者的姓名和成绩。

6. 编写一个函数 day，该函数使用 data 结构作为参数，计算函数返回日是这年的第几天。

7. 编写一个 C 程序，将指定的文本文件中的所有小写字母转换成对应的大写字母，其他的字符格式不变。

参考文献

1. 李玲 . C 语言程序设计 . 北京：人民邮电出版社，2005.

2. 石从刚 . 实用 C 语言程序设计教程 . 北京：中国电力出版社，2006.

3. 张文祥 . C 语言程序设计实训教程 . 北京：科学出版社，2007.

4. 谭浩强 . C 程序设计教程 . 北京：清华大学出版社，2007.

5. 谭浩强 . C 程序设计教程学习辅导 . 北京：清华大学出版社，2007.

6. 魏海新 . C 语言程序设计实用教程 . 北京：机械工业出版社，2007.

7. 路俊维，马雪松 . C 语言程序设计 . 北京：中国铁道出版社，2009.

8. 汪文立 . 二级 C 语言程序设计考试考点分析与全真训练 . 北京：中国水利水电出版社，2007.

9. 茹志鹃 . 二级 C 语言考前强化指导 . 北京：中国铁道出版社，2010.

10. 高维春 . C 语言程序设计项目教程 . 北京：人民邮电出版社，2010.

图书在版编目（CIP）数据

C语言程序设计实例教程/周静，郑卉主编．—2版．—北京：中国人民大学出版社，2014.9
ISBN 978-7-300-19980-1

Ⅰ.①C…　Ⅱ.①周…②郑…　Ⅲ.①C语言-程序设计-高等职业教育-教材　Ⅳ.①TP312

中国版本图书馆CIP数据核字（2014）第209227号

"十二五"职业教育国家规划教材
经全国职业教育教材审定委员会审定
C语言程序设计实例教程（第二版）
主编　周　静　郑　卉
C Yuyan Chengxu Sheji Shili Jiaocheng

出版发行　中国人民大学出版社
社　　址　北京中关村大街31号　　　邮政编码　100080
电　　话　010－62511242（总编室）　010－62511770（质管部）
　　　　　010－82501766（邮购部）　010－62514148（门市部）
　　　　　010－62515195（发行公司）　010－62515275（盗版举报）
网　　址　http://www.crup.com.cn
　　　　　http://www.ttrnet.com(人大教研网)
经　　销　新华书店
印　　刷　北京东方圣雅印刷有限公司　版　　次　2011年8月第1版
规　　格　185 mm×260 mm　16开本　　　　　　2014年9月第2版
印　　张　19.25　　　　　　　　　　印　　次　2018年3月第2次印刷
字　　数　460 000　　　　　　　　　定　　价　38.00元
